U0367790

高职高专环境教材
编审委员会

环境化学

第二版

王红云　赵连俊　主编

化学工业出版社

·北　京·

本书包括绪论、大气环境化学、水环境化学、土壤环境化学、污染物在生物体内的迁移转化、典型污染物的特性及其在环境各圈层中的迁移转化、环境化学研究方法与实验等主要内容。本书的侧重点是化学污染物在环境中的迁移转化规律，并注重理论联系实际，每章均附有阅读材料，具有较好的实用性和可读性。

本书为高职高专环境类及相关专业的教材，也可作为环保工作者的参考书或培训教材。

图书在版编目（CIP）数据

环境化学/王红云，赵连俊主编. —2版. —北京：化学工业出版社，2009.8（2023.1重印）
教育部高职高专规划教材
ISBN 978-7-122-05912-3

Ⅰ. 环… Ⅱ. ①王…②赵… Ⅲ. 环境化学-高等学校：技术学院-教材 Ⅳ. X13

中国版本图书馆CIP数据核字（2009）第091809号

责任编辑：王文峡　　　文字编辑：刘莉珺
责任校对：周梦华　　　装帧设计：尹琳琳

出版发行：化学工业出版社（北京市东城区青年湖南街13号　邮政编码100011）
印　　装：北京建宏印刷有限公司
787mm×1092mm　1/16　印张13½　字数324千字　　2023年1月北京第2版第15次印刷

购书咨询：010-64518888　　　售后服务：010-64518899
网　　址：http://www.cip.com.cn
凡购买本书，如有缺损质量问题，本社销售中心负责调换。

定　　价：38.00元

前　　言

环境化学是环境类专业的重要专业基础理论课程。通过本课程的教与学，可培养学生的专业素质及其分析问题、解决实际问题的能力，为学生后续专业课程的学习奠定理论基础。

本教材在全国高职高专环境教材编审委员会的指导下，在多所高职高专院校的直接参与下开展工作。教材编写时注重内容的正确性、先进性和科学性，注重广泛听取一线教师的意见和建议，以学生为本，结合社会对环境类职业人才的要求，以应用为目的，以“必需、够用”为度，注重教材的实用性和可读性，不盲目苛求基础理论的完整性、系统性；注重作为专业基础课的环境化学课程对学生专业思想及学习能力的培养；注重处理好环境化学与基础化学（无机化学、有机化学）、环境化学与相关专业课程的关系。

本书第一版自2004年出版以来，在高职高专环境类专业的教学中发挥了很好的作用，受到了广大师生的好评，并多次印刷。为更好地满足读者的需要，本书编者根据近年来教材的使用情况及当前教育教学改革发展需要，对本书进行了相应的修订。

全书共分七章，包括绪论、大气环境化学、水环境化学、土壤环境化学、污染物在生物体内的迁移转化、典型污染物的特性及其在环境各圈层中的迁移转化、环境化学研究方法与实验等主要内容，本书的侧重点是化学污染物在环境中的迁移转化规律。建议教学学时为60课时。

本书由王红云、赵连俊任主编。王红云编写第一章、第四章，赵连俊编写第三章，金万祥编写第二章，何洁编写第五章，蒋辉编写第六章、第七章。全书由王红云统稿，由杨仁斌审稿。

本书的修订得到了化学工业出版社和本书编写人员及所在单位的大力支持，新疆轻工职业技术学院的李春香也参加了本次修订工作。在此，向关心和支持本书编写、修订和出版工作的领导、教师和朋友们表示衷心的感谢！

本书的编写和修订也借鉴了许多专家和学者在环境化学问题方面的见解和编写经验（参考书目见本书参考文献）。在此向这些专家和学者一并表示衷心的感谢和崇高的敬意！

鉴于多方面的原因，本书的编写难免有不当之处，敬请读者批评指正。

编　者

2009年5月

第一版前言

环境化学是环境类专业的重要专业基础理论课程。通过本课程的教学，可培养学生的专业素质及其分析问题、解决实际问题的能力，为学生后续专业课程的学习奠定理论基础。

本教材是在全国高职高专环境类专业教材编审委员会的指导下，在多所高职高专院校的直接参与下开展工作的。教材编写时注重内容的正确性、先进性和科学性，注重广泛听取一线教师的意见和建议，以学生为本，结合社会对环境类职业人才的要求，以应用为目的，以“必需、够用”为度，注重教材的实用性和可读性，不盲目苛求基础理论的完整性、系统性；注重作为专业基础课的环境化学课程对学生专业思想及学习能力的培养；注重处理好环境化学与基础化学（无机化学、有机化学）、环境化学与相关专业课程的关系。

全书共分七章，包括绪论、大气环境化学、水环境化学、土壤环境化学、污染物在生物体内的迁移转化、典型污染物在环境各圈层中的循环、环境化学研究方法与实验等主要内容，本书的侧重点是化学污染物在环境中的迁移转化规律。建议教学学时为60课时。

本书由王红云、赵连俊任主编。王红云编写第一章、第四章，赵连俊编写第三章，金万祥编写第二章，何洁编写第五章，蒋辉编写第六章、第七章。全书由王红云统稿。

本书的编写工作得到了化学工业出版社及各参编单位的大力支持，长沙环境保护职业技术学院的李倦生院长、胡献舟老师为本书的编写提出了许多好的修改意见，湖南农业大学的杨仁斌教授对本书的编写进行了认真地审稿。在此，向关心和支持本书编写和出版工作的领导和朋友们表示衷心的感谢！

本书的编写也借鉴了许多专家和学者在环境化学问题方面的见解和编写经验（参考书目见本书参考文献）。在此向这些专家和学者一并表示衷心的感谢和崇高的敬意！

鉴于多方面的原因，本书的编写难免有不当之处，敬请读者批评指正。

编　者

2004年4月

目　录

第一章 绪论

学习指南

环境化学是环境科学的一门基础课程，是环境科学的核心组成部分。它以化学物质引起的环境问题为研究对象，以解决化学物质引起的环境问题为目标，是环境保护工作者必备的重要基础知识。本章主要介绍环境化学的几个基本概念及环境化学的主要内容和任务。通过这些基本知识的学习，将对环境化学有初步的了解，并为今后的学习打下良好的基础。

第一节 环境化学的几个基本概念

环境化学是自然科学的一个分支，是环境科学的重要组成部分，是环境保护工作者从事环境管理、环境监测、生态环境保护与环境污染防治等工作的基础。在环境化学的研究和学习中，常涉及下述基本概念。

一、环境污染和环境污染物

1. 环境

广义上讲，环境就是指周围的空间和事物。它总是相对于中心事物而言的。与某一中心事物有关的周围的空间和事物，就是这个中心事物的环境。

在环境科学中，这个中心事物就是人类。人类的环境就是以人类为中心的周围客观事物的总和，即包括“大气、水、土地、矿藏、森林、草原、野生动物、野生植物、水生生物、名胜古迹、风景游览区、温泉、疗养区、自然保护区、生活居住区等”。它凝聚着社会因素和自然因素。因此，环境科学中所称环境亦分为社会环境和自然环境两大类。社会环境是指人们生活的社会经济制度和上层建筑的环境条件，而自然环境是指人们赖以生存和发展的必要物质条件，是人类周围各种自然因素的总和。环境化学中的环境主要是指自然环境，主要包括大气、水、土壤、生物等自然因素。在环境科学中，通常把这些自然环境要素形象地描绘为大气圈、水圈、土圈（岩石圈）与生物圈，亦称大气环境、水环境、土壤环境与生物环境。这些环境诸要素间相互制约、相互影响，处于动态平衡状态。

2. 环境污染

地球为人类的生存和发展提供了水、土地和大量的生物及矿物资源等环境条件。然而，人类的生产活动和社会活动必然给环境带来相应的影响，如果这种影响超过了环境的承受能力（环境的自净能力或自动调节能力）就会发生环境污染。

环境污染是指有害物质或有害因子进入环境，并在环境中扩散、迁移、转化，使环境系统的结构与功能发生变化，对人类或其他生物的正常生存和发展产生不利影响的现象。导致环境污染的主要因素是人为因素，如工业生产排出的废物和余能进入环境以及不合理的开发利用自然资源等，都带来了环境的污染和干扰。另一个因素是自然灾害，如火山爆发、地震、洪水和风暴等。

环境污染的直接结果是导致人类生存环境质量的下降。在实际工作中，判断环境是否被污染或污染的程度，是以环境质量标准为尺度的。环境污染类型的划分也因目的、角度不同而不同，如按污染物（或污染因子）性质可分为化学污染、物理污染、生物污染等，而由化学物质引起的环境污染约占80%～90%；按环境要素可分为大气污染、水污染、土壤污染和噪声污染等。

3. 环境污染物

引起环境污染的物质或因子称为环境污染物，简称污染物。大部分的环境污染物是由人类的生产和生活活动产生的。污染物进入环境后可直接或间接地对环境产生影响。有些污染物进入环境后，通过物理作用或化学反应或在生物作用下会转变成毒性更大的新污染物，有的则可能转化或降解成无害物质。有些污染物同时存在时，可因拮抗或协同作用使毒性降低或增大。影响人类健康的环境污染物种类繁多，大致可分为三类：化学污染物、物理污染物和生物污染物。其中由于化学污染物数量多、危害复杂而尤为重要，它们是环境化学研究的主要对象。

人类的生产活动给环境带来的环境污染物主要来自以下几方面。

（1）工业生产　生产中产生的废水、废气、废渣，即工业“三废”；对自然资源的过量开采；能源和水资源的消耗与利用；生产噪声等。

（2）农业生产　过量使用农药、化肥；农业生产的废弃物等。

（3）交通运输　交通运输工具造成的噪声污染、尾气污染、油污染及扬尘污染等。

（4）日常生活　生活中产生的生活污水、生活垃圾及燃煤等产生的废气等。

二、环境科学与环境化学

1. 环境科学

环境科学产生于20世纪50～60年代，是在解决环境问题的社会需要的推动下形成和发展起来的。环境科学是研究环境的科学，是研究环境结构与状态的运动变化规律及其与人类社会活动之间的关系，研究人类社会与环境之间协同演化、持续发展的规律和具体途径的科学。环境科学是一门综合性的学科，是以综合性的环境学、基础环境学和应用环境学三部分组成的完整的学科体系，是化学、生物学、物理学、地学、医学、工程学以及法学、经济学、社会学等学科的汇集点。具有多学科性和社会性等特点。

环境科学所要研究解决的问题主要有两个：一是人类活动对环境的影响，如气候改变、水土流失、沙漠化、盐渍化、动植物资源破坏及矿物资源破坏等；另一个是人类活动造成的环境污染对人和生物的影响，也就是环境各种因素对生物和人类生活和健康的影响。就大多数情况来说，环境污染主要是有害化学污染物质造成的。因此，运用化学及相关的理论和方法，研究有害化学物质在大气、水体、土壤及生物等环境中的存在状态、迁移转化规律、生态效应以及减少或消除有害化学物质对环境的影响等工作成为了环境科学的重要内容之一。

2. 环境化学

环境化学是环境科学的一门基础课程，是一门研究有害化学物质在环境介质中的存在、化学特性、行为和效应及其控制的化学原理和方法的科学。环境化学以化学物质在环境中出现而引起的环境问题为研究对象，以解决环境问题为目标。

环境化学具有跨学科的综合性质。它不仅运用化学的理论和方法，也借用物理、数学、生物、气象、地理及土壤等多门学科的理论和方法研究环境中的化学现象和本质，研究大气、水体、土壤及生物中化学污染物质的性质、来源、分布、迁移、转化、归宿、反应及对人类的作用和影响。环境化学研究的体系是化学污染物和环境背景物（天然物质）构成的多组分综合体系，这是个开放体系。在这个开放的研究体系中，时刻有物质流和能量流的传输，所受的影响复杂多变。除了化学因素外，还有物理因素（如光照、辐射等）、生物因素、气象、水文、地质及地理条件等，因而在探讨和研究化学污染物在环境中的变化规律和影响危害时，应综合多方面的因素才能得出符合实际的结论。例如：在研究大气中硫氧化物等的大气污染时，不仅要考虑它本身的化学变化，还要考虑光照、地形地势、气象等条件的影响；在研究水体中重金属汞等的污染时，除了考虑其化学性质外，还应考虑水文、微生物、酶作用下的迁移转化；在研究有机物、农药在环境中的转化时，不但要研究光解和化学降解作用，还要研究生物的降解作用。

环境化学诞生于20世纪70年代初期，至今有近40年的历史，但目前，环境化学的研究工作还不够深入，不够全面，很多本质和规律尚未被揭露和掌握，甚至许多概念还含混不清，定义尚不统一，述语还不一致，甚至环境化学本身的定义和范围都还未能统一。所有这些，还有待环境化学工作者继续努力，不断探索，为环境化学的发展、丰富和成熟做出贡献。

三、污染物的迁移与转化

从污染源排放（释放）出的化学污染物进入大气、水体、土壤或生物体后，其污染物的化学形态可能保持原有状态也可能在外界条件的作用下发生转化；其污染物本身或转化产物可能停留在排污源附近，或离开污染源，或转移到相邻的圈层中去。

污染物的迁移是指污染物在环境中所发生的空间位移及其引起的富集、分散和消失的过程。污染物在环境中的迁移主要有机械迁移、物理-化学迁移和生物迁移三种方式。其中物理-化学迁移和生物迁移是重要的迁移形式。物理-化学迁移可通过溶解-沉淀、氧化-还原、水解、吸附-解吸等理化作用实现迁移。生物迁移是通过生物体对污染物的吸收、代谢及其自身的生长、死亡，甚至通过食物链的传递产生放大积累作用而实现迁移。

污染物的转化是指环境中的污染物在物理、化学或生物的作用下，改变存在形态或转变成为另一种物质的过程。例如，大气中的氮氧化物、碳氢化合物在阳光的作用下，通过光化学氧化作用生成臭氧、过氧乙酰硝酸酯及其他光化学氧化剂，并在一定条件下形成光化学烟雾；汽车排出的NO在大气中被氧化转化为NO_2、HNO_3和MNO_3（M为金属元素）等新的污染物；水体中的二价汞，在某些微生物的作用下，转化为甲基汞和二甲基汞等。

污染物的迁移和转化常常是相伴进行的。另外，污染物可在原环境要素圈中迁移和转化，也可在不同的环境要素圈中实现多介质迁移、转化而形成循环。例如：水体中的有机物可通过蒸发进入大气，通过渗透进入土壤，通过生物的吸收进入生物体；而大气中的有机物可通过与水体的物质交换、通过大气降水或通过生物的吸收等作用而进入到水体、土壤或生物体中。污染物在环境中的迁移途径如图 1-1 所示。

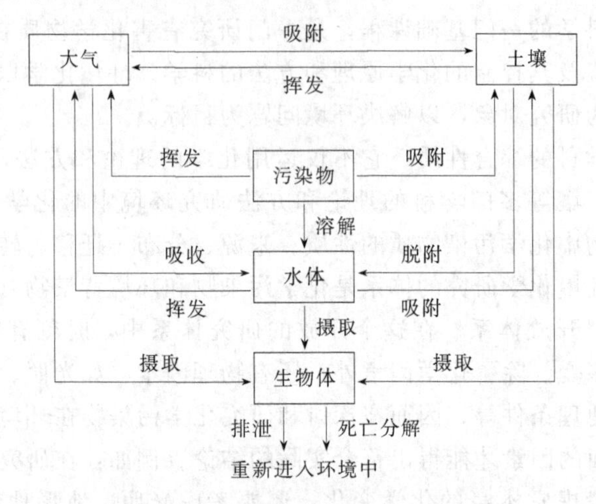

图 1-1　污染物在环境中的迁移途径

污染物在各环境要素圈中的迁移过程与污染物本身的物理性质、化学性质有关，与污染物所处的环境介质条件有关。污染物在环境介质中的迁移过程与主要环境因素的关系列于表 1-1 中。

表 1-1　污染物在环境介质中的迁移过程与环境因素的关系

过　程	主要决定因素	过　程	主要决定因素
水体中扩散迁移	水的流速、湍流、水量	挥发	蒸气压、界面扩散系数
大气中扩散迁移	风速、地形	淋溶	吸附系数
生物摄取	生物累积因子	径流	降雨速率
吸附	吸附介质中有机物含量	干沉降	颗粒大小、浓度、风速

污染物在环境中的迁移、转化和归宿以及它们对生态系统的效应是环境化学的重要研究内容。

四、环境自净

环境自净是指环境受到污染后，在物理、化学和生物的作用下，逐步消除污染物达到自然净化的过程。环境自净按发生机理可分为物理净化、化学净化和生物净化三类。

1. 物理净化

污染物借助稀释、扩散、淋洗、挥发、沉降等物理作用达到自然净化。如含有烟尘的大气，通过气流的扩散、降水的淋洗、重力的沉降等作用而得到净化；混浊的污水进入江河湖海后，通过物理的吸附、沉淀和水流的稀释、扩散等作用，水体恢复到清洁的状态；土壤中挥发性污染物如酚、氰、汞等，因为挥发作用，其含量逐渐降低。

物理净化能力的强弱取决于环境的物理条件和污染物本身的物理性质。环境的物理条件包括温度、风速、雨量等。污染物本身的物理性质包括相对密度、形态、粒度等。温度的升高有利于污染物质挥发，风速的增大有利于大气污染物的扩散，水体中所含黏土矿物较多有利于吸附和沉淀。

2. 化学净化

污染物在环境中通过氧化、还原、化合、分解、吸附、凝聚、交换、配位等化学作用达到自然净化。如某些有机污染物经氧化还原作用最终生成水和 CO_2 等；水中铜、铅、锌、汞等重金属离子与硫离子化合，生成难溶的硫化物沉淀；铁、锰、铝的水合物、黏土矿物、腐殖酸等对重金属离子的化学吸附和凝聚作用；土壤和沉积物中的代换作用等均属环境的化学净化。

影响化学净化的环境因素主要有酸碱度、氧化还原电势、温度和化学组分等。污染物本身的形态和化学性质对化学净化也有重要的影响。温度的升高可加速化学反应。有害的金属离子在酸性环境中有较强的活性而利于迁移；在碱性环境中易形成氢氧化物沉淀而利于净化。氧化还原电势值对变价元素的净化有较大的影响。价态的变化直接影响这些元素的化学性质和迁移、净化能力。如三价铬（Cr^{3+}）迁移能力很弱，而六价铬（Cr^{6+}）的活性较强，净化速率低。环境中的化学反应如生成沉淀物、水和气体则利于净化，如生成可溶盐则利于迁移。

3. 生物净化

污染物在环境中通过生物的吸附、降解作用使其浓度和毒性降低或消失达到自然净化。如植物能吸收土壤中的酚、氰，并在体内将其转化为酚糖苷和氰糖苷；球衣菌可以把酚、氰分解为 CO_2 和水；绿色植物可以吸收 CO_2，放出 O_2。

影响生物净化的主要因素有生物的科属、环境的水热条件和供氧状况等。在温暖、湿润、养料充足、供氧良好的环境中，植物的吸收净化能力较强。生物种类不同，对污染物的净化能力可以有很大的差异。有机污染物的净化主要依靠微生物的降解作用。如在温度为20～40℃、pH 值为 6～9、养料充分、空气充足的条件下，需氧微生物大量繁殖，能将水中的各种有机物迅速分解、氧化，转化成为 CO_2，水、氨和硫酸盐、磷酸盐等；厌氧微生物在缺氧条件下，能把各种有机污染物分解成为甲烷、CO_2 和 H_2S 等；在硫黄细菌的作用下，H_2S 可能转化为硫酸盐；氨在亚硝酸菌和硝酸菌的作用下被氧化为亚硝酸盐和硝酸盐。植物对污染物的净化主要通过植物的根和叶片的吸收。城市工矿区的绿化对净化空气有明显的作用。

五、生物圈

地球环境系统由大气圈、水圈、岩石圈和生物圈四个圈层组成。

1. 大气圈

地球的外圈是一层空气，这层包围着地球的空气称为大气圈。空气是一种可压缩流体，借助万有引力而束缚于地球周围，作为地球固态表面与外层空间之间的一种性质活跃的中介物，其大量吸收太阳紫外线辐射及温室效应的性质，最终使地球这颗行星变得适宜于生命生存。大气圈中绝大多数元素呈气态的原子或分子单质，其中也有部分以化合态存在。大气圈中的主要成分是 N_2 和 O_2，另还含有少量 Ar、CO_2 及一系列微量组分（主要是稀有气体及 H_2），它们是大气的恒定组分。除恒定组分外，大气中也存在大量临时性的异常组分，它们来自火山活动和生物圈的生命活动，来自人类的生产和生活活动。大部分的高浓度大气异常组分对动植物的生长产生不利影响，因此异常组分多属于大气的污染物。

2. 水圈

水圈是指地球上被水和冰雪所占有、覆盖而形成的圈层。地球上的海洋、湖泊、河流、沼泽的水体和地下水构成地壳的水圈。地球上的水以气态、液态和固态三种形式存在于空中、地表、地下以及生物体内，它们中的水的循环是形成水圈的动力。在水循环的作用下，特征不同的水体被联系起来形成水圈，并与大气圈、土壤（岩石）圈及生物圈之间进行各种形式的水交换。

3. 岩石圈

地球大致可分成地壳、地幔和地核三个同心圈层。地壳是指地表与地表以下几千米至30～40km之间的一层，称为岩石圈。岩石圈的厚度很不均匀，大陆所在地方，地壳比较厚，尤其是山脉下更厚；海洋所在地方，地壳比较薄，最薄的地壳不到10km。

岩石圈是构成地球系统的基本圈层之一，由下伏坚硬的岩石和上覆表生自然体构成。岩石圈的表生自然体包括风化壳和土壤。土壤是地球表面生长植物的疏松层，它以不完全连续状态存在于陆地表面，有时亦称土壤圈，它与水圈、大气圈和生物圈的关系密切，与人类的生活休戚相关。

4. 生物圈

生物圈是指由生活在大气圈、水圈和岩石圈中的生物所构成的一个有生命的圈层，它是地球上所有生物体的总和。自从生命在地球上诞生之后，生物就在这个圈层中生存、发展和演化。生物圈是一个生命物质与非生命物质的自我调节系统，它是生物界和大气、水、岩石三个圈层长期相互作用的结果。生物圈是生物活动的最大环境。其范围上限可达15～20km高空，其下限可达海平面以下10～11km海洋深处。陆地上在油井钻孔深达7.5km处仍发现有细菌生存，但绝大部分生物通常生存于地球陆地上和海面之下各100m厚的范围内。

生物圈的形成是生物界和水圈、大气圈及岩石圈（土壤圈）长期相互作用的结果。作为地球一个外套的生物圈，它之所以能够存在，是因为具有了下列几个条件。

① 这里可以获得来自太阳的充足光能；

② 这里有可能被生物利用的大量液态水，几乎所有的生物体都含有大量的水分，没有水就不可能有生命；

③ 生物圈内有适宜生命活动的温度条件；

④ 生物圈内有生命活动所需的氧气、二氧化碳以及氮、磷、钾、钙、镁、硫、铁等矿质营养元素。

地球中各圈层的主要组成及质量见表1-2。

表1-2 地球中各圈层的主要组成及质量

范围	组成	质量/10^{21}t	质量分数/%	厚度/km	容积/$10^{22}km^3$
地球		5976000	100	6371	108300
地核	铁镍合金	1876000	31.5	3471	17500
地幔	硅质材料、铁和锰的硅化物	4056000	67.8	2870	89200
岩石圈	沉积岩、变质岩等	43000	0.7	30(平均)	1500
水圈	海洋、河流、湖泊、冰川、地下水等	1410	0.024	3.8(平均)	137
大气圈	氮、氧、二氧化碳、水蒸气、稀有气体	5	0.00009	15(平均)	
生物圈	动植物、微生物等	0.0016	0.00000003	2	

第二节 环境化学简介

环境化学的目的在于揭示环境中一切化学本质和化学现象，找出其中的规律，以便更好地保护环境、改造环境和造福人类。

一、环境化学的任务及研究内容

1. 环境化学与基础化学的区别和联系

环境化学研究的对象是自然环境中的化学污染物质及其在环境中的变化规律。它与基础化学的区别主要在于：环境化学是研究环境这个复杂体系中的化学现象，而基础化学研究的体系一般是单组分体系或不太复杂的多组分体系；环境化学研究的体系一般是开放体系，而基础化学研究的体系一般是封闭体系；环境化学研究的主要对象是化学污染物质，而基础化学的研究对象则是所有的化学物质。环境化学一方面是在无机化学、有机化学、分析化学、化学工程学的基本理论和方法的基础上来研究环境中的化学现象，因此可以认为它是一个新的化学分支学科；另一方面，环境化学又是从保护自然生态和人体健康的角度出发，将化学与生物学、气象学、水文地质学和土壤学等进行综合，逐渐发展了新的研究方法、手段、观点和理论，因而它又是环境科学的一个核心分支学科。

2. 任务及研究内容

(1) 环境化学的主要任务

① 研究环境的化学组成，建立环境化学物质的分析方法；

② 掌握环境的化学性质，从环境化学的角度揭示环境形成和发展规律，预测环境的未来；

③ 研究和掌握环境化学物质在环境中的形态、分布、迁移和转化规律；

④ 查清环境污染物的来源；

⑤ 研究污染物的控制和治理的原理及方法；

⑥ 研究环境化学物质对生态系统及人类的作用和影响等。

(2) 环境化学研究的主要内容

① 有害物质在环境介质中存在的形态和浓度水平；

② 潜在有害物质的来源及它们在个别环境介质中和不同介质间的环境化学行为；

③ 有害物质对环境和生态系统以及人体健康产生效应的机制和风险性；

④ 有害物质已造成影响的缓解和消除以及防止产生危害的方法和途径等。

3. 环境化学的分支学科

为了掌握环境污染的水平和可能造成的危害，就必须弄清化学污染物进入环境后的存在形态及其迁移、转化规律，同时还必须准确测定它们的含量。因此，环境化学形成了环境污染化学和环境分析化学两个重要分支，此外，对消除污染物的化学原理研究，即所谓污染控制化学或称环境工程化学也属于环境化学的重要分支。目前，环境化学分支学科的分类及其名称尚不一致，环境化学覆盖的研究领域和分支学科如表 1-3 所列。

(1) 环境分析化学　要了解和掌握化学污染物在环境中的本底及污染情况，必须运用分析化学的技术取得各种数据，为环境中污染物化学行为的研究、环境质量的评价、环境污染的预测预报以及为治理污染等提供科学依据。环境分析化学是研究如何运用现代科学理论和

表 1-3　环境化学研究领域分支学科的划分

研究领域	分支学科	研究领域	分支学科
环境分析化学	环境有机分析化学 环境无机分析化学	污染生态化学	污染生态化学
环境污染化学	大气环境化学 水环境化学 土壤环境化学	污染控制化学	大气污染控制化学 水污染控制化学 固体废物污染控制化学

先进实验技术来鉴别和测定环境中化学物质的种类、成分、含量以及化学形态的科学，是环境化学的一个重要分支，是开展环境科学研究和环境保护工作极为重要的基础。

（2）环境污染化学　环境污染化学主要包括大气、水体和土壤环境化学，通常也简称环境化学，主要研究化学污染物质在大气、水体和土壤中的形成、迁移、转化和归宿过程的化学行为和效应，也是本教材的重点。

（3）污染生态化学　主要研究化学污染物质引起的生态效应的化学原理、过程和机制。宏观上研究化学物质在维持和破坏生态平衡中的基本化学问题，微观上研究化学物质和生物体相互作用过程的化学机制。它是环境化学、生物学和医学等学科交叉而密切结合的边缘领域，因此也有将污染生态化学列为与“环境污染化学”平行的另一分支学科的主张。

（4）污染控制化学　污染控制化学与环境工程学、化学工程学有着密切的关系，主要研究与污染控制有关的化学机制与工艺技术中的化学基础性问题，以便最大限度地控制化学污染，为开发高效的污染控制技术、发展清洁生产工艺提供科学依据。

二、环境化学与相关环境学科的关系

环境科学是综合性的新兴学科，已逐步形成多种学科相互交叉渗透的庞大的学科体系，但当前对其学科分科体系尚有不同的看法。现仅就现有的认识水平，将环境科学各分科按其性质和作用大致划分为三部分：环境基础科学、环境技术学及环境社会学，环境化学划归于环境基础科学。环境科学的组成见图 1-2。环境科学的主要分支如下。

① 环境生物学　研究生物与受人类干预的环境之间的相互作用及其机理和规律。

② 环境物理学　研究物理环境和人类之间的相互作用。主要研究声、光、热、电磁场和射线等对人类的影响以及消除其不良影响的技术途径和措施。

③ 环境生态学　研究人为干扰下，生态系统内在的变化机理、规律和对人类的反效应，寻找受损生态系统恢复、重建和保护对策的科学。

④ 环境医学　研究环境与人群健康的关系，特别是研究环境污染对人群健康的有害影响及其预防措施。

⑤ 环境地学　以人-地系统为对象，研究它的发生和发展、组成和结构、调节和控制以及改造和利用。

⑥ 环境工程学　运用工程技术的原理和方法，防治环境污染，合理利用自然资源，保护和改善环境质量。

⑦ 环境法学　研究关于保护自然资源和防治环境污染的立法体系、法律制度和法律措施，调整因保护环境而产生的社会关系。

⑧ 环境经济学　运用经济科学和环境科学的原理和方法，分析经济发展和环境保护的矛盾以及经济再生产、人口再生产和自然再生产三者之间的关系，选择经济、合理的物质

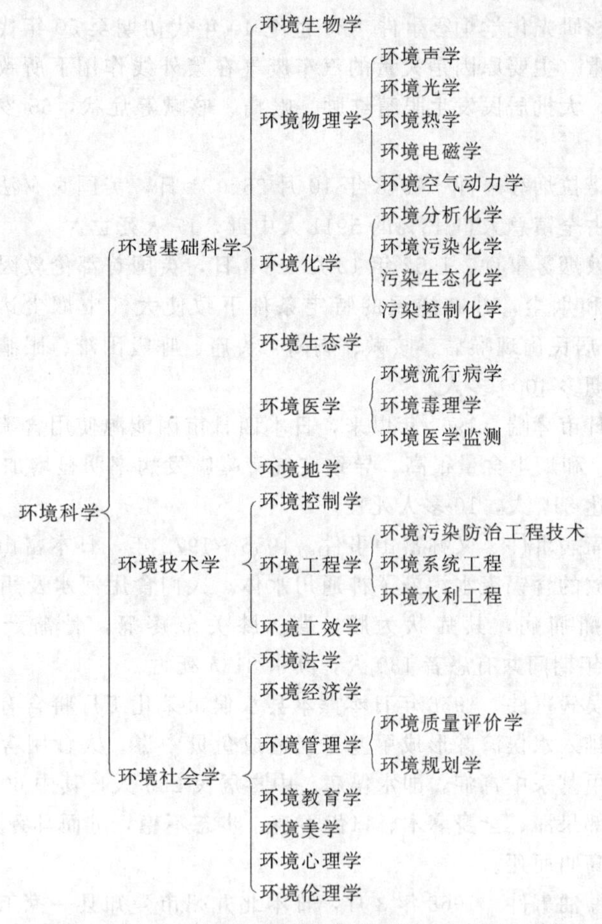

图 1-2 环境科学的组成

变换方式，以使用最小的劳动消耗为人类创造清洁、舒适、优美的生活和工作环境。

⑨ 环境管理学 研究采用行政、法律、经济、教育和科学技术的各种手段调整社会经济发展同环境保护之间的关系，处理国民经济各部门、各社会集团和个人有关环境问题的相互关系，通过全面规划和合理利用自然资源，达到保护环境和促进经济发展的目的。

⑩ 环境伦理学 从伦理和哲学的角度研究人类与环境的关系，是人类对待环境的思维和行为的准绳。

阅读材料

环境的化学污染

人类生活的各个方面，社会发展的各种需要都与化学息息相关，如果人类在生产活动和社会活动中不注意环境保护问题，由此而引起的环境的化学污染将给人类社会带来严重的危害。例如 20 世纪 30 年代以来，发生的世界有名的“八大公害”事件，就是人类忽视环境保护所致的严重后果。“八大公害”事件列举如下。

(1) 马斯河谷烟雾事件 1930 年 12 月 3～5 日，比利时列日市马斯河谷工业区遇长时间逆温，大气中 SO_2 浓度高达 25～100mg/m^3，几千人发病，一周内死亡 60 余人。

(2) 洛杉矶光化学烟雾事件　20世纪40年代初期至50年代，美国洛杉矶光化学烟雾污染严重（主要原因是大量的汽车废气在紫外线作用下所致）。其中1952年的一次最为严重，大批居民发生眼睛红肿、喉痛、咳嗽等症状，65岁以上老人有近400人死亡。

(3) 多诺拉烟雾事件　1948年10月26～31日，美国宾夕法尼亚州多诺拉镇SO_2烟雾污染，占全镇总人口43%的5911人中毒，17人死亡。

(4) 伦敦烟雾事件　1952年12月5～8日，英国首都伦敦因居民和工厂燃煤排出大量的SO_2和烟尘，并在逆温的特定条件下致使大气中烟尘达$4.46mg/m^3$，SO_2达$3.8mg/m^3$，居民出现喉痛、咳嗽、胸闷、头痛、呼吸困难、眼睛刺激等症状，死亡人数较常年同期多4000多人。

(5) 四日市哮喘　1961年以来，日本四日市因能源使用含硫量高的重油，大气污染严重，SO_2和烟尘含量很高，导致支气管哮喘发病率明显增加。1972年共确认全市哮喘病患者达817人，10多人死亡。

(6) 痛痛病事件　又称富山事件。1955～1972年，日本富山县神通川流域锌、铅冶炼工厂排放的含镉废水污染了神通川水体。人们食用河水及用河水灌溉的农田的稻米后，导致痛痛病，其症状为腰、背、膝关节疼痛，骨骼严重畸形、骨脆易折。1963～1979年期间共有患者130人，其中81人死亡。

(7) 水俣病事件　1956年日本熊本县水俣市某化工厂将含有大量氯化汞和硫酸汞的工业废水排入水俣湾并形成甲基汞，造成鱼贝中毒，人食用含甲基汞的鱼贝类后导致中枢神经甲基汞中毒症，即水俣病。中毒居民283人，其中60人死亡。水俣病的主要症状为面部呆滞、全身麻木、口齿不清、步态不稳，进而耳聋失明，最后精神失常，全身弯曲，高叫而死。

(8) 米糠油事件　1968年3月，日本北九州市爱知县一家工厂在生产米糠油脱臭过程中，因管理不善，使多氯联苯混入米糠油中，销售后造成大量人员中毒。患病者超过5000人，其中16人死亡，实际受害者约13000人。

20世纪80年代以后，全球环境进一步恶化，影响广、范围大、危害严重的重大污染事件多次发生。1984年12月2日夜，在印度中央邦博帕尔市，美国联合碳化物公司的博帕尔农药厂，由于管理混乱，地下储罐40t用以制造农药的异氰酸甲酯（剧毒、低沸点、易燃液体）渗进了水，毒液变成气体，罐内压力升高而爆裂外泄，当地居民70万人中有20万人受到影响，其中5万人可能双目失明，到1989年2月，共有3300多人丧失生命。毒气泄漏使大批食品和水源遭受污染，4000头牲畜和其他动物死亡，生态环境受到严重破坏，这是迄今为止世界上最严重的污染事故。

1986年11月1日，瑞士巴塞尔市桑多兹化工公司仓库爆炸起火，近30t剧毒的碳化物、磷化物与含有汞的化工产品随灭火机喷出液和水流入莱茵河，其中有毒化学品达30多种，河内水生生物鳗鱼、鳟鱼、水鸭、鸬鹚等大量死亡，沿莱茵河而下150km内大约60多万条鱼被毒死，500km内河岸两侧的井水不能饮用，许多自来水厂和啤酒厂被迫关闭。据专家们估计，由于有毒物质沉积在河流底泥中，有可能使莱茵河死亡20年。

大量人工制取的化合物（包括有毒物质）进入环境，在环境中经扩散、迁移、转化和累积，不断地使环境恶化。栖息在爱尔兰海上的海鸟，体内含有高浓度的多氯联苯；荒无人烟的南极大陆上生长的企鹅体内也测到了DDT的存在；北极附近格陵兰冰盖层中，近几十年来铅和汞的含量在不断上升！

本章主要介绍了环境化学的几个基本概念和一些基本知识。

一、基本概念

环境污染　指有害物质或有害因子进入环境，并在环境中扩散、迁移、转化，使环境系统的结构与功能发生变化，对人类或其他生物的正常生存和发展产生不利影响的现象。

环境化学　是一门研究有害化学物质在环境介质中的存在、化学特性、行为和效应及其控制的化学原理和方法的科学。

大气圈　地球的外圈包围着地球的空气层。

水圈　地球上被水和冰雪所占有、覆盖而形成的圈层。

岩石圈　由地球下伏坚硬的岩石和上覆土壤表生自然体构成的圈层。

生物圈　由生活在大气圈、水圈和岩石圈中的生物所构成的一个有生命的圈层，它是地球上所有生物体的总和。

二、基本知识

环境化学与基础化学既有联系又有区别，它是一个新的化学分支学科，又是环境科学的一个核心分支学科。

环境化学可划分为环境分析化学、环境污染化学、污染生态化学及污染控制化学（环境工程化学）等几个重要分支学科。

环境化学是环境科学的重要组成部分，它与环境生物学、环境物理学、环境生态学、环境医学、环境地学、环境控制学、环境工程学、环境法学、环境经济学、环境管理学等学科构成环境科学体系。

思考与练习

1. 何谓环境化学？环境化学有哪些分支学科？各分支学科研究的主要内容是什么？

2. 环境化学与基础化学有什么区别和联系？

3. 影响污染物在各环境要素圈中迁移过程的主要因素有哪些？

4. 查阅有关资料，指出引起水体、大气污染的主要化学物质各有哪些。

5. 环境化学作为一门新兴学科，其研究工作有待进一步深入，故定义尚不统一。请查阅有关书籍，列出不同书籍中关于环境化学的定义（要求列出作者或主编姓名、书名、出版地名、出版社名称、出版时间及环境化学的定义，列出两种以上）。

第二章　大气环境化学

学习指南

大气环境化学是环境化学的重要内容之一。在学习本章内容时，首先要了解大气的组成、结构，掌握大气污染的含义。在理解大气污染物迁移因素的基础上，了解大气污染的类型及其危害，理解影响大气污染的气象、地理等因素，理解大气污染物的转化，了解突出的大气环境问题。最后了解中国环境空气质量标准。

第一节　大气环境化学基础知识

一、大气的组成

大气是由多种气体组成的混合体。按其成分的可变性，可分为稳定的、可变的和不确定的三种组分类型。稳定组分主要指大气中的氮、氧、氩及微量的氦、氖、氪、氙等稀有气体（如表 2-1 所示）。可变组分主要指大气中的二氧化碳、二氧化硫和水汽等，这些气体受地区、人类生产活动、季节、气象等因素影响而有所变化。其中水汽含量虽然很少，但其受时间、地点、气象条件影响变化范围较大，也是导致各种复杂的天气现象（如雨、雪、霜、露等）的主要原因之一。此外水汽又具有很强的吸收长波辐射的能力，对地面的保温起着重要的作用。另外，大气中的不定组分，主要来源于自然界的火山爆发、森林火灾、地震以及人类社会的生活消费、交通、工业生产等产生的煤烟、尘埃、硫氧化物、氮氧化物等，它们是大气中的不确定组分，可造成一定空间范围在一段时期内暂时性的大气污染。

在讨论大气的组成时，也可以根据其含量大小分为主要成分、微量成分和痕量成分三大类。主要成分是指含量在百分之几数量级的成分，它们是氮、氧和氩，三者约占大气总体积的99.96%；微量成分（有时也称为次要成分），其含量（体积分数）在 $1\times10^{-6}\sim1\%$，这包括二氧化碳、水汽、甲烷、氦、氖和氪等；痕量成分其含量在 1×10^{-6}以下，主要有

表 2-1 清洁干燥大气的组成

成分	相对分子质量	体积分数	成分	相对分子质量	体积分数
氮(N_2)	28.01	78.09%	甲烷(CH_4)	16.04	1.5×10^{-6}
氧(O_2)	32.00	20.95%	氪(Kr)	83.80	1×10^{-6}
氩(Ar)	39.94	0.93%	一氧化二氮(N_2O)	44.01	0.5×10^{-6}
二氧化碳(CO_2)	44.01	0.033%	氢(H_2)	2.016	0.5×10^{-6}
氖(Ne)	20.18	18×10^{-6}	氙(Xe)	131.30	0.08×10^{-6}
氦(He)	4.003	5.3×10^{-6}	臭氧(O_3)	48.00	$(0.01\sim0.04)\times10^{-6}$

氢、臭氧、氙、一氧化氮、一氧化二氮、二氧化氮、氨气、二氧化硫和一氧化碳等。

地球上的生物与大气之间保持着十分密切的关系，它们从大气中摄取某些必需的成分，经过物质和能量交换使大气的组分保持着精巧的平衡。大气组分的这种平衡一旦遭到破坏，就会对许多生物甚至会对整个生物圈造成灾难性的生态后果。

以大气组分中的二氧化碳为例，尽管在大气圈中二氧化碳的含量只占 0.033%，但对地球上的生物却很重要。在 19 世纪工业革命以前，生物圈每年由大气吸收的二氧化碳约为 480×10^9t，而向大气排放的二氧化碳也差不多等于这一数值。19 世纪工业革命以后，随着人口的增长和工业的发展，人类活动已经开始打破二氧化碳的自然平衡，植被的破坏和大量化石燃料的使用，生物圈向大气中排放的二氧化碳量超过了它从大气中吸收的二氧化碳量，使大气中二氧化碳含量逐年上升，目前已经达到 0.035%左右。由于二氧化碳具有吸收长波辐射的特性，而使地球表面温度升高，并因此导致一系列连锁反应。其中对人类影响较大的是温度上升会使极地冰帽融化，海平面上升，世界上有些地区将被淹没在海水之下。相反，如果二氧化碳含量减少，则会引起气温下降，即使引起温度下降的幅度很小，也会带来很大的影响。例如，因为温度下降会使作物生长期延长，而影响作物产量等。

二、大气层结构

按照大气温度、化学组成及其他性质在垂直方向上的变化，大气圈可以分为对流层、平流层、中间层、热层和逃逸层，见图 2-1。

1. 对流层

对流层是大气层最低的一层，该层的厚度随地球纬度不同而有所差别，其平均厚度约为 12km。对流层是大气中密度最大的一层。在对流层中，当低层空气受热不均匀时，因气团受热膨胀上升、冷却收缩下沉的原因，会出现气体的垂直对流运动，对流层也因此而得名。对流强烈时，气体垂直上升速度可高达 30～40m/s，这样便使对流层上下的空气发生交换。伴随着这种运动，由污染源排放到大气中的污染物便可输送到远方，同时由于分散作用而降低了污染物的浓度。对流层里水汽、尘埃较多，雨、雪、云、雾、雹、霜、雷等主要天气现象与过程都发生在这一层里。人类活动排放的污染物也大多聚集于对流层，尤其是靠近地面 1～2km 的近地层（也称为大气边界层），由于受地形、生物等影响，局部空气更是复杂多变。因

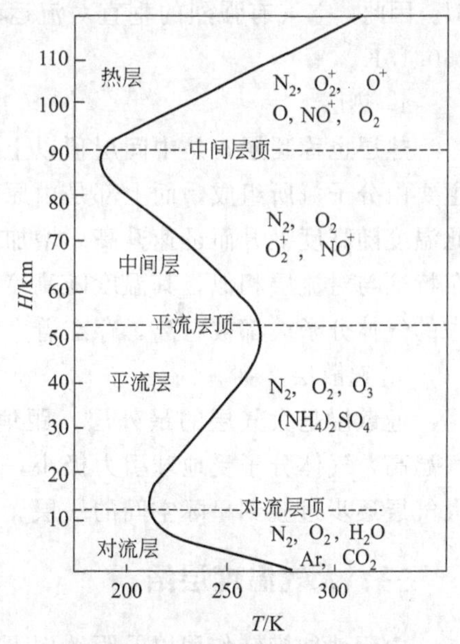

图 2-1 大气主要成分及温度分布

此对流层是大气层中最活跃的、与人类的关系最为密切的一层，通常所说的大气污染主要发生在这一层。大气中污染物的产生、迁移和转化主要发生在这一层。

此外，对流层内气温在一般情况下，随高度的增加而降低。由于对流层内大气的重要热源是来自地面的长波辐射，所以离地面越近气温就越高；反之则越低。在对流层中，一般每升高 100m，气温降低 0.6℃。

2. 平流层

平流层是对流层顶以上距地面大约在 17～50km 之间的一层。该层的特点是气体的状态非常稳定，这里的空气很少上下方向交换，空气没有对流运动，主要是分层的平流运动，而且空气远比对流层空气稀薄，水汽和颗粒物的含量极少，几乎没有云、雨、风暴等天气现象发生。在 25km 以下的低层，随高度的增加气温几乎保持不变，所以也叫等温层。从 25km 开始，气温随高度的增加而升高，到平流层顶，温度可接近 273.15K，所以也称为逆温层（即大气温度随高度的增加而升高的现象)。平流层最引人关注的是其中的“臭氧层”，在 10～35km 高度范围内存在臭氧层，其含量在 20～25km 处达到最大。臭氧是这一层最重要的化学物质，臭氧层的变化会对对流层及地表生物圈产生重大影响。由于臭氧层能强烈地吸收太阳紫外辐射而分解为氧原子和氧分子，当它们又重新化合为臭氧分子时，便可释放出大量的热能，致使平流层上部的大气温度明显地上升。在平流层内，由于上热下冷，导致上部气体的密度比下部气体的密度小，因此，空气垂直对流运动很小，只能随地球自转而产生平流运动，没有对流层中那种云、雨、风暴等天气现象，）因此进入平流层中的污染物，会因此形成一薄层，使污染物遍布全球。同时污染物在平流层中扩散速度较慢，停留时间较长，有的可达数十年。此外，由于平流层中大气透明度好，气流稳定，现代超高速飞机多在平流层底部飞行，既平稳又安全。

3. 中间层

中间层是平流层顶以上至距地面约 80km 高度的一层。这一层臭氧已经很少，又没有其他能吸收射线的物质，其显著特点是气温随高度的增加而降低，垂直温度分布与对流层相似。因此，空气有强烈的垂直对流运动，垂直混合明显。在中间层顶部温度可降到 190.15～160.15K。

4. 热层

热层也称暖层，是中间层顶以上至距地球表面大约有 800km 高度的一层。该层的下部主要由分子氮所组成，而上部是由原子氧所组成，能吸收太阳紫外光和宇宙射线的能量，因此温度随高度上升而迅速升高。增加由于太阳和宇宙射线的作用，热层中大气的垂直温度分布特征与对流层相似，其温度随高度增加而急剧上升，顶部可达到 1000K 以上。同时热层中的气体分子大都被电离，存在着大量的离子和电子，故热层也称为电离层。

5. 逸散层

逸散层是大气层的最外层，距地面在 800km 以上。因为其远离地面，空气极为稀薄，气温高，气体分子受地球引力极小，因而大气质点会不断地向星际空间逃逸。逸散层也是从大气层逐步过渡到星际空间的一层。

三、大气温度层结

由于地球旋转作用以及距地面不同高度的各层次大气对太阳辐射吸收程度的差异，使得描述大气状态的温度等气象要素在垂直方向上呈不均匀的分布。人们通常把静大气的温度在垂直方向上的分布，称为大气温度层结，如图 2-2 所示。图中纵坐标用高度 Z 表示，横坐标用温度 T 表示，大气温度随高度的变化形状就像字母 W 向右倒的样子，即“⋞”。

1. 气温垂直递减率

气温垂直递减率是指在垂直于地球表面方向上，每升高 100m 气温的变化值。通常用下式表示：

$$r=-\frac{dT}{dZ} \tag{2-1}$$

式中　T——热力学温度，K；

　　　Z——高度，m。

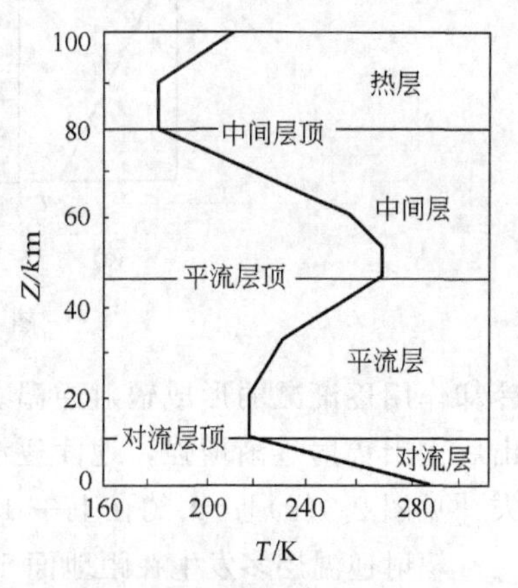

图 2-2　大气温度的垂直分布

气温垂直递减率可大于零、等于零或小于零。大于零表示气温随高度增加而降低；等于零表示气温不随高度变化（或叫等温层）；小于零表示气温随高度增加而增加。当气温垂直递减率小于零时，大气层的温度分布与标准大气压情况下气温分布相反时称为温度逆温，简称逆温。

气温随高度的变化特征可以用气温垂直递减率（r）来表示，它系指单位高差（通常取 100m）气温变化的负值。

若气温随高度增加是递减的，r 为正值，反之，r 为负值。

此式可以表征大气的温度层结。在对流层中，平均来说$\frac{dT}{dZ}<0$，且 $r=0.6K/100m$。即每升高 100m，气温降低 0.6℃。

2. 辐射逆温层

地球表面因接受来自太阳的辐射而升温，也可因向空中辐射而冷却。太阳向地球表面的辐射主要是短波辐射，而地面向空中的辐射则主要是长波辐射。大气吸收短波辐射的能力很弱，而吸收长波辐射的能力却很强。因此，在大气边界层内，空气温度的变化主要是受地表长波辐射的影响。近地层空气温度随着地面温度的升高而逐渐升高，而且是自下而上的升高；反之，近地层空气温度随着地表温度的降低而逐渐降低，也是自下而上的降低。

在对流层中，气温一般是随着高度增加而降低，即 $r>0$，称为递减层结。但在一定条件下会出现反常现象，这可由垂直递减率（r）的变化情况来判断。当 $r=0$ 时，称为等温气层；当 $r<0$ 时，称为逆温气层。逆温现象经常发生在较低气层中，这时气层稳定性特别强，对于大气垂直运动的发展起着阻碍作用。

逆温形成的过程是多种多样的。根据形成过程的不同，逆温可分为近地面层逆温和自由大气逆温两种。近地面层逆温又可分为辐射逆温、平流逆温、融雪逆温和地形逆温等；自由大气逆温可分为湍流逆温、下沉逆温和锋面逆温等。与大气污染关系密切的是辐射逆温。

地面因强烈的有效辐射而很快冷却，近地面气层冷却最为强烈，较高的气层冷却较慢，因而形成了自地面开始逐渐向上发展的逆温层，称为辐射逆温。辐射逆温最可能发生在夜间的静止空气，此时地球不再接受太阳辐射，近地面空气比高层空气先冷却，而高层空气保持温暖，密度小。逆温不利于空气对流，因而不利于污染物的扩散，使污染物滞留在局地，造成局地大气污染物的集聚。图 2-3 表示在一昼夜间辐射逆温从生成到消失的过程。图 2-3(a) 是下午时递减温度层结；图 2-3(b) 是日落前 1h 逆温开始生成的情况；随着地面辐射的增强，地面迅速冷却，使近地面气层由下而上温度降低，且离地越近，冷却越强。沿高度方向

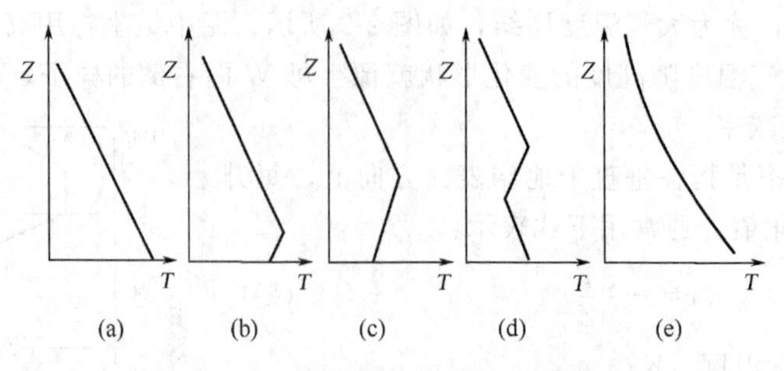

图 2-3　辐射逆温的生成消失的过程

冷却作用逐渐减弱形成辐射逆温。逆温逐渐向上发展，黎明时达到最强［见图 2-3(c)］；日出后太阳辐射逐渐增强，地面逐渐升温，空气也随之自下而上升温，逆温也自下而上逐渐消失［见图 2-3(d)］；大约在上午 10 时左右逆温层完全消失［见图 2-3(e)］。

辐射逆温层多发生在距地面 100～150m 高度内。最有利于辐射逆温发展的条件是平静而晴朗的夜晚，有云和有风都能减弱逆温。如风速超过 2～3m/s 时，辐射逆温就不易形成了。

3. 气块的绝热过程

在大气中取一个微小容积的气块，称为空气微团，简称气块。假设它与周围的环境间没有发生热量交换，那么它的状态变化过程就可以认为是绝热过程。由污染源排入大气的污染气体，也可视为一个气块来研究。

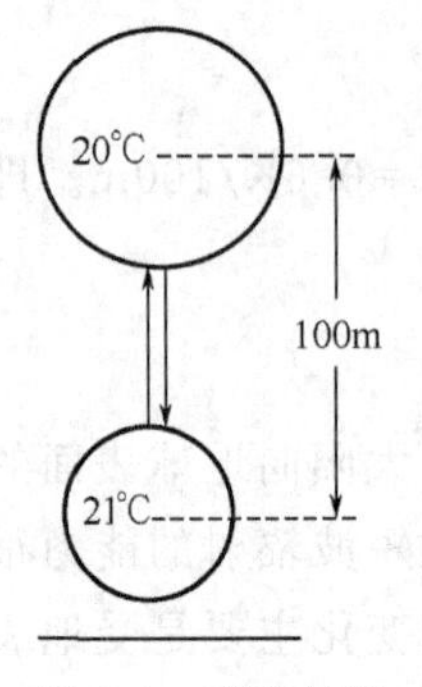

图 2-4　干空气微团升降时的绝热变化

固定质量的气块所经历的不发生水相变化的过程，通常称为干过程。不发生水相变化，即指气块内部既不出现液态水又不出现固态水。固定质量的气块在干过程中其内部的总质量不变，它也是一个绝热过程，因而也称为干绝热过程，这是一种可逆的绝热过程。干气块在绝热上升过程中，由于外界压力减小而膨胀，就要抵抗外界压强而做功，这个功只能依靠消耗本身的内能来完成，因而气块温度降低。相反，当这干空气从高处绝热下降时，由于外界压强增大，就要对其压缩而做功，这个功便转化为这块空气的内能，因而气块温度升高。气体在干绝热过程中其温度随高度的变化称为干绝热垂直递减率，用 r_d 表示。根据理论推导，$r_d=0.98℃/100m\approx1℃/100m$（如图 2-4 所示）。

四、大气稳定度

大气稳定度是指大气抑制或促进气团在垂直方向运动的趋势，它与风速及空气温度随高度的变化有关。设想在层结大气中有一气块，由于某种原因受到外力的作用产生了上升或下降的垂直位移后，可能发生三种情况：一是当外力消失后，气块就减速并有返回原来高度的趋势，则称这种大气是稳定的；二是当外力消失后，气块仍按原方向加速运动，称这种大气是不稳定的；三是当外力消失后，气块被外力推到哪里就停到哪里或做等速运动，称这种大气是中性的。大气科学中将大气稳定度细划为 A、B、C、D、E、F 六类，分别表示不同的大气稳定程度。A 类为极不稳定大气，最有利于污染物扩散，而 F 类为极稳定大气，最不利于污染物的扩散。

符　　号：	A	B	C	D	E	F
大气稳定度：	极不稳定	不稳	微不稳	中性	微稳	极稳

气块在大气中的稳定度与大气垂直递减率和干绝热垂直递减率两者有关。当 $r>r_d$ 时，大气不稳定；当 $r=r_d$ 时，大气为中性；当 $r<r_d$ 时，大气为稳定结构。一般地，大气温度垂直递减率越大，气块越不稳定。反之，气块就越稳定。如果垂直递减率很小甚至形成等温或逆温状态，这时对大气垂直对流运动形成巨大障碍，地面气流不易上升，使地面污染源排放出来的污染物难以借气流上升而扩散。

五、影响大气污染物迁移的因素

大气污染物在大气中迁移时受到多种因素的影响，主要有气象动力因子（如风和湍流）、由于天气形势和地理地势造成的逆温现象以及污染源本身的特性等。

1. 气象动力因子的影响

气象动力因子主要指风和湍流。风和湍流对污染物在大气中的扩散和稀释起着决定性作用。

（1）风　风对大气污染物的影响包括风向和风速的大小两个方面，在大气边界层中，由于越往高处摩擦力越小，因而风速随高度的增加明显变大。风向影响污染物的扩散方向，而风速的大小决定着污染物的扩散和稀释的状况。一般情况下，污染物在大气中的浓度与污染物的总排放量成正比，而与平均风速成反比，若风速增加一倍，则在下风向污染物的浓度将减少一半。

（2）大气湍流　在大气边界层中，由于地面粗糙度的影响，风速越靠下层变得越小，因而产生了风速的垂直梯度，形成湍流。风速有大小，具有阵发性，并在主导风向上还会出现上下左右无规则的阵发性搅动。污染物进入大气后，除随风做整体漂移外，湍流的混合作用不断将新鲜空气卷入污染烟气中，或将烟气卷入新鲜空气中，使污染物分散稀释。大气污染物的扩散主要是靠大气湍流作用。风速越大，湍流越强，污染物的扩散速度就越快，污染物的浓度就越低。

湍流尺度的大小对污染物的扩散、稀释有很大影响。当湍流的尺度比烟团的尺度小时，烟团向下风向移动，并进行缓慢的扩散，如图 2-5(a) 所示。当烟团被大尺度的大气湍流夹带时，烟团处于比它尺度大的大气湍流作用下的扩散状态，其本身截面尺度变化不大，如图 2-5(b) 所示。当湍流的尺度有大有小时，因为烟团同时受到多种尺度的湍流作用，烟团容易被湍流拉开、撕裂，烟团能很快扩散，如图 2-5(c) 所示。

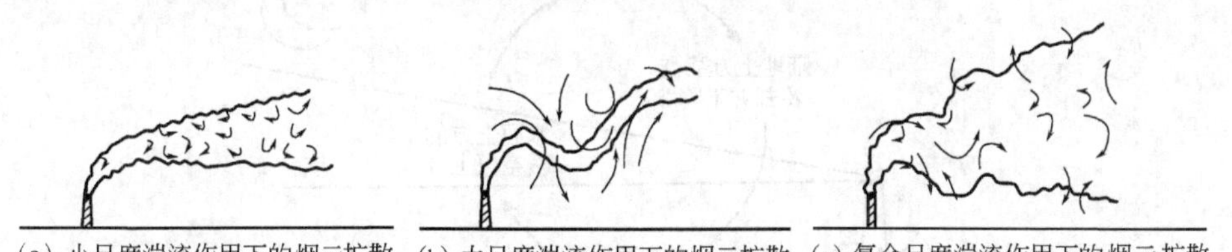

(a) 小尺度湍流作用下的烟云扩散　(b) 大尺度湍流作用下的烟云扩散　(c) 复合尺度湍流作用下的烟云扩散

图 2-5　不同尺度湍流时烟云扩散状态

2. 天气形势和地形地貌的影响

天气形势是指大范围气压分布的状况。局部地区的气象条件总是受天气形势的影响，因而局部地区大气污染物的扩散条件与大气的天气形势是互相联系的。不利的天气形势和地形特征结合在一起常使大气污染程度加重。例如，由于大气压分布不均，在高压区里存在着下沉气流，由此使气温绝热上升，于是形成上热下冷的逆温现象，这种逆温称下沉逆温。它具有持续时间长、分布广等特点，使从污染源排放出来的污染物长时间地积累在逆温层中而不能扩散。世界上一些较大的大气污染事件大多是在这种天气形势下形成的。

因地形地貌不同，从污染源排出的污染物的危害程度也不同。如高层建筑等体形大的建筑物背风区风速下降，在局部地区产生涡流，这样就阻碍了污染物的迅速排走，而使其停滞在某一地区内，从而加重污染。

地形和地貌的差异，往往形成局部空气环流，对当地的大气污染起显著作用。典型的局部空气环流有海陆风、山谷风和城市热岛效应等。

(1) 海陆风　海陆风是海洋或湖泊沿岸常见的现象，是海风（或湖风）和陆风的总称。在白天，由于地表受太阳辐射后，陆地升温比海面快，陆地上的大气气温高于海面上的大气气温，产生了海陆大气之间的温度差、气压差。使低空大气由海洋流向陆地，形成海风，而高空大气从陆地流向海洋，它们同陆地上的上升气流和海洋上的下降气流一起形成了海陆风局地环流，如图 2-6 所示。

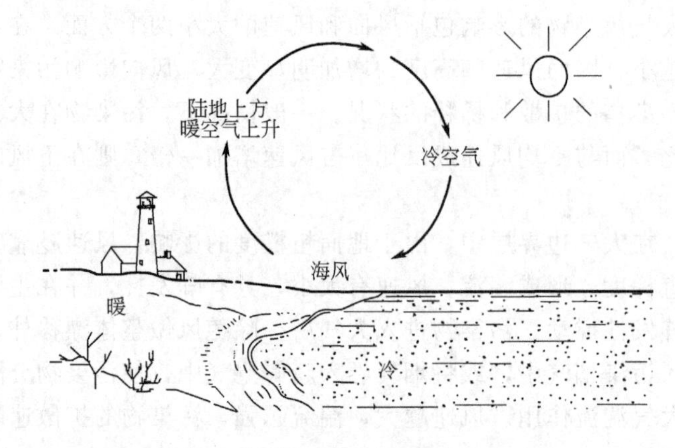

图 2-6　白天的海风

到了夜间，地表散热降温比海面快，在海陆之间产生了与白天相反的温度差、气压差。这使低空大气从陆地流向海洋，形成陆风，高空大气则从海洋流向陆地，它们与陆地下降气流和海面上升气流一起构成了海陆风局地环流，如图 2-7 所示。海陆风是以 24h 为周期的一种大气局地环流。

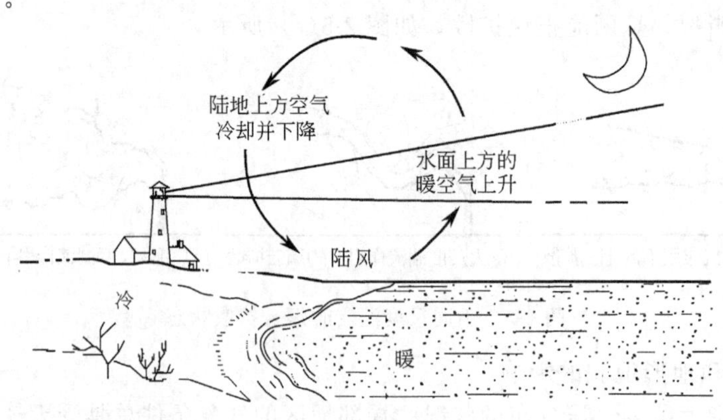

图 2-7　夜晚的陆风

由上可知，建在海边排出污染物的工厂，必须考虑海陆风的影响，因为有可能出现在夜间随陆风吹到海面上的污染物，在白天又随海风吹回来，或者进入海陆风局地环流中，使污染物不能充分地扩散稀释而造成严重的污染。

在江河湖泊的水陆交界地带也会产生水陆风局地环流，称为水陆风，但水陆风的活动范围和强度比海陆风要小。

(2) 山谷风　山谷风是山区常见的现象，是山风和谷风的总称。它主要是由于山坡和谷地受热不均匀而产生的。在白天，太阳首先照射到山坡上，使山坡上大气比谷地上同高度的大气温度高，形成了由谷地吹向山坡的风，称为谷风。在高空，大气则由山坡流向山谷，它们同山坡上升气流和谷地下降气流一起形成了山谷风局地环流。在夜间，山坡和山顶比谷地冷却得快，使山坡和山顶的冷空气顺山坡下滑到谷底，形成山风。在高空，大气则从山谷流向山顶，它们同山坡下降气流和谷地上升气流一起构成了山谷风局地环流，如图 2-8 所示。

山风和谷风的方向是相反的，在不受大气影响的情况下，山风和谷风在一定时间内进行转换，这样就在山谷构成闭合的环流，污染物往返积累，往往会达到很高的浓度，造成严重的大气污染。

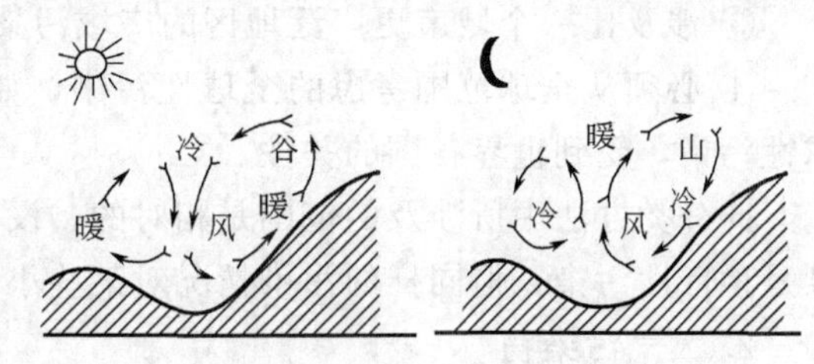

图 2-8　山谷风局地环流

(3) 城市热岛效应　城市热岛效应是由城乡温度差引起的城市热岛环流或城郊风。产生城乡温度差异的主要原因是：城市工业集中、人口密集；城市热源和地面覆盖物（如建筑、水泥路面等）热容量大，白天吸收太阳辐射热，夜间放热缓慢，使低层空气冷却变缓，与郊区形成显著的差异。这种导致城市比周围地区热的现象称为城市热岛效应。

由于城市温度经常比郊区高，气压比郊区低，所以在晴朗平稳的天气下可以形成一种从周围郊区吹向城市的特殊的局地风，称为城郊风。这种风在市区汇合就会产生上升气流，如图 2-9 所示。因此，若城市周围有较多产生污染物的工厂，就会使污染物在夜间向市中心输送，造成严重污染，尤其是夜间城市上空有逆温存在时。

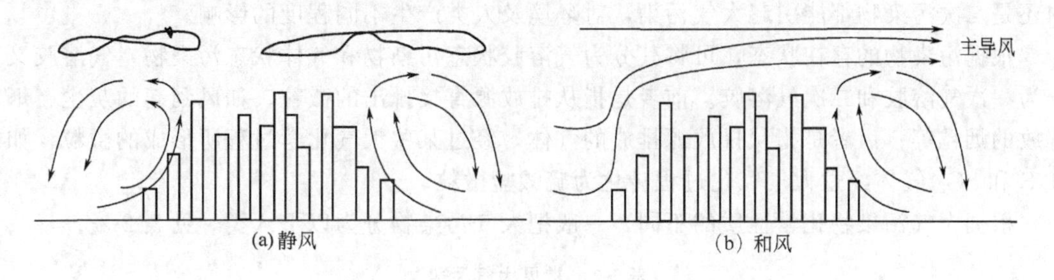

图 2-9　城市热岛环流

第二节　大气污染及其影响和危害

一、大气污染和大气污染物

1. 大气污染

大气污染是指由于人类活动或自然过程，改变了大气层中某些原有成分或增加了某些有毒有害物质，致使大气质量恶化，影响原来有利的生态平衡体系，严重威胁着人体健康和正常工农业生产，对建筑物和设备财产等造成损坏，这种现象称为大气污染，也称空气污染。

按照国际标准化组织（ISO）对大气和空气的定义：大气是指环绕地球的全部空气的总和；空气是指人类、植物、动物和建筑物暴露于其中的室外空气。在这一领域中，“空气”和“大气”常混用。但“大气”的范围比“空气”的范围大得多。通常，将近地面或低层大气的污染称为“空气污染”，高层大气及对流层的污染称为“大气污染”。狭义地也有将室外空气污染称为大气污染，室内空气污染称为空气污染，如室内、车间内、矿井内以及飞机内、车船内等的空气污染。

按照大气污染的范围，大气污染可分为四类。

① 局限于小范围的大气污染，如某些烟囱排气的直接影响；

② 涉及一个地区的大气污染，如工业区及其附近地区或整个城市大气受到污染；

③ 涉及比一个城市更广泛地区的广域污染；

④ 必须从全球范围考虑的全球性污染，如大气中二氧化碳气体的不断增加，就成了全球性污染，受到世界各国的关注。

此分类方法中所涉及的范围是相对的，没有具体标准。如大工业城市及其附近地区的污染是地区性污染，但同样的污染情况对某些小国家来说可能产生国与国之间的广域性污染。

2. 大气污染物

按照国际标准化组织（ISO）的定义：大气污染物是指由于人类活动或自然过程排入大气的并对人或环境产生有害影响的物质。大气污染物的种类很多，并且因污染源不同而有差异。在我国大气环境中，具有普遍影响的污染物，其最主要的来源是燃料燃烧。根据污染物的性质，可将大气污染物分为一次污染物与二次污染物。一次污染物是从污染源直接排出的污染物，它可分为反应性物质和非反应性物质。前者不稳定，还可与大气中的其他物质发生化学反应；后者比较稳定，在大气中不与其他物质发生反应或反应速度缓慢。二次污染物是指不稳定的一次污染物与大气中原有物质发生反应，或者污染物之间相互作用而生成的新的污染物质，这种新的污染物与原来的物质在物理、化学性质上完全不同。但无论是一次污染物还是二次污染物都能引起大气污染，对环境及人类产生不同程度的影响。

根据污染物的存在状态，可将其分为气溶胶状态污染物和气体状态污染物。气溶胶又可分为一次气溶胶和二次气溶胶。前者是指从排放源直接排出的微粒，如风刮起的灰尘、烟囱排放的烟粒等；后者是指从排放源排放的气体，经过某些大气化学过程所形成的微粒，如由 H_2S 和 SO_2 气体经过大气氧化过程转化为硫酸盐微粒。

根据大气污染物化学性质的不同，一般把大气污染物分为以下八类，见表 2-2。

表 2-2 常见大气污染物

污染物	一次污染物	二次污染物
含硫氧化物	SO_2、H_2S	SO_3、H_2SO_4、硫酸盐、硫酸酸雾
氮氧化物	NO、NH_3	N_2O、NO_2、硝酸盐、硝酸酸雾
碳氧化物	CO、CO_2	
碳氢化合物	$C_1 \sim C_5$ 化合物、CH_4 等	醛、酮、过氧乙酰硝酸酯
卤素及其化合物	F_2、HF、Cl_2、HCl、$CFCl_3$、CF_2Cl_2、氟里昂等	
氧化剂	—	O_3、自由基、过氧化物
颗粒物	煤尘、粉尘、重金属微粒、烟、雾、石棉气溶胶等	
放射性物质	铀、钍、镭等	

对于局部地区特定污染源排放的其他危害较重的大气污染物，可作为该地区的主要大气

污染物。

二、大气污染的影响及其危害

根据污染物的来源、性质、浓度和持续的时间不同以及污染地区的气象条件、地理环境因素的差别等，大气污染对人体健康将产生不同的危害。从规模上分类，可分为微观、中型和宏观三种。如放射性建筑材料的自然辐射所引起的室内大气污染属于微观空气污染；工业生产及汽车排放所引起的室外周围大气污染属于中型大气污染；大气污染物远距离传输及对全球的影响属于宏观大气污染（如酸雨）。大气污染对人体健康影响较大的污染物有颗粒物、二氧化硫、一氧化碳和臭氧等。大气污染是当前世界最主要的环境问题之一，其对人类健康、工农业生产、动植物生长、社会财产和全球环境等都会造成很大的危害。

1. 大气污染对人体健康的危害

大气污染对人体健康的影响，一般可分为以下几种情况。

（1）急性危害　人在高浓度污染物的空气中暴露一段时间后，马上就会引起中毒或者其他一些病状，这就是急性危害。最典型的是 1952 年 12 月伦敦烟雾事件和 1984 年 12 月的印度博帕尔毒气泄漏事件（见第一章阅读材料）。

（2）慢性危害　慢性危害就是人在低浓度污染物中长期暴露，污染物危害的累积效应使人发生病状。由于慢性危害具有潜在性，往往不会立即引起人们的警觉，但一经发作，就会因影响面大、危害深而一发不可收拾。慢性危害一般可采取相应的防护措施减少其危害性。

例如，粒径在 $10\mu m$ 以下悬浮的颗粒物——飘尘，经过呼吸道很容易沉积于肺泡上，其沉积量与人的呼吸量和呼吸次数紧密相关。沉积在肺部的污染物如被溶解，就会直接侵入血液，造成血液中毒；未被溶解的污染物有可能被细胞所吸收，造成细胞破坏，侵入肺组织或淋巴结可引起肺尘埃沉着症（尘肺）。肺尘埃沉着症的种类很多，它因所积的粉尘种类不同而各异。人们如长期生活、工作在低浓度污染的空气中，就会导致慢性疾病率升高。如煤矿工人吸入煤灰形成煤沉着病（煤肺）；玻璃厂或石粉加工工人吸入硅酸盐粉尘形成硅沉着病（硅肺）；石棉厂工人多患有石棉沉着病（石棉肺）等。

颗粒物对人体健康的危害，有两个最重要的因素：一是化学成分，二是粒度。粒度不同，危害也不相同，如 $0.5\sim5\mu m$ 的粒子可直接进入肺泡并在肺内沉积，其危害最大。

大气污染物侵入人体的途径有：通过呼吸道进入人体；通过饮食进入人体；通过皮肤毛孔进入人体。如图 2-10 所示。

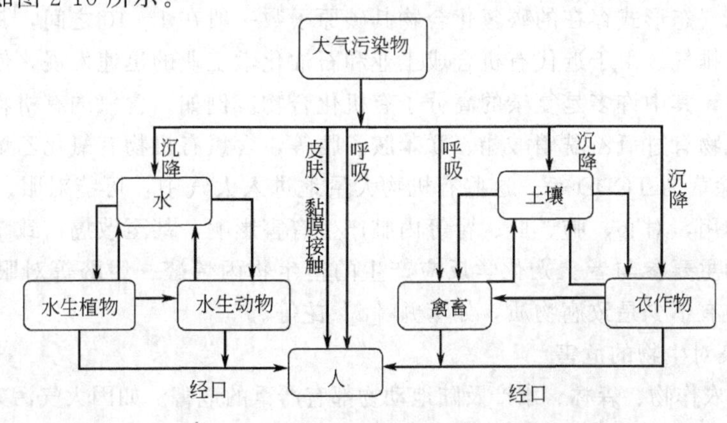

图 2-10　大气污染物进入人体的途径

其中，以通过呼吸道进入人体危害最大。因为人们每时每刻都要呼吸空气，一般成人一天需要13～15kg（10～12m^3）空气，相当于每天所需食物质量的10倍，饮水量的5～6倍；此外，肺泡表面积很大，毛细血管丰富，与气体交换功能强；再有，整个呼吸道富有水分，对有害物质黏附、溶解、吸收能力大，感受性强。大气中污染物种类很多，不同的污染物对人体健康所造成的危害程度、表现病状也各不相同。

① 颗粒物　颗粒物对人体健康的影响，取决于颗粒物的浓度和在其中暴露的时间。研究数据表明，因上呼吸道感染、心脏病、支气管炎、气喘、肺炎、肺气肿等疾病而到医院就诊的人员数据的增加与大气中颗粒物浓度的增加是相关的。颗粒物粒径的大小是危害人体健康的另一重要因素，主要原因是：颗粒物的粒径越小，越不容易沉积，长时间漂浮在大气中容易被人吸入体内，并且容易深入肺部。同时粒径越小，粉尘的比表面积越大，物理、化学活性越高，加剧了生理效应的发生；而且尘粒表面可以吸附空气中各种有害气体和其他污染物，成为它们的载体，进一步危害人类健康。

② 硫氧化物　硫氧化物包括二氧化硫、三氧化硫。人长期吸入二氧化硫会慢性中毒，使嗅觉和味觉减退，其对人体健康的主要影响是造成呼吸道内径狭窄，结果使空气进入肺部受到阻碍，产生慢性支气管炎、哮喘、结膜炎和胃炎等疾病。浓度高时可使人出现呼吸困难，严重者引起肺气肿，甚至死亡。因此，在居民区，大气中二氧化硫的最高允许浓度一次测定值为0.50mg/m^3。

③ 一氧化碳　一氧化碳又称煤气，主要通过呼吸道进入人体引起中毒。人吸入一氧化碳后，经肺进入血液，很快形成碳氧血色素，碳氧血红素对一氧化碳的亲和力比它同氧气的亲和力大得多，大约为210倍，从而使血色素丧失运输氧气的能力。因此，人一旦吸入一氧化碳，它就和血红素结合起来，减少了血液载氧能力，使身体细胞得到的氧减少，最初危害中枢神经系统，发生头晕、头痛、恶心等症状，严重时窒息、死亡。

④ 氮氧化物（主要是二氧化氮）　二氧化氮对呼吸器官有强烈的刺激作用，据试验表明，二氧化氮会迅速破坏肺细胞，有可能导致哮喘、肺气肿和肺癌。同时二氧化氮和碳氢化合物混合时，在阳光照射下发生光化学反应，生成光化学烟雾，其危害更加严重。暴露在二氧化氮浓度超过5$\mu L/L$的空气中15min，将导致咳嗽及呼吸道疼痛，持续暴露在这样的空气中将造成肺水肿。在烟草燃烧中产生的二氧化氮平均浓度大约为5$\mu L/L$，而大约0.10$\mu L/L$的二氧化氮浓度，就可使呼吸道疾病加重并使肺功能衰减。

⑤ 碳氢化合物　由碳氢两种元素组成的化合物总称为碳氢化合物。碳氢化合物的种类很多，大气中以气态形式存在的碳氢化合物其碳原子数一般在1～10之间，其主要来源于燃料燃烧和机动车排气。由于近代有机合成工业和石油化学工业的迅速发展，使大气中的有机化合物日益增多，其中许多是复杂的高分子有机化合物。例如，含氧的有机物有酚、醛、酮等，含氮的有机物有过氧乙酰硝酸酯、联苯胺、腈等，含氯有机物有氯化乙烯、氯醇、有机氯农药DDT、除草剂TCDD等。这些有机物大量地进入大气中，可能对眼、鼻、呼吸道产生强烈的刺激作用，对心、肺、肝、肾等内脏产生有害影响，甚至致癌、致畸等。它们是形成光化学烟雾的主要参与者。光化学反应产生的衍生物丙烯醛、甲醛等对眼睛都有刺激作用，多环芳烃中有不少是致癌物质，如苯并［*a*］芘等。

2. 大气污染对生物的危害

大气污染对农作物、森林、水产及陆地动物都有严重的危害。如因大气污染（以酸雨污染为主）造成我国农业粮食减产面积在1993年高达530万公顷。每年我国因大气污染、水体污染和固体废物污染造成的粮食减产量高达120亿千克。严重的酸雨会使森林衰亡和鱼类死亡。

大气污染对植物的危害可以分为急性危害、慢性危害和不可见危害三种。

急性危害是指在高浓度污染物影响下，短时间内产生的危害。如使植物叶子表面产生伤斑，或者直接使叶片枯萎脱落。

慢性危害是指在低浓度污染物长期影响下产生的危害。如使植物叶片褪绿，影响植物生长发育，有时还会出现与急性危害类似的症状。

不可见危害是指在低浓度污染物影响下，植物外表不出现受害症状，但植物生理机能已受影响，使植物品质变坏，产量下降。

大气污染除对植物的外观和生长发育产生上述直接影响外，还产生间接影响，主要表现为：由于植物生长发育减弱，降低了对病虫害的抵抗能力。

3. 大气污染对材料的影响

突出表现在对建筑物和暴露在空气中的流体输送管道的腐蚀。如工厂金属建筑物被腐蚀成铁锈，楼房自来水管表面的腐蚀等。大气污染对全球大气环境的影响目前亦已突显出来，如臭氧层消耗、酸雨、全球变暖等。如不及时控制，将对整个地球造成灾难性的危害。大气污染也给一些历史文物、艺术珍品带来不可挽回的损失。

大气污染对材料的影响主要表现为五个机制，分别为磨损、沉积和洗除、直接化学破坏、间接化学破坏以及电化学腐蚀。

大气中较大的固体颗粒在材料表面高速运动会引起材料表面磨损，如沙尘暴、暴风雨中的固体颗粒等。一般大多数大气中污染物的颗粒尺寸或是较小，或是运动速度慢，所以不易造成材料表面的磨损。沉积在材料表面的小液滴和固体颗粒会导致一些纪念碑和建筑物表面的损伤。溶解和氧化反应导致直接化学破坏，通常水为反应介质。如二氧化硫及三氧化硫在有水存在时，与石灰石（$CaCO_3$）反应生成石膏（$CaSO_4 \cdot 2H_2O$）和硫酸钙，而硫酸钙和石膏比碳酸钙易溶于水，易被雨水溶解。

当污染物吸附在材料表面且形成破坏性化合物时，则发生对材料的间接化学破坏。产生的破坏性化合物可能是氧化剂、还原剂或溶剂。这些化合物会破坏材料结构中的化学键，因而具有破坏性。氧化-还原反应会使金属材料表面存在局部的化学和物理变化，而这些变化导致金属表面形成微观的阳极和阴极，这些微观电极的电位差的存在，导致电化学腐蚀发生。

4. 对大气能见度的影响

能见度是指在指定方向上用肉眼看见和辨认的最大距离。对能见度有影响的污染物主要有：总悬浮颗粒物、二氧化硫和其他含硫化合物、一氧化氮和二氧化氮、光化学烟雾等。大气能见度的降低，不仅会使人感到心情不愉快，而且会造成极大的心理影响，还会对交通安全产生不利影响。

5. 对气候的影响

当大气中存在大量的气溶胶粒子时，会导致太阳辐射强度的降低，从而使该区域的温度降低。同时较低大气层中的悬浮颗粒物可以成为水蒸气的“凝结核”，当空气中水蒸气达到饱和时，就会发生凝结现象，这种“凝结核”有可能潜在地导致降水的增加或减少。

三、大气污染物浓度表示法

常用大气污染物浓度表示法有混合比单位表示法和单位体积内物质的质量表示法。

1. 混合比单位表示法

这是一种用污染物所占样品的体积比或质量比表示污染物浓度的方法，这种浓度表示法主要用于气态污染物，对于大气中低浓度物质是合适的。当表示浓度相对较高的物质时，如源排放的物质浓度时，可直接用百分数表示。

如大气中 O_3 的本底浓度是 0.03×10^{-6}（此浓度等于 $0.03\mu L/L$ 或 $0.03\mu g/g$）；CO_2 的本底浓度是 330×10^{-6}。

2. 单位体积内物质的质量表示法

一般对气体常用 mg/m^3 或 $\mu g/m^3$，颗粒物则用 $\mu g/m^3$ 或个$/m^3$。

$$x/(mg/m^3)=\frac{\text{污染物的质量(g)}}{\text{空气的取样体积}(m^3)}\times10^3$$

$$x/(\mu g/m^3)=\frac{\text{污染物的质量(g)}}{\text{空气的取样体积}(m^3)}\times10^6$$

在大气压为 101325Pa（标准气压）、温度为 25℃（298K）时

$$10^{-6}=mg/m^3\times\frac{22.4}{M}$$

其中，22.4（L/mol）是 101325Pa、298K 时 1mol 的理想气体体积（L）；M 是气体摩尔质量（g/mol）。

第三节　大气中污染物的转化

污染物在大气中的迁移只是使其在空间分布上发生了变化，它们的化学组成并没有改变。但如果污染物在大气中发生了化学变化，如光解、氧化-还原、酸碱中和以及聚合等反应，则可能转化为无毒化合物从而消除污染；或者转化为毒性更大的二次污染物从而加重污染。因此，研究污染物的转化对大气环境化学具有重要意义。

一、大气中的光化学反应

污染物在大气中的化学转化，除常规热化学反应外，更多的是与光化学反应有关，即大气污染往往是由光化学反应而引发所致。

1. 光化学反应过程

分子、原子、自由基或离子吸收光子而发生的化学反应，称为光化学反应。化学物质吸收光量子后可发生光化学反应的初级过程和次级过程。物质发生光化学反应要在合适波长的光照射下，以保证有足够大的吸收系数，同时有足够大的辐射，才能发生光化学反应。

（1）初级过程　初级光化学过程包括光解离过程、分子内重排等。分子吸收光后可解离产生原子、自由基等，它们可通过次级过程进行热反应。化学物质吸收光量子形成激发态，其基本步骤为

$$A+h\nu\longrightarrow A^*$$

式中　A^*——物质 A 的激发态；

$h\nu$——光量子。

随后，激发态 A^* 可能发生如下几种变化。

① 辐射跃迁　$A^*\longrightarrow A+h\nu$

② 无辐射跃迁　$A^*+M\longrightarrow A+M$

③ 离解　　$A^* \longrightarrow B_1 + B_2 + \cdots$

④ 碰撞失活　　$A^* + C \longrightarrow D_1 + D_2 + \cdots$

反应①为辐射跃迁，即激发态物质通过辐射荧光或磷光而失去活性。反应②为无辐射跃迁，即激发态物质通过与其他惰性分子 M 碰撞，将能量传递给 M，本身又回到基态。以上两种过程均为光物理过程并使分子回到初始状态。反应③为光离解，即激发态物质离解为两个或两个以上新物质。反应④为 A^* 与其他分子反应生成新的物质。这两种过程均为光化学过程。对于环境化学而言，光化学过程更为重要。受激态物质会在什么条件下离解为新物质，以及与什么物质反应可产生新物质，对于描述大气污染物在光作用下的转化规律具有重要意义。

(2) 次级过程　指在初级过程中反应物、生成物之间进一步发生的反应。如大气中氯化氢的光化学反应过程。

初级过程　　$HCl + h\nu \longrightarrow H\cdot + Cl\cdot$

次级反应　　$H\cdot + HCl \longrightarrow H_2 + Cl\cdot$

次级反应　　$Cl\cdot + Cl\cdot \xrightarrow{M} Cl_2$

上述反应表明，HCl 分子在光的作用下，发生化学键的裂解。裂解时，成键的一对电子平均分给氯和氢两个原子，使氯和氢各带有一个成单电子，这种带有一个成单电子的原子称为自由基，用相应的原子加上单电子“·”表示，如 H·、Cl·等。自由基也可以是带成单电子的原子团，如·OH、$\cdot CH_3$、R·等。

自由基是电中性的，自由基因有成单电子而非常活泼，它能迅速夺取其他分子中的成键电子而游离出新的自由基，或与其他自由基结合而形成较稳定的分子。

HCl 经过初级过程产生 H·和 Cl·，由初级过程中产生的 H·与 HCl 发生次级反应，或者初级过程所产生的 Cl·之间发生次级反应（该反应必须有其他物质如 O_2 或 N_2 等存在下才能发生，式中用 M 表示）。次级过程大都是热反应。

大气中气体分子的光解往往可以引发许多大气化学反应。气态污染物通常可参与这些反应而发生转化。根据光化学第一定律，首先，只有当激发态分子的能量足够使分子内的化学键断裂时，即光子的能量大于化学键能时，才能引起光离解反应。其次，为使分子产生有效的光化学反应，光还必须被所作用的分子吸收，即分子对某特定波长的光要有特征吸收光谱，才能产生光化学反应。

光量子能量可根据爱因斯坦公式求得

$$E = h\nu = hc/\lambda \qquad (2\text{-}2)$$

式中 λ——光量子波长；

h——普朗克常数，6.626×10^{-34} J·s/光量子；

c——光速，2.9979×10^{10} cm/s。

如果一个分子吸收一个光量子，则 1mol 分子吸收的总能量为

$$E = N_0 h\nu = N_0 hc/\lambda$$

式中 N_0——阿伏加德罗常数，6.022×10^{23}。

若 $\lambda = 400$nm，则 $E = 299.1$kJ/mol；

若 $\lambda = 700$nm，则 $E = 170.9$kJ/mol。

由于通常化学键能大于 167.47kJ/mol，所以波长大于 700nm 的光就不能引起光化学

离解。

光化学第二定律说明分子吸收光的过程是单光子过程。这个定律的基础是电子激发态分子的寿命很短，小于或等于 10^{-8}s。在这样短的时间内，且辐射强度比较弱的情况下，再吸收第二个光子的概率很小。但若光很强，如高通量光子流的激光，即使在如此短的时间内，也可以产生多光子吸收现象，这时光化学第二定律就不适用了。对于大气污染化学而言，反应多数发生在对流层，只涉及太阳光，是符合光化学第二定律的。

2. 大气中重要吸光物质的光离解

(1) 氧分子和氮分子的光离解　氧分子的键能为 493.8kJ/mol。图 2-11 为氧分子在紫外波段的吸收光谱，图中 ε 为吸光系数。从图中可见，氧分子刚好在与其化学键裂解能相应的波长（243nm）时开始吸收。在 200nm 处吸收依然微弱，但在这个波段上光谱是连续的。在 200nm 以下吸收光谱变得很强，且呈带状。这些吸收带随波长的减小更紧密地集合在一起。在 176nm 处吸收带转变成连续光谱。147nm 左右吸收达到最大。一般情况下，240nm 以下的紫外光可引起 O_2 的光解。

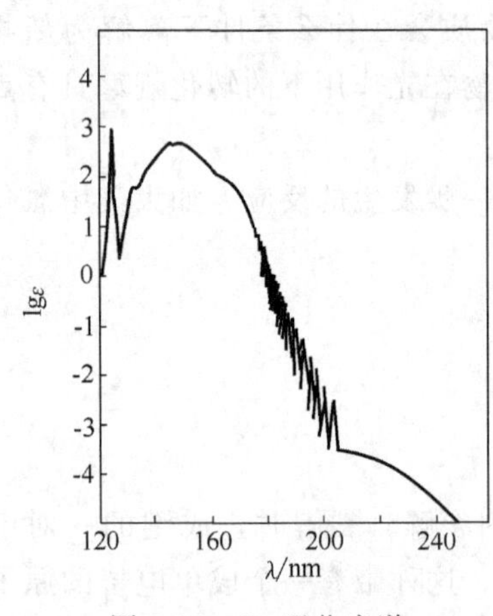

图 2-11　O_2 吸收光谱

$$O_2 + h\nu \longrightarrow O\cdot + O\cdot$$

氮分子的键能较大，为 939.4kJ/mol，对应的波长为 127nm，它的光离解反应仅限于臭氧层以上。氮分子几乎不吸收 120nm 以上任何波长的光，只对低于 120nm 的光才有明显的吸收。波长低于 120nm 的紫外光在上层大气中被 N_2 吸收后，其离解的方式为

$$N_2 + h\nu \longrightarrow N\cdot + N\cdot$$

(2) 臭氧的光离解　臭氧的键能为 101.2kJ/mol。在低于 1000km 的大气中，由于气体分子密度比高空大得多，三个粒子碰撞的概率较大，O_2 光解而产生的 O· 可与 O_2 发生如下反应：

$$O\cdot + O_2 + M \longrightarrow O_3 + M$$

反应中 M 是第三种物质。这个反应是平流层中 O_3 的主要来源，也是消除 O· 的主要过程。它不仅吸收了来自太阳的紫外线而保护了地面的生物，同时也是上层大气能量的一个贮库。

O_3 的离解能较低，吸收紫外光后发生如下离解反应：

$$O_3 + h\nu \longrightarrow O\cdot + O_2$$

当波长大于 290nm 时，O_3 对光的吸收就相当弱了。因此，O_3 主要吸收的是来自太阳波长小于 290nm 的紫外光，而较长波长的紫外光则有可能透过臭氧层进入大气的对流层以至地面。

(3) 二氧化氮的光离解　NO_2 键能为 300.5kJ/mol。在大气中它可参加许多光化学反应，是城市大气中重要的吸光物质。在低层大气中可以吸收来自太阳的紫外光和部分可见光。NO_2 吸收小于 420nm 波长的光可发生离解。

$$NO_2 + h\nu \longrightarrow NO + O\cdot$$

$$O\cdot + O_2 + M \longrightarrow O_3 + M$$

(4) 亚硝酸和硝酸的光离解　亚硝酸 HO—NO 间的键能为 201.1kJ/mol，H—ONO 间

的键能为324.0kJ/mol。HNO_2 对200～400nm的光有吸收，吸光后发生光离解，其初级过程为

$$HNO_2 + h\nu \longrightarrow HO\cdot + NO$$

或

$$HNO_2 + h\nu \longrightarrow H\cdot + NO_2$$

次级过程为

$$HO\cdot + NO \longrightarrow HNO_2$$

$$HO\cdot + HNO_2 \longrightarrow H_2O + NO_2$$

$$HO\cdot + NO_2 \longrightarrow HNO_3$$

由于 HNO_2 可以吸收300nm以上的光而离解，因而认为 HNO_2 的光解可能是大气中 HO·的重要来源之一。HNO_3 的 HO—NO_2 键能为199.4kJ/mol。其光解机理为

$$HNO_3 + h\nu \longrightarrow HO\cdot + NO_2$$

(5) 二氧化硫对光的吸收　SO_2 的键能为545.1kJ/mol，由于其键能较大，240～400nm的光不能使其离解，只能生成激发态。

$$SO_2 + h\nu \longrightarrow SO_2^*$$

SO_2^* 在污染大气中可参与许多光化学反应。

(6) 甲醛的光离解　H—CHO的键能为356.5kJ/mol，它对240～360nm波长范围内的光有吸收。吸收光后的初级过程为

$$H{-}CHO + h\nu \longrightarrow H\cdot + \cdot CHO$$

$$H{-}CHO + h\nu \longrightarrow H_2 + CO$$

次级过程为

$$H\cdot + \cdot CHO \longrightarrow H_2 + CO$$

$$2H\cdot + M \longrightarrow H_2 + M$$

$$2\cdot CHO \longrightarrow 2CO + H_2$$

在对流层中，由于 O_2 存在，可发生如下反应。

$$H\cdot + O_2 \longrightarrow HO_2\cdot$$

$$\cdot CHO + O_2 \longrightarrow HO_2\cdot + CO$$

因此在空气中甲醛光解可产生 $HO_2\cdot$（氢过氧自由基）。

(7) 卤代烃的光离解　在卤代烃中以卤代甲烷的光解对大气污染化学作用最大。卤代甲烷光解的初级过程可概括如下。

① 卤代甲烷在近紫外光照射下，其离解方式为

$$CH_3X + h\nu \longrightarrow \cdot CH_3 + X\cdot$$

式中　X——表示Cl、Br、I或F。

② 如果卤代甲烷中含有一种以上的卤素，则断裂的是最弱的键，其键强弱顺序为

$$F{-}CH_3 > H{-}CH_3 > Cl{-}CH_3 > Br{-}CH_3 > I{-}CH_3$$

如，CCl_3Br 光解首先生成 $\cdot CCl_3 + Br\cdot$ 而不是 $\cdot CCl_2Br + Cl\cdot$。

③ 高能量的短波长紫外光照射，可能发生两个键断裂，断裂处应为两个最弱键。

④ 即使是最短波长的光，三键断裂也不常见。

$CFCl_3$（氟里昂-11）、CF_2Cl_2（氟里昂-12）的光解为

$$CFCl_3 + h\nu \longrightarrow \cdot CFCl_2 + Cl\cdot$$

$$CFCl_3 + h\nu \longrightarrow \cdot CFCl + 2Cl\cdot$$

$$CF_2Cl_2 + h\nu \longrightarrow \cdot CF_2Cl + Cl\cdot$$

$$CF_2Cl_2 + h\nu \longrightarrow \cdot CF_2 + 2Cl\cdot$$

二、大气中重要自由基的来源

所谓自由基，是一种带有不成对电子的原子和原子团，由于其最外电子层有一个不成对的电子，因而有很高的活性，具有强氧化作用。大气中存在的重要自由基有 $HO\cdot$（氢氧自由基或羟基自由基）、$HO_2\cdot$（氢过氧自由基）、$R\cdot$（烷基）、$RO\cdot$（烷氧基）和 $RO_2\cdot$（过氧烷基）等。其中以 $HO\cdot$ 和 $HO_2\cdot$ 尤为重要。

1. 大气中 $HO\cdot$ 和 $HO_2\cdot$ 自由基的来源

清洁大气中 O_3 的光离解是大气中 $HO\cdot$ 自由基的重要来源。

$$O_3 + h\nu \longrightarrow O\cdot + O_2$$

$$O\cdot + H_2O \longrightarrow 2HO\cdot$$

当大气受到污染时，如有 HNO_2 和 H_2O_2 存在，它们的光离解也可产生 $HO\cdot$ 自由基。

$$HNO_2 + h\nu \longrightarrow HO\cdot + NO$$

$$H_2O_2 + h\nu \longrightarrow 2HO\cdot$$

其中，HNO_2 的光离解是大气中 $HO\cdot$ 自由基的重要来源。

醛类的光解是大气中 $HO_2\cdot$ 自由基的主要来源，一般以甲醛为主

$$HCHO + h\nu \longrightarrow H\cdot + \cdot CHO$$

$$H\cdot + O_2 + M \longrightarrow HO_2\cdot + M$$

$$\cdot CHO + O_2 \longrightarrow HO_2\cdot + CO$$

亚硝酸酯和 H_2O_2 的光解也是 $HO_2\cdot$ 自由基的来源之一。

2. $R\cdot$、$RO\cdot$ 和 $RO_2\cdot$ 等自由基的来源

甲基是大气中存量最多的烷基，主要来源于乙醛和丙酮的光解。

$$CH_3CHO + h\nu \longrightarrow \cdot CH_3 + \cdot CHO$$

$$CH_3COCH_3 + h\nu \longrightarrow \cdot CH_3 + CH_3-\overset{\overset{\displaystyle O}{\|}}{C}\cdot$$

乙醛和丙酮的光离解过程中除生成 $\cdot CH_3$ 自由基外，还分别生成了 $\cdot CHO$ 和 $CH_3CO\cdot$ 两个羰基自由基。

大气中甲氧基主要来源于甲基亚硝酸酯和甲基硝酸酯的光解，而过氧烷基都是由烷基与空气中的 O_2 结合而形成的。

$$CH_3ONO + h\nu \longrightarrow CH_3O\cdot + NO$$

$$CH_3ONO_2 + h\nu \longrightarrow CH_3O\cdot + NO_2$$

$$R\cdot + O_2 \longrightarrow RO_2\cdot$$

三、硫氧化物在大气中的化学转化

大气中的硫氧化物主要是二氧化硫。它主要来自矿物燃料的燃烧或炼制等，火山喷发是其主要天然来源。大气中的硫氧化物主要形成酸雨和硫酸烟雾型污染等。硫氧化物在大气中可发生气相或液相转化。

1. 二氧化硫的气相转化

大气中 SO_2 的转化首先是被氧化成 SO_3，然后 SO_3 被水吸收而生成硫酸，从而形成酸雨或硫酸烟雾。硫酸与大气中的 NH_4^+ 等阳离子结合生成硫酸盐气溶胶。

大气中 SO_2 直接氧化成 SO_3 的机制为

$$SO_2 + O_2 \longrightarrow SO_4 \longrightarrow SO_3 + O\cdot$$

$$SO_4 + SO_2 \longrightarrow 2SO_3$$

SO_2 被自由基（以 HO·自由基为例）氧化

$$HO\cdot + SO_2 \xrightarrow{M} HOSO_2\cdot$$

$$HOSO_2\cdot + O_2 \xrightarrow{M} HO_2\cdot + SO_3$$

$$SO_3 + H_2O \longrightarrow H_2SO_4$$

反应过程中生成的 $HO_2\cdot$，可通过下列反应使 HO·自由基再生。

$$HO_2\cdot + NO \longrightarrow HO\cdot + NO_2$$

2. 二氧化硫的液相转化

大气中存在着少量的水和颗粒物质，SO_2 可溶于大气中的水，也可被大气中的颗粒物所吸附，并溶解在颗粒物表面所吸附的水中。

$$SO_2 + H_2O \rightleftharpoons SO_2\cdot H_2O$$

$$SO_2\cdot H_2O \rightleftharpoons H^+ + HSO_3^-$$

$$HSO_3^- \rightleftharpoons H^+ + SO_3^{2-}$$

溶于大气水中的 O_3 也可将 SO_2 氧化。

$$O_3 + SO_2\cdot H_2O \longrightarrow 2H^+ + SO_4^{2-} + O_2$$

$$O_3 + HSO_3^- \longrightarrow HSO_4^- + O_2$$

$$O_3 + SO_3^{2-} \longrightarrow SO_4^{2-} + O_2$$

3. 硫酸烟雾型污染

硫酸型烟雾也称伦敦烟雾，它主要是由燃煤引起的。在其形成过程中锰、铁及氨等的催化作用加速了 SO_2 转变为 SO_3 的氧化反应。温度、光强等对 SO_2 的氧化也有影响。

四、氮氧化合物在大气中的化学转化

大气中氮氧化合物主要有 N_2O、NO 和 NO_2 等，通常大气污染化学中所说的氮氧化物主要指 NO 和 NO_2，可用 NO_x 表示。

N_2O 是无色气体，是清洁空气的组分，是低层大气中含量最高的含氮化合物，主要是由环境中的含氮化合物在微生物作用下分解而产生的。N_2O 在对流层中十分稳定，几乎不参与任何化学反应。进入平流层后，由于吸收来自太阳的紫外光而光解产生 NO，对臭氧层起破坏作用。土壤中的含氮化肥经微生物分解可产生 N_2O，这是人为产生 N_2O 的原因之一。

$$NO_3^- \xrightarrow{细菌} N_2O\uparrow$$

$$(NH_4)_2SO_4 \xrightarrow{细菌与 O_2} 2HNO_3 + H_2SO_4 + H_2O$$

$$HNO_3 \xrightarrow{反硝化} N_2O\uparrow$$

NO_x 的天然来源主要是生物有机体腐败过程中微生物将有机氮转化为 NO，NO 继续被氧化成 NO_2。其人为来源主要是矿物燃料的燃烧。燃烧过程中，空气中的氮和氧在高温条件下化合生成 NO_x。

$$O_2 \longrightarrow O\cdot + O\cdot$$

$$O\cdot + N_2 \longrightarrow NO + N\cdot$$

$$N\cdot + O_2 \longrightarrow NO + O\cdot$$

$$2NO+O_2 \longrightarrow 2NO_2$$

上述反应中，前 3 个反应进行很快，第 4 个反应进行得很慢，因而燃烧过程中产生的 NO_2 含量较少。

在阳光照射下，NO 和 NO_2 发生下列光化学反应。

$$NO_2+h\nu \longrightarrow NO+O\cdot$$
$$O\cdot+O_2+M \longrightarrow O_3+M$$
$$O_3+NO \longrightarrow NO_2+O_2$$

由上述反应可见，NO_2 经光离解而产生活泼的氧原子，它与空气中的 O_2 结合生成 O_3。O_3 又把 NO 氧化成 NO_2，因而产生了 NO、NO_2 与 O_3 之间的光化学反应循环。

五、碳氢化合物在大气中的化学转化

碳氢化合物主要来自天然源，但在大气污染严重的局部地区，碳氢化合物主要来自人类活动，其中又以汽车排放为主。除个别碳氢化合物（如某些多环芳烃）之外，作为一次污染物，它本身的危害并不严重。但碳氢化合物可以被大气中的原子 O、O_3、·OH 及 HO_2· 等氧化，特别是被·OH 氧化，产生危害严重的二次污染物，并积极参与光化学烟雾的形成。烃类可被氧化成醛、酮、醇、酸、烯等类化合物，同时产生各种自由基。

大气中的碳氢化合物主要有甲烷、石油烃、芳香烃和萜类等。

甲烷是大气中含量最高的碳氢化合物，约占全世界碳氢化合物排放量的 80%以上，是唯一由天然源排放造成大浓度的气体。甲烷化学性质稳定，不易发生光化学反应。但它是一种重要的温室气体，其温室效应要比 CO_2 大 20 倍。近 100 年来，大气中甲烷浓度上升了一倍多。目前全球范围内甲烷浓度已达 $1.5mL/m^3$。

石油烃是现代工业和交通运输的主要燃料，其组成以烷烃为主，含有少量烯烃、环烷烃和芳香烃。在原油开发、石油炼制、燃料燃烧和石油产品使用过程中均可向大气泄漏或排放石油烃，从而造成大气污染。

芳香烃广泛地用于工业生产过程中，可用做溶剂、合成原料等。同样由于使用过程中的泄漏或某些燃烧反应，而使大气中存在一些芳香烃类污染物。

萜类主要来自于植物生长过程中向大气释放的有机化合物。多数萜类分子中含有两个以上不饱和双键，在大气中活性较高，与 HO· 自由基反应很快，也能与 O_3 等发生反应。

下面着重介绍烷烃在大气中的化学转化。

烷烃可与大气中的 HO· 和 O· 自由基发生氢原子摘除反应。

$$RH+HO\cdot \longrightarrow R\cdot+H_2O$$
$$RH+O\cdot \longrightarrow R\cdot+HO\cdot$$

上述两个反应的产物中都有烷基自由基，但另一个产物不同，前者是稳定的 H_2O，后者则是活泼的自由基 HO·。经氢原子摘除反应所产生的烷基 R· 与空气中的 O_2 结合生成 RO_2·，它可将 NO 氧化成 NO_2，并产生 RO·。O_2 还可从 RO· 中再摘除一个 H，最终生成 HO_2· 和一个相应的稳定产物醛或酮。RH 与·OH 的反应速率比与 O 的反应速率快得多，而且随 RH 分子中碳原子数目增加而增大。烷烃与 O_3 的反应缓慢，故不太重要。

如甲烷的氧化反应。

$$CH_4+HO\cdot \longrightarrow \cdot CH_3+H_2O$$
$$CH_4+O\cdot \longrightarrow \cdot CH_3+HO\cdot$$

反应中生成的·CH_3 与空气中的 O_2 结合。

$$\cdot CH_3 + O_2 \longrightarrow CH_3O_2\cdot$$

由于大气中的 O·主要来自 O_3 的光解，通过上述反应，CH_4 不断消耗 O·，可导致臭氧层的损耗。同时生成的 CH_3O_2·是一种强氧化性的自由基，它可将 NO 氧化为 NO_2。

$$NO + CH_3O_2\cdot \longrightarrow NO_2 + CH_3O\cdot$$

$$CH_3O\cdot + NO_2 \longrightarrow CH_3ONO_2$$

$$CH_3O\cdot + O_2 \longrightarrow HO_2\cdot + HCHO$$

六、光化学烟雾

汽车、工厂等污染源排入大气的碳氢化合物（HC）和氮氧化物（NO_x）等一次污染物在阳光中紫外线照射下发生光化学反应生成一些氧化性很强的 O_3、醛类、PAN、HNO_3 等二次污染物。人们把参与光化学反应过程的一次污染物和二次污染物的混合物（其中有气体和颗粒物）所形成的烟雾，称为光化学烟雾。

光化学烟雾的特征是烟雾呈蓝色，具有强氧化性，能使橡胶开裂，刺激人的眼睛，伤害植物的叶子，并能使大气能见度降低。光化学烟雾形成的条件是大气中有氮氧化物和碳氢化合物存在，大气相对湿度较低，大气温度较低（24～32℃），而且有强烈阳光照射。这样在大气中就会发生一系列复杂的光化学反应，产生 O_3（85%以上）、PAN（过氧乙酰硝酸酯，10%以上）、高活性自由基（RO_2·、HO_2·、RCO·等）、醛和酮等二次污染物。这些一次污染物和二次污染物的混合物被称为光化学污染物，习惯上称为光化学烟雾。光化学烟雾具有很强的氧化性，属于氧化性烟雾。光化学烟雾在白天生成，傍晚消失，污染高峰出现在中午或稍后。

发生在实际大气中的化学反应是一个十分复杂的过程，但通过光化学烟雾模拟实验可以初步确定光化学烟雾形成过程中，RH 和 NO_x 相互作用主要包含有以下基本反应过程。

（1）引发反应

$$NO_2 + h\nu \longrightarrow NO + O\cdot$$

$$O\cdot + O_2 + M \longrightarrow O_3 + M$$

但此时产生的 O_3 要消耗在氧化 NO 上而无剩余，因此没有积累起来。

$$NO + O_3 \longrightarrow NO_2 + O_2$$

（2）自由基传递反应　碳氢化合物（RH）、一氧化碳（CO）被 HO·、O·、O_3 等氧化，产生醛、酮、醇、酸等产物以及重要的中间产物——RO_2·、HO_2·和 RCO·等自由基。

$$RH + O\cdot \xrightarrow{O_2} RO_2\cdot$$

$$RH + O_3 \longrightarrow RO_2\cdot$$

$$RH + HO\cdot \xrightarrow{O_2} RO_2\cdot$$

以丙烯的氧化为例。

$$CH_3CH{=}CH_2 \xrightarrow{O\cdot} CH_3CH_2CHO + CH_3CH_2\cdot + \cdot CHO$$

$$CH_3CH_2\cdot \xrightarrow{O_2} CH_3CH_2O_2\cdot$$

$$CH_3CH{=}CH_2 \xrightarrow{O_3} HCHO + CH_3CHOO\cdot$$

$$CH_3CH{=}CH_2 \xrightarrow{HO\cdot} CH_3CH(OH)CH_2\cdot \xrightarrow{O_2} CH_3CHOHCH_2O_2\cdot$$

（3）过氧自由基引起的 NO 向 NO_2 的转化

$$RO_2\cdot + NO \longrightarrow NO_2 + RO\cdot \quad \text{（过氧自由基包括 } HO_2\cdot\text{）}$$

由于上述反应使NO快速氧化成NO_2，从而加速“引发反应”中NO_2光解，使二次污染物O_3不断积累。由于O_3不再消耗在氧化NO上，所以在大气中O_3浓度大为增加。

$$RC(O)O_2\cdot + NO \xrightarrow{O_2} NO_2 + RO_2\cdot + CO_2$$

（4）终止反应　自由基的传递形成稳定的最终产物，使自由基消除而终止反应。

$$HO\cdot + NO \longrightarrow HNO_2$$
$$HO\cdot + NO_2 \longrightarrow HNO_3$$
$$RO_2\cdot + NO_2 \longrightarrow PAN$$

由$RO_2\cdot$（如丙烯与O_3反应生成的双自由基$CH_3\dot{C}HOO\cdot$）与O_2和NO_2相继反应生成过氧乙酰硝酸酯（PAN）类物质。光化学烟雾反应物和产物的消长变化情况见图2-12。

$$CH_3-\dot{C}H-O-O\cdot + O_2 \longrightarrow CH_3-CO-O-O\cdot + \cdot OH$$
$$CH_3-CO-O-O\cdot + NO_2 \longrightarrow CH_3-CO-O-O-NO_2\ (PAN)$$

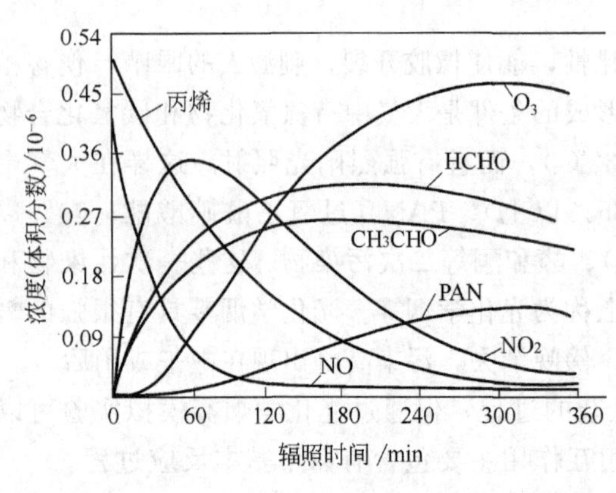

图2-12　光化学烟雾反应物和产物消长曲线

光化学烟雾形成机理可简述如下：清晨大量的碳氢化合物和NO由汽车尾气及其他源排入大气。由于晚间NO氧化的结果，已有少量NO_2存在。当日出时，NO_2光解离提供原子氧，然后NO_2光解反应及一系列次级反应发生，$\cdot OH$基开始氧化碳氢化合物，并生成一批自由基，它们有效地将NO转化为NO_2，使NO_2浓度上升，碳氢化合物及NO浓度下降；当NO_2达到一定值时，O_3开始积累，而自由基与NO_2的反应又使NO_2的增长受到限制；当NO向NO_2转化速率等于自由基与NO_2的反应速率时，NO_2浓度达到极大，此时O_3仍在积累之中；当NO_2下降到一定程度时，就影响O_3的生成量；当O_3的积累与消耗达成平衡时，O_3达到极大。

第四节　几个突出的大气环境问题

一、酸性降水

酸性降水是指通过降水（雨、雪、雾等）将大气中的酸性物质迁移到地面的过程。最常见的是酸雨。多年来国际上一直将未受污染的大气水pH的背景值5.6作为判断酸雨的界限，若降雨pH值小于5.6则称为酸雨。

20世纪50年代，英国的R. A. Smith最早观察到酸雨并提出“酸雨”这个名词。后来发现降水酸性有增强的趋势，尤其当欧洲以及北美均发现酸雨的危害之大，形成过程之复杂，影响面之广、持久，并且还可以远距离输送，酸雨问题受到了全世界的关注，进而成为全球性的环境问题。各国相继大力开展酸雨的研究，纷纷建立酸雨的监测网站，制订长期研究计划，开展国际合作。

我国酸雨研究工作始于20世纪70年代末期，在北京、上海、南京和重庆等城市开展了局部研究，发现这些地区不同程度上存在着酸雨污染，以西南地区最为严重。20世纪80年代，国家环保总局在全国范围内设点监测，采样分析。结果表明，降水年平均 pH 值小于 5.0 的地区主要分布在秦岭淮河以南，而秦岭淮河以北仅有个别地区。降水年平均 pH 值小于 5.0 的地区主要在西南、华南以及东南沿海一带。目前我国酸雨正呈急剧蔓延之势，是继欧、美之后的世界第三大重酸雨区，危害面积已占全国国土面积的 40%左右。

酸雨现象是大气化学过程和大气物理过程的综合效应。酸雨中含有多种无机酸和有机酸，其中绝大部分是硫酸和硝酸，一般情况下以硫酸为主。从污染源排放出来的 SO_2 和 NO_x 是形成酸雨的主要起始物，其形成过程为

$$SO_2 + [O] \longrightarrow SO_3$$
$$SO_3 + H_2O \longrightarrow H_2SO_4$$
$$SO_2 + H_2O \longrightarrow H_2SO_3$$
$$HSO_3 + [O] \longrightarrow H_2SO_4$$
$$NO + [O] \longrightarrow NO_2$$
$$2NO_2 + H_2O \longrightarrow HNO_3 + HNO_2$$

式中 [O] ——各种氧化剂。

大气中的 SO_2 和 NO_x 经氧化后溶于水形成硫酸、硝酸或亚硝酸，这是造成降水 pH 值降低的主要原因。除此以外，还有许多气态或固态物质进入大气对降水的 pH 值也会有影响。大气颗粒物中 Mn、Cu、V 等是酸性气体氧化的催化剂。大气光化学反应生成的 O_3 和 $HO_2\cdot$ 等又是使 SO_2 氧化的氧化剂。飞灰中的氧化钙，土壤中的碳酸钙，天然和人为来源的 NH_3 以及其他碱性物质都可使降水中的酸中和，对酸性降水起“缓冲作用”。当大气中酸性气体浓度高时，如果中和酸的碱性物质很多，即缓冲能力很强，降水就不会有很高的酸性，甚至可能成为碱性。在碱性土壤地区，如大气颗粒物浓度高时，往往会出现这种情况。相反，即使大气中 SO_2 和 NO_2 浓度不高，而碱性物质相对较少，则降水仍然会有较高的酸性。

由此可见，降水的酸度是酸和碱平衡的结果。如果降水中酸量大于碱量，就会形成酸雨。因此，研究酸雨必须进行雨水样品的化学分析，通常分析测定的化学组分有如下几种离子。

阳离子有 H^+、Ca^{2+}、NH_4^+、Na^+、K^+、Mg^{2+}；阴离子有 SO_4^{2-}、NO_3^-、Cl^-、HCO_3^-。

上述各种离子在酸雨中并非都起着同样重要的作用。下面根据我国实际测定的数据以及从酸雨和非酸雨的比较来探讨具有关键性影响的离子组分。表 2-3 列出了我国北京和西南地区的一些降水化学实测数据。

表 2-3 我国北京和西南地区降水酸度和主要离子含量/(μmol/L)

项 目	重 庆	贵阳市区	贵阳郊区	北京市区
pH 值	4.1	4.0	4.7	6.8
H^+	73	94.9	18.6	0.2
SO_4^{2-}	142	173	41.7	137
NO_3^-	21.5	9.5	15.6	50.3
Cl^-	15.3	8.9	5.1	157
NH_4^+	81.4	63.3	26.1	141
Ca^{2+}	50.5	74.5	22.5	92
Na^+	17.1	9.8	8.2	141
K^+	14.8	9.5	4.9	40
Mg^{2+}	15.5	21.7	6.7	—

根据 Cl^- 和 Na^+ 的浓度相近等情况，可以认为这两种离子主要来自海洋，对降水酸度不产生影响。在阴离子总量中 SO_4^{2-} 占绝对优势，在阳离子总量中 H^+、Ca^{2+}、NH_4^+ 占80%以上，这表明降水酸度主要是 SO_4^{2-}、Ca^{2+}、NH_4^+ 三种离子相互作用而决定的。

在我国酸雨中关键性离子组分是 SO_4^{2-}、Ca^{2+} 和 NH_4^+。其中 SO_4^{2-} 主要来自燃煤排放的 SO_2，而 Ca^{2+} 和 NH_4^+ 的来源较为复杂，既有人为因素，又有天然因素。但若以天然来源为主，则与各地的自然条件有很大关系。

酸雨的形成与酸性污染物的排放及其转化条件有关。从现有的监测数据分析，降水酸度的时空分布与大气中 SO_2 和降水中 SO_4^{2-} 浓度的时空分布存在着一定的相关性。如某地 SO_2 污染严重，降水中 SO_4^{2-} 浓度就高，降水 pH 值就低。我国西南地区煤中含硫量高，并很少经脱硫处理，直接作为燃料燃烧，SO_2 排放量很高。另外该地区气温高，湿度大，有利于 SO_2 的转化，因而造成了大面积强酸性降雨区。

大气中的 NH_3 对酸雨形成也相当重要。NH_3 是大气中唯一的常见气态碱，由于其易溶于水，能与酸性气溶胶或雨水中的酸起中和作用，从而可降低雨水的酸度。在大气中，NH_3 与硫酸气溶胶形成中性的 $(NH_4)_2SO_4$ 或 NH_4HSO_4。SO_2 也由于与 NH_3 反应而减少，从而避免了进一步转化成硫酸。

颗粒物酸度及其缓冲能力对酸雨的酸性也有相当影响。大气颗粒物的组成很复杂，主要来源于土地飞起的扬尘。扬尘的化学组成与土壤组成基本相同，因而颗粒物的酸碱性取决于土壤的性质。此外，大气颗粒物还有矿物燃料燃烧形成的飞灰、烟等，它们的酸碱性都会对酸雨的酸性有一定影响。

天气形势对酸雨的酸性也有影响。若某地气象条件和地形有利于污染物的扩散，则大气中污染物浓度降低，酸度就减弱；反之则加重。

二、温室效应

气体吸收地面发射的长波辐射使大气增温，进而对地球起到保温作用的现象称为“温室效应”（见图 2-13），能够引起温室效应的气体，称为温室气体。这些气体中，能够吸收长波长的主要有 CO_2 和水蒸气分子。水分子只能吸收波长为 700～850nm 和 1100～1400nm 的红外辐射，且吸收极弱，而对 850～1100nm 的辐射全无吸收。即水分子只能吸收一部分红外辐射，而且较弱。因而当地面吸收了来自太阳的辐射，转变成为热能，再以红外光向外辐射时，大气中的水分子只能截留一小部分红外光。而大气中的 CO_2 虽然含量比水分子低得多，但它可强烈地吸收波长为 1200～1630nm 的红外辐射，因而它在大气中的存在对截留红外辐射能量影响较大。对于维持地球热平衡有重要的影响。

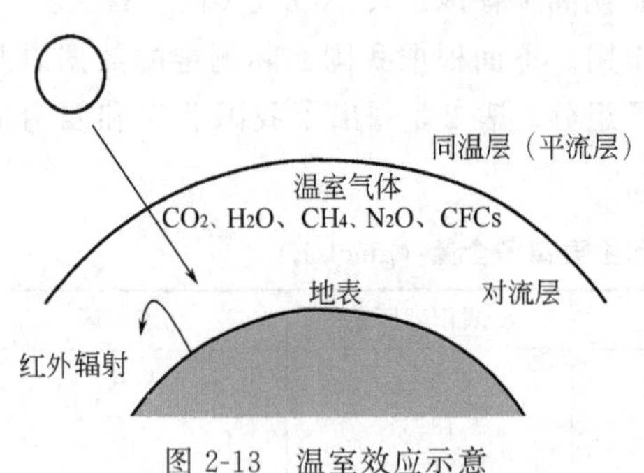

图 2-13　温室效应示意

如果大气中温室气体增多，则过多的能量被保留在大气中而不能正常地向外空间辐射，这样就会使地表面和大气的平均温度升高，对整个地球的生态平衡会有巨大的影响。

除了 CO_2 之外，大气中还有一些痕量气体也会产生温室效应，其中有些比 CO_2 的效应还要强，如表 2-4 所示。

有学者预测，到 2030 年左右，大气中温室气体的浓度相当于 CO_2 浓度增加 1 倍。因此，全球变暖问题除 CO_2 气体外，还应考虑具有温室效应的其他气体及颗粒物的作用。据陆地和海洋监测数据显示，全球地面气温在过去 100 年内上升了 0.3～0.7℃，全球海平面每 10 年上升 1～2cm。1987 年南极一座面积两倍于美国罗得岛的巨大冰山崩塌后溅入大海；1988 年，非洲西部海域出现了有史以来西半球所遭遇的破坏力最大的"吉尔伯特"号飓风。

表 2-4 大气中具温室效应的气体

气体	大气中浓度/($\mu L/m^3$)	年平均增长率/%	气体	大气中浓度/($\mu L/m^3$)	年平均增长率/%
二氧化碳	344000	0.4	臭氧	不定	
甲烷	1650	1.0	CFC-11	0.23	5.0
一氧化碳	304	0.25	CFC-12	0.4	5.0
二氯乙烷	0.13	7.0	四氯化碳	0.125	1.0

全球气候变暖导致的蒸发旺盛将使全球降水增加，且分布不均，干旱和洪涝的频率及其季节变化难测。气候缓慢的变化，生物的多样性也将受到影响。气候的变化曾灭绝了许多物种，近代人类活动对环境的破坏加速了生物物种的消亡。

全球气候变暖对农业将产生直接的影响。引起温室效应的主要气体二氧化碳，也是形成 90%的植物干物质的主要原料。光合作用与 CO_2 浓度关系紧密，但不同的植物对 CO_2 的浓度要求又各有差别。CO_2 浓度增长对农业的间接影响体现为气温升高，潜在蒸发增加，从而使干旱季节延长，减少四季温差。除此以外，高温、热带风暴等灾害将加重。

全球气候变暖对人类健康也产生直接影响。气候要素与人类健康有着密切的关系。研究表明：传染病的各个环节，如病原——病毒、原虫、细菌和寄生虫等，传染媒介——蚊、蝇和虱等带菌宿主中，传染媒介对气候最为敏感。温度和降水的微小变化，对于传媒的生存时间、生命周期和地理分布都会发生明显影响。

全球变暖还可以改变哺乳类基因。例如为适应气候的变暖，加拿大的棕红色松鼠已发生了变化。这是人们第一次在哺乳类动物身上发现如此迅速的遗传变化。加拿大阿尔伯塔大学的安德鲁·麦克亚当和他的合作者在对北方育空地区的四代松鼠进行 10 年观察以后指出，现在的雌松鼠产仔的时间比它们的"曾祖母"提前了 18 天。发生这一变化的原因是发情时间提前，春天食量的增加有利于幼仔的存活。最近 27 年来，松鼠繁殖季节的气温上升了 2℃。加拿大科研人员的这一发现验证了其他动物为适应地球变暖而出现的变化情况。人们发现，蚊子的基因遗传已发生了变化。有些动物（其中包括欧洲的鸟类、阿尔卑斯山区的草、蝴蝶）正在向比较冷的地方迁移，平均每 10 年向比较冷的方向迁移 15km。

防治全球气候变暖的主要控制对策，是采取调整能源战略，减少温室气体的排放。温室气体虽有多种，但最主要的是 CO_2。因 CO_2 主要引起气候的变暖，其防治措施可采取控制化石燃料等的消耗以抑制 CO_2 的排放以及减少已生成的 CO_2 向大气中排放。

三、臭氧层破坏

在高约 15～35km 范围的低平流层，臭氧含量很高，因而这部分平流层被称为"臭氧层"。大气中臭氧（O_3）的 90%几乎都存在于平流层中。如果在地球表面的压力和温度下把它聚集起来，大约只有 3mm 厚。虽然它在大气中的平均浓度只有 0.04×10^{-6}，但在正常情况下，大气臭氧层主要有三个作用：其一为保护作用，均匀分布在平流层中的臭氧能吸收太阳紫外辐射（波长 240～320nm，都是对生物有害的部分），从而有效地保护了地球上的万物生灵免遭紫外线的伤害。其二为加热作用，其吸收太阳光中的紫外线并将其转换为热能加热大气；其三为温室气体的作用。

平流层中臭氧的产生和消耗与太阳辐射有关，但参与的波段不同。太阳辐射使分子氧光解为臭氧。

$$O_2 + h\nu \longrightarrow 2O\cdot \quad (\lambda \leqslant 243nm)$$
$$2O\cdot + 2O_2 + M \longrightarrow 2O_3 + M$$

总反应 $$3O_2 + h\nu \longrightarrow 2O_3$$

太阳辐射使臭氧经过一系列的反应又重新转化为分子氧。

$$O_3 + h\nu \longrightarrow O_2 + O\cdot \quad (230nm < \lambda < 320nm)$$

上述过程即为臭氧层吸收了来自太阳的大部分紫外光，从而使地面生物不受其伤害的原因。

在正常情况下，平流层中的臭氧处于一种动态平衡，即在同一时间里，太阳光使分子分解而生成臭氧的数量与经过一系列反应重新转化成分子氧所消耗的臭氧的量相等。

但近 20～30 年来，随着社会经济发展，人类物质文明的发达，人们的活动范围已进入了平流层。如超声速飞机的出现，它向平流层中排放出水蒸气、氮氧化物等污染物。制冷剂、喷雾剂等惰性物质的广泛使用，会使这些物质长时间的滞留在对流层中，在一定条件下，会进入平流层而起到破坏臭氧的作用。自从 1985 年公布南极上空臭氧约损耗了一半形成了“空洞”之后，引起了全世界对臭氧层耗竭问题的普遍关注。现在人们已基本弄清破坏平流层中臭氧层臭氧的物质，主要是 CFC-11（$CFCl_3$）、CFC-12（CF_2Cl_2），以及三氯乙烯、四氯化碳等人工合成的有机氯化物。

当氮氧化物、氟氯烃等污染物进入平流层中后，它们能加速臭氧耗损过程，破坏臭氧层的稳定状态。如超声速飞机可排放 NO，这是平流层中 NO_x 的人为来源。其破坏臭氧层的机理为

$$NO + O_3 \longrightarrow NO_2 + O_2$$
$$NO_2 + O\cdot \longrightarrow NO + O_2$$

总反应 $$O_3 + O\cdot \longrightarrow 2O_2$$

制冷剂 CFC-11 和 CFC-12 等氟氯烃在波长 175～220nm 的紫外光照射下会产生 Cl·。

$$CFCl_3 + h\nu \longrightarrow CFCl_2 + Cl\cdot$$
$$CF_2Cl_2 + h\nu \longrightarrow CF_2Cl + Cl\cdot$$

光解所产生的 Cl·可破坏 O_3，其机理为

$$Cl\cdot + O_3 \longrightarrow ClO\cdot + O_2$$
$$ClO\cdot + O\cdot \longrightarrow Cl\cdot + O_2$$

总反应 $$O_3 + O\cdot \xrightarrow{Cl\cdot} 2O_2$$

上述反应表明，氮氧化物和氟氯烃在臭氧的消耗反应过程中起到了催化作用。

适量的紫外辐射是维持人体健康所必不可少的条件，它能增强免疫反应，促进磷钙代谢，增强对环境污染物的抵抗力。但过量的紫外辐射将给地球上的生命系统带来难以估量的损害，严重破坏人类生态环境，从而造成一系列灾难性的后果。如皮肤癌发病率上升、对眼睛造成各种伤害（如引起白内障、眼球晶体变形等）、使人体免疫系统功能发生变化、抵抗疾病的能力下降、并引起多种病变；破坏动植物的个体细胞，损害细胞中的 DNA，使传递遗传和累积变

异性状发生并引起变态反应；损害海洋食物链，对人类生活造成巨大的不利影响。臭氧层破坏致使紫外辐射增强，还能使许多聚合物材料迅速老化，造成巨大的经济损失。

如前所述，对臭氧层破坏最严重的物质主要是氟氯烃和人工合成的有机氯化物。因此，防治臭氧层耗损的主要对策是减少氟氯烃和人工合成的有机氯化物的自然排放量。可致力于回收、循环使用，研究替代用品，最终做到禁止使用。

四、室内空气污染

据估计，人的一生70%以上的时间是在室内度过的，这意味着人们所呼吸的空气绝大部分是室内的空气，随着我国城市化步伐的不断加快和人们生活水平的提高，房屋的建筑结构、室内的装修布置、家具设备的电气化，都使得室内空气质量比室外大气更直接影响到人们的身体健康。最近20年来，研究人员对室内空气污染物的来源、浓度及其影响进行了研究。结果表明，在某些情况下，室内空气污染的程度比室外更严重。尤其是居住在寒带的人，可能有70%～90%的时间在室内活动，因而室内空气污染更应引起人们的关注。

室内空气污染物的种类主要可划分为四个类型，即生物污染、化学污染、物理污染和放射性污染，目前室内环境空气污染中以化学性污染最为严重。生物污染物包括细菌、真菌、病菌、花粉和尘螨等。可能来自于室内生活垃圾、室内植物花卉、家中宠物、室内装饰与摆设。化学污染物如二氧化硫、一氧化碳、氨、甲醛、挥发性有机物等主要来源于建筑材料、日用化学品、人体排放物、香烟烟雾、燃烧产物等。放射性污染（如氡等）主要来源于地基、建材、室内装饰石材、瓷砖、陶瓷洁具等。物理污染主要指噪声、电磁辐射、光线等。

室内空气污染物按照形态可以分为气态污染物和颗粒物。室内空气污染物按照来源划分可分为室内发生源和进入室内的大气污染物。室内空气污染有其自身的特点，对于不同的建筑物，这些特点又有各自的特殊性。影响因素主要是建筑物的结构和材料、通风换气状况、能源使用情况，以及生活起居方式等。

室内一氧化碳污染问题一直被人们所关注。由煤气炉、烤箱、煤油加热器及吸烟等引起的慢性、低浓度的CO污染也已引起人们的重视。表2-5给出了在办公室内禁止吸烟前后的空气污染物（主要为可吸入颗粒、CO及CO_2）的平均浓度。测试期间1是吸烟者在办公区内可以抽烟，测试期间2是吸烟者在指定休息区内抽烟。由表中数据可知，在指定的休息区内抽烟对改进休息区外的空气质量效果是明显的。

表2-5 禁止吸烟前后可吸入颗粒（TSP）、CO及CO_2的平均浓度

测试期间	测试地点	TSP浓度/($\mu g/m^3$)	CO浓度/($\mu L/L$)	CO_2浓度/($\mu L/L$)
测试期间1	楼层区	26	1.67	624
	休息区	51	1.98	642
测试期间2	楼层区	18	1.09	569
	休息区	189	2.40	650

可吸入颗粒（TSP）在有一位吸烟者的情况下增加，在有两位吸烟者的情况下急剧增加，如图2-14所示。

氡气（Rn）是世界卫生组织确认的主要环境致癌物之一。氡是从放射性元素镭衰变而

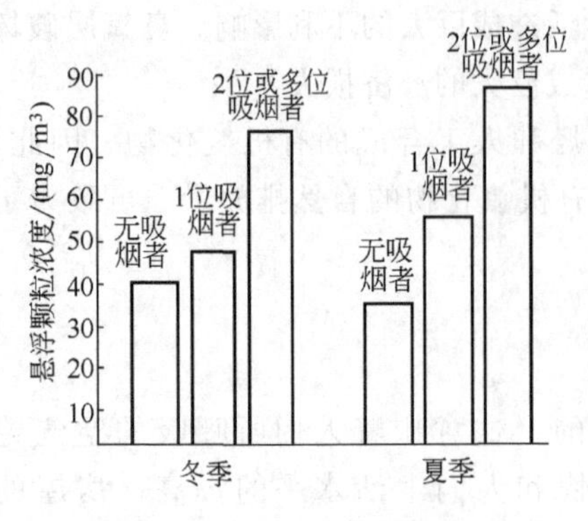

图 2-14　可吸入悬浮颗粒浓度与吸烟人数的关系

来的一种无色、无味的放射性惰性气体，氡及其子体在衰变时释放出α射线、β射线、γ射线，对人体细胞造成损伤，最终诱发癌变。由于氡无色、无味，人体又没有明显的不适感觉，所以不易被觉察地存在于人们的生活和工作的环境空气中。室内空气中的氡主要来源于天然地质过程或建筑材料中释放出的一种放射性气体。因此，选择符合环保要求的建筑材料对于防止氡等放射性物质的污染是十分重要的。

目前在室内空气中已经测得存在多种挥发性有机化合物。如醛类、烷类、烯类、酮类及多环芳烃等。虽然它们并不同时都存在，但却经常有好几种同时存在。其中甲醛（HCHO）是最普遍存在且毒性较强的化合物。

甲醛主要存在于日常消费产品和建筑材料中。包括木制品、绝缘材料和纺织品等。

目前，对室内污染尚无相应法规，居民可采用更换燃气设备、选用环保型建材、加强通风、去除或覆盖甲醛污染源、隔离吸烟者等方法来降低室内空气污染。

五、汽车尾气污染

汽车尾气排放是目前增长最快的空气污染源。汽车排放的污染物主要来自未完全燃烧的汽油、柴油，部分是由于曲轴箱的漏气和油的蒸发损失。它的主要污染物是 CO、CH、NO_x、黑烟和醛类等，它们进入大气后可导致生成光化学烟雾。

由于城市汽车保有量的迅速增加，以及在固定源排放控制方面的进展，在发达国家的许多大型城市，汽车排放已经成为最主要的空气污染来源。虽然目前我国汽车保有量并不高，但这些车辆主要集中于大城市，使得我国一些大城市的空气污染问题日益突出。同时由于城市交通和人口集中程度高，汽车污染物排放密度和造成的污染浓度均比发达国家高。另外，由于汽车尾气排放高度主要集中在离地面 1.5～2m 的范围内，所形成的汽车尾气污染带主要滞留在人呼吸道附近，且不易散发，在行人、自行车与汽车混行的交通方式中，这些废气排放直接危害的人口众多，造成局部地区的汽车污染问题非常严重。

汽车排放的污染物对人体健康和生态环境造成了很大影响，特别是儿童、老人、孕妇以及患有心脏病的人，更容易受到伤害。发达国家每年因哮喘病死的人数正逐年上升，汽车尾气中的许多污染物都会引发哮喘病。汽车排放的污染物和大气中其他污染物共同作用还会损害生态环境，污染河流湖泊，危及野生动植物的生存。

如何减少汽车尾气污染，国外对此进行了一个时期的净化研究，现在已重点转入研究燃料及汽车设备结构的改革，以及发展高效无公害的交通系统。而我国根据经济、社会和环境可持续发展的需要，未来汽车发展的方向将倾向于轿车。

第五节　环境空气质量标准

环境空气质量标准是以保障人体健康和一定的生态环境为目标而对各种污染物在大气环境中的容许含量所作的限制规定。它是进行大气环境质量管理及制订大气污染防治规划和大气污染物排放标准的依据，是环境管理部门的执法依据。原国家环境保护总局根据《中华人民共和国环境保护法》和《中华人民共和国大气污染防治法》，为改善空气质量，防止生态破坏，创造清洁适宜的环境，保护人体健康，于1996年颁布了中华人民共和国国家标准——《环境空气质量标准》（GB 3095—1996）。此标准代替了1982年颁布的《大气环境质量标准》。《环境空气质量标准》中规定了总悬浮颗粒物（TSP）、可吸入颗粒物（PM_{10}）、SO_2、NO_x、NO_2、CO、O_3、Pb、苯并［*a*］芘（B［*a*］P）及氟化物（F）10种污染物的浓度限值及监测采样和分析方法。表2-6为10种污染物的浓度限值。

表2-6　10种污染物的浓度限值

污染物名称	取值时间	浓度限值			浓度单位
		一级标准	二级标准	三级标准	
SO_2	年平均	0.02	0.06	0.10	mg/m³（标准状态）
	日平均	0.05	0.15	0.25	
	1h平均	0.15	0.50	0.70	
TSP	年平均	0.08	0.20	0.30	
	日平均	0.12	0.30	0.50	
PM_{10}	年平均	0.04	0.10	0.15	
	日平均	0.05	0.15	0.25	
NO_x	年平均	0.05	0.05	0.10	
	日平均	0.10	0.10	0.15	
	1h平均	0.15	0.15	0.30	
NO_2	年平均	0.04	0.04	0.08	
	日平均	0.08	0.08	0.12	
	1h平均	0.12	0.12	0.24	
CO	日平均	4.00	4.00	6.00	
	1h平均	10.00	10.00	20.00	
O_3	1h平均	0.12	0.16	0.20	
Pb	季平均		1.50		μg/m³（标准状态）
	年平均		1.00		
苯并[*a*]芘（B[*a*]P）	日平均		0.01		
氟化物（以F计）	日平均		7①		
	1h平均		20①		
	月平均	1.8②		3.0③	μg/(dm²·d)
	植物生长季平均	1.2②		2.0③	

① 适用于城市地区。

② 适用于牧业区和以牧业为主的半农半牧区，蚕桑区。

③ 适用于农业和林业区。

该标准根据对空气质量要求的不同，将环境空气质量分为三级：

一级标准　为保护区域自然生态和人群健康，在长期接触情况下，不发生任何危害性影响的空气质量要求。

二级标准　为保护人群健康和城市、乡村的动植物在长期和短期的接触情况下，不发生伤害的空气质量要求。

三级标准　为保护人群不发生急、慢性中毒和城市一般动植物（敏感者除外）正常生长的空气质量要求。

阅读材料

居室环境污染

人的一生中约有60%～70%的时光是在家中度过的。随着社会的发展，以往许多要到外面才能做到的事情，现在足不出户即可办到。特别是在计算机普及的今天，在家中就可以办公了。据统计，绝大部分现代人3/4的时间生活、工作在家中。多年来，许多国家都在花费巨资治理环境污染，外界环境污染已引起人们的普遍重视。然而与人们休戚相关的室内环境却没有引起人们的重视，人们还往往误以为家里是最清洁最安全的地方，殊不知污染最严重的地方往往也可能就是你的居室环境。美国环保局对各种环境监测的结果表明，污染最严重的是居室环境。

20世纪80年代美国环保局曾做过这样一项实验：他们挑选一批自愿接受实验的人员，分别生活在3个地区：一个是大型化工厂集中的地区，一个是轻工业区，另一个是山清水秀没有任何工业污染的地区。经过5年时间，得出了出人意料的实验结果。居住在没有工业污染地区的人，血液中所含有毒物质并不比居住在大型化工厂密集地区的人少。

为什么会出现这样的实验结果呢？科学工作者经过分析后认为，居室中有很多污染源，这些污染源散发出来的有毒物质污染了居室内的空气。这些污染源来自居室的装修材料、油漆、地板蜡、家具、纤维物、指甲油、杀虫剂等。

居室中摆放的高级家具的化学涂料、地板漆、塑料墙面和胶合板等，可以释放出含有甲醛的气体。近年来，随着市民收入增多和居住条件的改善，住宅楼的装修热悄然兴起。在所有的装饰材料中，大多含有诸如苯、二甲苯和甲醛等有毒物质。这些有毒物质在居室内呈缓慢释放状态，人体吸收到一定程度便会出现头晕、恶心、哮喘等中毒症状，尤其是刺激眼睛和呼吸道黏膜，损伤肝脏，影响中枢神经系统。

甲醛已被确认为致癌物，国外有人认为室内甲醛浓度应在0.1μL/L以内，以保证人体健康。胶合板中的胶黏剂含有甲醛，所以用胶合板制作的家具是室内甲醛的主要来源之一。由甲醛合成的塑料已广泛用于住宅建材、绝缘材料及衣类，它们都会使居室内的甲醛浓度增高。国外的研究已经证实，居室内甲醛的浓度总是远高于居室外；新的住宅比一般住宅（建筑四年后）甲醛浓度高，有时前者浓度高达0.25μL/L，为室外甲醛浓度的50倍。住宅居室中壁橱中的甲醛浓度最高。由于甲醛易挥发，因此当住宅室内温度较高时，其甲醛浓度也较高。

厨房是另一个重要的污染源。在使用液化气或煤气过程中，会产生一氧化碳、氮氧化物、二氧化硫等有害气体及致癌物苯并芘。这些有害物在不通风或通风不良时直接造成了室内空气污染。特别是在冬季，人们为了保暖，紧闭门窗，这些有害物质越积越多，而氧含量却越来越少。在厨房中，这种情况更恶化了燃烧条件，进而产生更多的一氧化碳等有害气体。

夏季，人们常常在入夜后点燃蚊香驱赶居室内的蚊虫。蚊香作为杀虫剂，其主要有效成分是溴氰菊酯，也有一些蚊香中加用了有机氯农药、有机磷农药或氨基甲酸酯类农药等。蚊香燃烧后只剩下8%左右的灰，其他部分燃烧时化成微粒散入空气中，这些微粒直径很小，可经呼吸进入人体内。若蚊香中含有农药的话，在蚊香燃烧时90%以上的农药会形成蒸气释放到空气中。

人体的组织器官在新陈代谢过程中会产生大量代谢废物。这些污染物质中包括有二氧化碳、一氧化碳、烃、丙酮、苯、甲烷、醛等。在通风不良的居室，当较多的人留在室内时，人们便会感觉到污浊的“人味”，常使人感到很不舒服，其中原因之一，就是人体排出的化学物质所致。有人曾做过试验，让3个人在门窗紧闭的$10m^2$的房间看书，3h后检测发现二氧化碳增加了2倍。

吸烟会给居室的空气带来更大的污染，据测定，室内若有一个人不停吸烟，其污染程度相当于一个小工厂24h内允许排出的总污染量。香烟的烟雾中有多种致癌物质，一支烟中至少也要产生130ng苯并芘，其中100ng左右直接进入空气中。每天居室的主人及造访的客人都吸烟的话，室内的空气污染将是十分严重的。

事实上，居室内的空气污染的程度远远超过了人们的估计，现已确认室内空气中存在500余种化学物质。美国新泽西州曾在350名城市居民的家中装上了空气监测器，监测结果令人十分吃惊：室内空气污染程度比室外一般高2～5倍，有的甚至高100倍。

本章小结

大气是由多种气体组成的混合体。其成分可分为稳定的、可变的和不确定的三种组分类型。其中，可变组分和不确定组分是导致大气污染的主要因素。

大气层的结构是指气象要素的垂直分布情况，根据大气温度随高度垂直变化的特征，将大气层分为对流层、平流层、中间层、热层和逸散层。通常所说的大气污染主要发生在对流层中。

通常把静大气的温度在垂直方向上的分布称为大气温度层结。气温随高度的变化特征可以用气温垂直递减率来表示。地面会因强烈的有效辐射而形成自下而上发展的逆温层，称为辐射逆温。

大气稳定度是指大气抑制或促进气团在垂直方向运动的趋势。大气温度垂直递减率越大，气块越不稳定；反之，气块就越稳定。而气块越稳定，地面污染源排放出来的污染物越难以上升扩散。

影响大气污染物迁移的因素主要有气象动力因子、天气形势和地理地势造成的逆温现象和污染源本身的特性。

大气污染是指由于人类活动或自然过程改变了大气层中某些原有成分或增加了某些有害物质，致使大气质量恶化，影响生态平衡体系，对人体健康和工农业生产及建筑物、设备等造成损害的现象。根据大气污染的范围，大气污染可分为四类。大气污染物种类很多，且依据污染源不同而有差异。常见的大气污染物有含硫氧化物、氮氧化物、碳氢化合物、卤素及其化合物和颗粒物等。大气污染对人类健康、工农业生产、动植物生长、社会生产和全球环境等都会造成很大的危害。

大气中的污染物可以发生化学变化。主要有光解、氧化-还原、酸碱中和以及聚合等反应。通过本章的学习要掌握大气中重要吸光物质的光解和化学转化。侧重掌握大气中重要自由基的来源，硫氧化物、氮氧化物和碳氢化合物等在大气中的化学转化。

光化学烟雾是由大气一次污染物及大气一次污染物在光照射下发生光化学反应而产生的二次污染物共同作用形成的烟雾污染现象。要了解其产生机理及危害。

酸性降水、温室效应、臭氧层破坏和汽车尾气污染是比较突出的大气环境污染问题，要了解其产生机理、危害和防治措施。目前室内空气污染、汽车尾气污染等越来越受到人们的重视和关注，要了解其危害和预防措施。空气质量标准是防治大气污染的基本标准，要了解常见的重要指标。

思考与练习

1. 描述大气层的结构，并指出通常大气污染主要发生在哪一层面，为什么？

2. 简述逆温现象对大气污染物迁移的影响。

3. 影响大气中污染物迁移的主要因素有哪些？

4. 简要说明大气污染对人体健康的危害。

5. 什么叫光化学反应？简述光化学反应的过程。

6. 简要介绍大气中重要吸光物质及其吸光特征。

7. 简述大气中的重要自由基，并简要介绍其来源。

8. 简述硫氧化物在大气中的化学转化。

9. 说明光化学烟雾的特征，描述其基本反应过程。

10. 说明酸雨的形成因素及其危害。

11. 描述温室效应形成的原因及其危害。

12. 简述臭氧层破坏对人体健康的影响。

13. 室内空气污染物主要有哪些，可采取哪些防治措施？

14. 近年来我国汽车工业发展迅速，请查阅有关资料，论述汽车产业的发展对环境产生的影响，以及应采取的防治措施。

15. 什么是一次污染物、二次污染物？

16. 伦敦烟雾和洛杉矶烟雾有何区别？

第三章

水环境化学

学习指南

水环境化学是环境化学的一个重要部分。它主要研究天然水的组成、基本特性及化学平衡等基本原理在水环境化学中的应用，天然水中污染物质的来源、存在形态、分布及其在迁移、转化、积累和消除等过程中的化学行为、反应机理和变化规律，探讨水污染对自然环境的影响等。本章的重点是水体中无机污染物及有机污染物的迁移转化。在学习过程中要注意化学基础知识与本章各知识点的衔接，注重对基本概念、基本理论的理解，注意加强实践练习，做到学以致用。

水是地球上分布最广和最重要的物质之一，也是人类与生物体赖以生存和发展必不可少的物质。整个地球上的水量约为 1.36×10^{18} t，主要分布于海洋、湖泊、河流、水库、沼泽、冰川、雪地，以及大气、生物体、土壤和地层等（见表 3-1）。其中海水约占水总量的 97.3%，约覆盖地球表面的 70.8%，陆地、大气和生物体内的淡水只占 2.59%，可供人类采用的淡水资源仅占地球水总储量的 0.26%。

表 3-1　自然界水的分布

存在形式	分布面积/km^2	水量/km^3	质量分数/%	更新时间
海洋	3.6×10^8	1.322×10^9	97.212	37000 年
冰川与高山积雪	1.8×10^7	2.92×10^7	2.15	16000 年
浅层地下水	—	4.170×10^6	0.307	几百年
深层地下水	—	4.170×10^6	0.307	几千年
淡水湖泊	8.6×10^5	1.25×10^5	0.0092	10～100 年
咸水湖及内海	7.0×10^5	1.04×10^5	0.0077	10～100 年
土壤及沼泽水	—	6.7×10^4	0.0049	1 年
大气	—	1.3×10^4	0.001	9～10 天
河流	—	1.25×10^3	0.0001	2～3 周
生物体内水	—	1.2×10^3	0.0001	几小时

自然界中水的积聚体称为水体。具体地讲，它是指地面上的各种水体，如河流、湖泊、水库、沼泽、海洋、冰川等。水体是一个完整的生态系统，其中包括水、水中的悬浮物、溶解物、底质和水生生物等。

水环境化学是研究化学物质在天然水体中的存在形态、反应机理、迁移转化规律、化学行为及其对生态环境的影响，是环境化学的重要组成部分。研究水环境化学将为水污染控制和水资源的保护提供科学依据。

第一节　水环境化学基础

一、天然水的基本特性

1. 天然水的组成

天然水中一般含有可溶性物质和悬浮物质（包括悬浮物、矿物黏土、水生生物等），可溶性物质的成分十分复杂。天然水的化学组成及其特点是在长期的地质循环、短期的水循环以及各种生物循环中形成的。天然水与大气、岩石、土壤和生物相互接触时进行频繁的化学与物理作用，同时进行物质和能量的交换。所以，天然水的化学组成经常在变化，并且成为极其复杂的体系，水中的组分分别以溶解状态、悬浮状态或胶体状态存在。表 3-2 列出水中的各类物质及其对水质的影响。

表 3-2　天然水的主要成分及其对水质的影响

物质类别	主要成分		对水质的影响
悬浮物质	细菌		有致病的、也有对人体健康无关的
	藻类及原生动物		臭、味、色、浑浊
	泥沙、黏土		浑浊
	其他不溶物质		
胶体物质	无机胶体	硅酸胶体等	
	有机胶体	腐殖酸胶体等	
溶解物质	钙镁盐类	酸式碳酸盐	碱度、硬度
		碳酸盐	碱度、硬度
		硫酸盐	硬度
		氯化物	硬度、腐蚀性、味
	钠盐	酸式碳酸盐	碱度
		碳酸盐	碱度
		硫酸盐	
		氯化物	味
		氟化物	致病
	铁、锰盐		味、硬度、腐蚀金属
	气体	氧气	腐蚀
		二氧化碳	腐蚀、酸度
		硫化氢	腐蚀、酸度
		氮气	
	其他有机物		
	其他溶解性物质		

(1) 天然水中的主要离子组成　K^+、Na^+、Ca^{2+}、Mg^{2+}、HCO_3^-、NO_3^-、Cl^-、SO_4^{2-} 为天然水中常见的八大离子，占天然水中离子总量的95%～99%。水中这些主要离子的分类常用来作为表征水体中的主要化学特征性指标，组成如图3-1所示。

阳离子

硬度 Ca^{2+}、Mg^{2+}　酸 H^+　碱金属 Na^+、K^+

阴离子

碱度 HCO_3^-、CO_3^{2-}、OH^-　酸根 SO_4^{2-}、Cl^-、NO_3^-

图3-1　水中的主要离子组成

天然水中常见主要离子总量可以粗略地作为水的总含盐量（TDS）

$$TDS=[Ca^{2+}+Mg^{2+}+Na^{+}+K^{+}]+[HCO_3^{-}+SO_4^{2-}+Cl^{-}+NO_3^{-}]$$

又由于水中阳离子的总当量数等于阴离子的总当量数，所以各种离子若以mmol/L计算时，则应有

$$[2Ca^{2+}+2Mg^{2+}+Na^{+}+K^{+}]=[HCO_3^{-}+2SO_4^{2-}+Cl^{-}+NO_3^{-}]$$

根据此原则可以核对水质分析结果的合理性。

(2) 天然水中的金属离子　水中的金属离子，例如 Ca^{2+}，不可能在水中以分离的实体独立存在。在水溶液中，常用 Me^{n+} 表示金属离子，其含义是简单的水合金属阳离子 $Me(H_2O)_x^{n+}$。这样的离子与电子供给体配合成键以获得稳定的最外电子层。它可通过化学反应达到最稳定的状态，酸碱中和、沉淀-溶解、配合-离解及氧化-还原等反应是它们在水中达到最稳定状态的过程。

水中可溶性金属离子可以多种形式存在。例如，三价铁离子就可以 $Fe(OH)^{2+}$、$Fe(OH)_2^{+}$、$Fe_2(OH)_2^{4+}$ 和 Fe^{3+} 等形式存在。在中性水体中，各种形态的浓度可以通过平衡常数计算：

$$[Fe(OH)^{2+}][H^{+}]/[Fe^{3+}]=8.9\times10^{-4} \qquad (3\text{-}1)$$

$$[Fe(OH)_2^{+}][H^{+}]^2/[Fe^{3+}]=4.9\times10^{-7} \qquad (3\text{-}2)$$

$$[Fe_2(OH)_2^{4+}][H^{+}]^2/[Fe^{3+}]=1.23\times10^{-3} \qquad (3\text{-}3)$$

假如有固体 $Fe(OH)_3(s)$ 存在，则下面的关系成立。

$$Fe(OH)_3(s)+3H^{+}\rightleftharpoons Fe^{3+}+3H_2O$$

$$[Fe^{3+}]/[H^{+}]^3=9.1\times10^{3} \qquad (3\text{-}4)$$

当 pH=7 时，水合铁离子 $Fe(H_2O)_x^{3+}$ 的浓度可以忽略不计，$[Fe^{3+}]=9.1\times10^{3}\times(1.0\times10^{-7})^3=9.1\times10^{-18}$ mol/L，代入上式，即可得出其他各种形态离子的浓度。

$$[Fe(OH)^{2+}]=8.1\times10^{-14}\,mol/L$$

$$[Fe(OH)_2^{+}]=4.5\times10^{-10}\,mol/L$$

$$[Fe_2(OH)_2^{4+}]=1.02\times10^{-23}\,mol/L$$

(3) 天然水中的微量元素　除上述元素以外的一系列元素在天然水中的分布也很广泛，起的作用很大，但它们的含量很小，常低于1μg/L。这类元素包括重金属（Zn、Cu、Pb、Ni、Cr等），稀有金属（Li、Rb、Cs、Be等），卤素（Br、I、F）及放射性元素。尽管微量元素含量很低，但是对水中动植物体的生命活动却有很大影响。根据微量元素的组分可以推测水的地质年代，许多微量元素的反常高含量可以作为找矿的指示物。

(4) 天然水中溶解的气体　溶解在水中的气体对于水中生物的生存非常重要。例如，鱼类需要水中溶解的氧气而放出CO_2，水中污染物的生物降解过程中大量消耗水体中的溶解氧，会导致鱼类无法生存。藻类的光合作用则吸收溶解的CO_2而放出氧气，但这个过程仅限于白天。在夜晚，由于藻类的新陈代谢过程又使氧气损失，藻类死后残体的降解又会消耗氧气。

在天然水中，溶解的气体与大气中同种气体存在着溶解平衡。

$$X(g) \rightleftharpoons X(aq) \quad (3\text{-}5)$$

此平衡服从亨利定律，即一种气体在溶液中的溶解度与所接触的该气体的分压成正比。但是，许多气体溶解后会发生进一步的化学反应，所以溶解在水中气体的量远远高于亨利定律表示的量。气体在水中的溶解度［G (aq)］可用下式表示。

$$[G(aq)] = K_H \cdot p_G \quad (3\text{-}6)$$

式中　K_H——气体在一定温度下的亨利定律常数；

p_G——气体的分压。

表 3-3 给出一些气体在水中的亨利定律常数 K_H 值。

表 3-3　25℃时一些气体在水中的亨利定律常数

气　体	K_H/[mol/(L·Pa)]	气　体	K_H/[mol/(L·Pa)]
O_2	1.26×10^{-8}	N_2	6.40×10^{-9}
O_3	9.16×10^{-8}	NO	1.97×10^{-8}
CO_2	3.34×10^{-7}	NO_2	9.74×10^{-8}
CH_4	1.32×10^{-8}	HNO_2	4.84×10^{-4}
C_2H_4	4.84×10^{-8}	HNO_3	2.07
H_2	7.80×10^{-9}	NH_3	6.12×10^{-4}
H_2O_2	7.01×10^{-1}	SO_2	1.22×10^{-5}

在计算气体的溶解度时需对水蒸气的分压进行校正（温度较低时，水蒸气的分压很小），表 3-4 给出水在不同温度下的分压。根据这些参数，可用亨利定律计算出气体在水中的溶解度。

表 3-4　不同温度下水的分压

T/℃	$p_{H_2O}/10^5$Pa	T/℃	$p_{H_2O}/10^5$Pa
0	0.00611	30	0.04241
5	0.00872	35	0.05621
10	0.01228	40	0.07374
15	0.01705	45	0.09581
20	0.02337	50	0.12330
25	0.03167	100	1.01325

① 氧在水中的溶解度　干燥空气中氧气的含量为 20.95%，25℃时水蒸气的分压为 0.03167×10^5Pa，所以，氧气的分压为

$$p_{O_2} = (1.01325 - 0.03167)\times10^5\times0.2095 = 0.20564\times10^5\,(\text{Pa})$$

代入亨利定律，即可求出氧气在水中的摩尔浓度

$$[O_2(aq)] = K_H \cdot p_{O_2} = 1.26\times10^{-8}\times0.20564\times10^5 = 2.591\times10^{-4}\,(\text{mol/L})$$

因此，氧气在 1.01325×10^5Pa，25℃饱和水中的溶解度为

$$2.591\times10^{-4}\times32\times10^3 = 8.2912\text{mg/L}$$

气体的溶解度随温度的升高而降低。若温度从 0℃上升到 35℃时，氧气在水中的溶解度将从 14.74mg/L 降低到 7.03mg/L。在 1.01325×10^5Pa、25℃时，7.8mg/L 有机质降解需

要消耗 8.3mg/L 氧气，所以，仅需 7～8mg 的有机质就可以把 25℃为空气所饱和的 1L 水中的氧气全部消耗殆尽。

② CO_2 在水中的溶解度　干燥空气中 CO_2 的含量为 0.033%（体积分数），25℃时水蒸气的分压为 0.03167×10^5 Pa，CO_2 的亨利定律常数（25℃）是 3.34×10^{-7} mol/(L·Pa)，则 CO_2 在水中的溶解度为

$$p_{CO_2}=(1.01325-0.03167)\times10^5\times3.3\times10^{-4}=32.39(\text{Pa})$$

$$[CO_2]=3.34\times10^{-7}\times32.39=1.082\times10^{-5}(\text{mol/L})=0.4761(\text{mg/L})$$

CO_2 在水中部分离解产生等浓度的 H^+ 和 HCO_3^-。

$$CO_2+H_2O \rightleftharpoons H^+ + HCO_3^-$$

$$K_1=[H^+][HCO_3^-]/[CO_2]=[H^+]^2/[CO_2]=4.23\times10^{-7}$$

$$[H^+]=(4.23\times10^{-7}\times1.082\times10^{-5})^{1/2}=2.14\times10^{-6}(\text{mol/L})$$

$$\text{pH}=5.67$$

故溶解在水中的二氧化碳总浓度应为 $[CO_2]+[HCO_3^-]=1.296\times10^{-5}$(mol/L)

(5) 水生生物　水生生物可分为自养生物和异养生物。自养生物利用太阳能或化学能量把简单、无生命的无机元素引进到复杂的生命分子中即组成生命体，通常 CO_2、NO_3^-、PO_4^{3-} 作为自养生物的 C、N、P 物质源。异养生物利用自养生物产生的有机物作为能源和合成它自身生命的原始物质。藻类是最典型的自养水生生物。

水体产生生物体的能力称为生产率。生产率是由水体的化学因素、物理因素相结合而决定的。通常饮用水及游泳池水需要低生产率，而对于鱼类则需要较高的生产率。藻类等自养水生生物在高生产率的水中生产旺盛，数量迅速增加。大量死藻残体的分解会引起水中溶解氧含量降低，这种情况称为富营养化。

决定水体中水生生物的种类和范围的因素有氧、温度、透光度和水体的搅动。氧的缺乏可使许多水生生物死亡，氧的存在能够杀死许多厌氧细菌。在测定河流及湖泊的生物特性时，首先要测定水中溶解氧 DO（dissolved oxygen）的浓度。不同的温度能使水中生存的水生生物种类发生很大的变化。水的透光度对藻类的生长影响很大，因为透光度小的浑浊水，虽然含营养物，有适宜的温度及其他必要条件，但并不能很好地产生生命体。搅动是水的迁移及混合过程的一个重要因素。通常，适当的搅动对水生生物的生长是有利的，因为它在水体的物质交换中起到了促进作用。

生化需氧量 BOD（biochemical oxygen demand）是另一个重要的水质参数，它是指在一定体积的水中有机物降解所需要耗用氧气的量。BOD 高的水体对水生生物的生长是有利的。衡量水体氧平衡的指标还有化学需氧量 COD、总需氧量 TOD 和总有机碳 TOC 等。

2. 水的特性

由于水分子之间氢键的存在，使天然水具有许多不同于其他液体的物理、化学性质，从而决定了水在人类生命过程和生活环境中无可替代的作用。

(1) 透光性　水是无色透明的，太阳光中可见光和波长较长的近紫外光部分可以透过，使水生植物光合作用所需的光能够到达水面以下的一定深度，而对生物体有害的短波远紫外光则被阻挡在外。这在地球上生命的产生和进化过程中起到了关键性的作用，对生活在水中的各种生物具有至关重要的意义。

(2) 高比热容、高汽化热　水的比热容为4.18J/(g·℃)，是除液氨外所有液体和固体中最大的。水的汽化热也极高，在20℃下为2.418kJ/g。正是由于这种高比热容、高汽化热的特性，地球上的海洋、湖泊、河流等水体白天吸收到达地表的太阳光热能，夜晚又将热能释放到大气中，避免了剧烈的温度变化，使地表温度长期保持在一个相对恒定的范围内。通常生产上使用水做传热介质，除了它分布广外，主要是利用水的高比热容的特性。

(3) 高密度　水在3.98℃时的密度最大，为1000kg/m^3。水的这一特性在控制水体温度分布和垂直循环中起着重要作用。在气温急剧下降时，水面上较重的水层向下沉降，与下部水层交换，这种循环过程使得溶解在水中的氧及其他营养物得以在整个水域分布均匀。

(4) 高介电常数　水的介电常数在所有的液体中是最高的，可使大多数离子化合物能够在其中溶解并发生最大程度的电离，这对营养物质的吸收和生物体内各种生化反应的进行具有重要意义。

(5) 水是一种极好的溶剂，为生命过程中营养物质的传输提供了最基本的媒介。

(6) 冰轻于水　冰由于呈六方晶系晶体结构，使水分子之间有较大的空隙，因此，冰的密度比水小，只有0.9168g/mL，可以浮在水面上。冬天，当江河湖海水温下降时，4℃附近的水由于密度最大，沉入水的下层，当水温继续下降时，密度变小升到水的上层，直到0℃时结成了冰。由于冰比水轻，漂浮在水面上，即使水面封冻，又使水体水底温度仍可保持4℃的稳定状态。水体的这一特性对水中生物具有十分重要的意义，在水底层中水生生物可以生存。

(7) 水的依数性　水的依数性包括凝固点降低、蒸气压下降和渗透压。

3. 天然水体的性质

(1) 天然水的循环　地球上各种形态的水在太阳辐射和地心引力作用下，不断地运动循环、往复交替，如图3-2所示。在太阳能和地球表面热能的作用下，地球上的水不断地被蒸发成水蒸气，进入大气并被气流输送至各处，在适当条件下凝结成降水，其中降落到陆地表面的雨雪，经截留、入渗等环节而转化为地表及地下径流，最后又回归海洋。这种不断蒸发、输送、凝结、沉降的往复循环过程称为水的循环。水的循环是一个巨大的动态系统，它将地球上各种水体连接起来构成水圈，使得各种水体能够长期存在，并在循环过程中渗入大气圈、岩石圈和生物圈，将它们联系起来形成相互制约的有机整体。水循环的存在使水能周

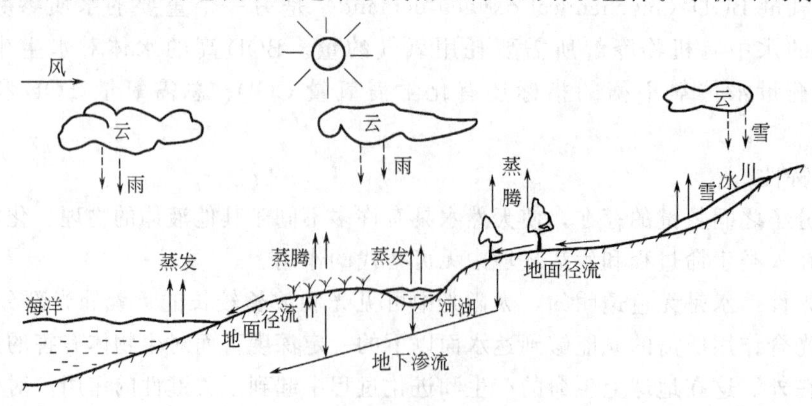

图3-2　水的自然循环示意

而复始地被重复利用，成为再生性资源。水循环的强弱直接影响到一个地区水资源开发利用的程度，进而影响到经济的可持续发展。

(2) 水量平衡　蒸发、降水和径流是水循环过程中的三个重要环节，并决定着全球的水量平衡。假如将水从液态转变为气态的蒸发作为水的支出（$E_{全球}$），将水从气态转变为液态或固态的大气降水作为收入（$P_{全球}$），径流是调节收支的重要参数。根据水量平衡方程，全球一年中的蒸发量等于降水量，即

$$E_{全球}=P_{全球} \tag{3-7}$$

每年从地球表面蒸发的水量约为 $5.2\times10^5 km^3$。

对于任一流域、水体或任意空间，无论是在海洋或在陆地上，降水量和蒸发量因纬度不同而有较大差异（见图 3-3）。

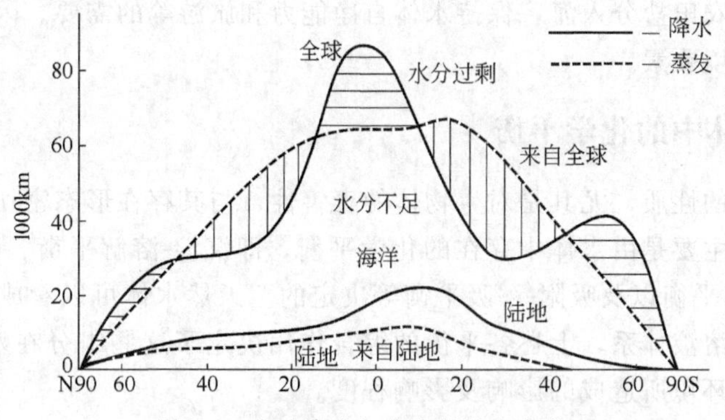

图 3-3　全球降水与蒸发的纬度变化

图 3-3 中上面两条曲线分别表示全球降水和蒸发的纬度分布，下面两条曲线分别表示陆地降水和蒸发的纬度分布。上下两条降水曲线间的面积代表海洋降水量，上下两条蒸发曲线间的面积代表海洋蒸发量。由图 3-3 可知，赤道地区，特别是北纬 0°～10°之间水量过剩；在南北纬 10°～40°一带，蒸发量超过降水量；在 40°～90°之间南、北半球的降水量均超过蒸发量，又出现水量过剩；在两极地区降水量和蒸发量都较少，趋于平衡。

4. 天然水的环境效应

水环境一词是 20 世纪 70 年代出现的，《环境科学大词典》的解释是："水环境是地球上分布的各种水体以及与其密切相连的诸环境要素如河流、海岸、植被、土壤等。"它的独特含义是："水环境是构成环境的基本要素之一，是人类赖以生存和发展的重要场所，也是人类干扰和破坏最为严重的地区。"

(1) 水是生命起源的要素　1953 年由美国科学家 Miller 设计的著名模拟实验，利用几种非常简单的无机物：H_2、CH_4、NH_3 和 H_2O（这几种物质都是原始地球大气的主要成分），在放电和沸水蒸发-凝结循环流动的条件下，合成了生命物质氨基酸和其他一些有机物。这些最早的有机物在海洋中被储存起来，经过漫长的演化过程，便出现了原始生命。如今地球表面的 70%以上被水覆盖着，大多数生物体内水的含量也达 2/3 以上。经研究还发现，人体血液的矿化度为 9g/L，这与 30 亿年前的海水是相同的；静脉点滴用的生理盐水为 0.9%的 NaCl 溶液，与原始海水的矿化度一致。这似乎在告诉人们，现代人的身体内仍然流动着几十亿年前的海洋水。在自然界的植物体内，水分含量更高，有的甚至高达 95%。这一切都充分表明地球上生命的产生和进化都离不开水。可以说，没有水就没有生命。

（2）水在人体代谢中的生理功能　水是人体中含量最多的组成成分，约占体重的 2/3，是维持人体正常生理活动的重要营养物质之一。人若不吃食物只喝水可生存数十日之久，若无水供应只能生存几天。水具有特殊的物理化学性质，在人体中担负着输送养分、调节体温、促进物质代谢、润滑体内各个器官、排除体内废物等生理功能。

（3）水是自然环境的要素之一　当前全球范围内面临的环境问题主要是人口、资源、生态破坏和环境污染。它们之间相互关联、相互影响。水对人类生存和发展起着非常重要的作用，水环境优劣直接或间接影响着其他环境要素的好坏，如大气、土壤、矿藏、森林、草原、野生动物、自然遗迹、人文遗迹、自然保护区、风景名胜区、城市和乡村等。工业生产中的空调、清洗、冷却、加工、沸蒸和传送以及农业上的农田灌溉用水量都很大。为了保护环境，维持生态平衡，必须保持江河湖泊一定的流量，以满足鱼类和水生生物的生长，并利于冲刷泥沙、冲洗农田盐分入海，保持水体自净能力和旅游等的需要。因此，水又是极其重要和不可缺少的环境要素。

二、天然水体中的化学平衡

元素或化合物的性质，尤其是对生物体的毒害性，与其存在形态密切相关。而水体中所含物质的存在形态主要是由水体中存在的化学平衡，即沉淀-溶解平衡、碳酸平衡、氧化-还原平衡、配合-离解平衡以及吸附-解吸平衡等决定的。天然水体可以看成是一个含有多种溶质成分的复杂的水溶液体系，上述各平衡的综合作用决定了这些组分在水体中的存在形态，进而决定了它们对环境所造成的影响及影响程度。

1. 沉淀-溶解平衡

溶解和沉淀是污染物在水环境中迁移的重要途径，因此成为水处理过程中极为重要的现象。天然水的化学组成因矿物质的溶解和这些矿物质固体从饱和溶液中沉淀出来而有所变化。一些金属化合物在水中的迁移能力可以直观地用溶解度来衡量，溶解度越大，迁移能力越大；反之则小。但物质在天然水体中的溶解常为多相化学反应的固-液平衡体系，所以常用溶度积来表征溶解度。天然水中各种矿物质的溶解-沉淀作用也遵守溶度积原则。

金属氧化物可以看作是氢氧化物的脱水产物。金属氢氧化物在水中沉淀有多种形态，大部分情况下为“无定形沉淀”或具有无序晶格的细小晶体，具有很高的活性。这类沉淀在漫长的地质年代里，由于逐渐“老化”，而转化为稳定的“非活性”。金属氢氧化物在水环境中的行为差别很大。它们与质子或氢氧根离子都发生反应，达成水解和羟基配合物的平衡，存在一个 pH 值，在此 pH 值下它们的溶解度最小，在酸性或碱性更强的 pH 值时，溶解度都增大，其迁移能力亦升高。

金属硫化物一般比氢氧化物溶解度更小。在中性条件下绝大多数重金属硫化物是不溶的。在盐酸中 Fe、Mn、Zn 和 Cd 的硫化物可溶，而 Ni 和 Co 的硫化物难溶，Cu、Hg、Pb 的硫化物只有在硝酸中才能溶解，因此，只要水环境中存在 S^{2-}，几乎所有重金属均可从水体中除去。

天然水中碳酸盐的溶解度在很大程度上取决于水中溶解的 CO_2 和水体的 pH 值。因此，碳酸盐沉淀实际上是二元酸在三相（Me^{2+}-CO_2-H_2O）中的平衡分布。有溶解 CO_2 存在时，能生成溶解度较大的碳酸氢盐。当 pH 值增大时，碳酸盐的溶解度减小。

由于金属离子可与羟基配合，所以在 pH 值较大时溶解度反而随 pH 值的增大而增大。

2. 碳酸平衡

CO_2 在水中形成酸，可同岩石中的碱性物质发生反应，并可通过沉淀反应变为沉淀物从水中除去。在水和生物体之间的生物化学交换中，CO_2 占有独特地位，溶解的碳酸盐与岩石圈、大气圈进行均相或多相的酸碱反应和交换反应，对于调节天然水的 pH 值和组成起着重要作用。

天然水的 pH 值主要由下列系统决定。

$$CO_2 + H_2O \xrightleftharpoons{pK_0 = 1.46} H_2CO_3 \xrightarrow{pK_1 = 6.35} H^+ + HCO_3^- \xrightleftharpoons{pK_2 = 10.3} 2H^+ + CO_3^{2-}$$

并随该系统中 CO_2、H_2CO_3、HCO_3^- 和 CO_3^{2-} 含量的分配比的不同，常在一定范围内变动。实际上 H_2CO_3 的含量极低，主要是溶解的 CO_2，因此，常把 CO_2 和 H_2CO_3 合并为 $H_2CO_3^*$。根据 K_1 及 K_2 值，就可以绘制出以 pH 为主要变量的 $H_2CO_3^*$-HCO_3^--CO_3^{2-} 体系的形态分布图（见图 3-4）。若用 α_0、α_1 和 α_2 分别代表 $H_2CO_3^*$、HCO_3^- 和 CO_3^{2-} 在总量中所占比例，可以给出下面三个表示式：

$$\alpha_0 = [H_2CO_3^*]/\{[H_2CO_3^*] + [HCO_3^-] + [CO_3^{2-}]\} \tag{3-8}$$

$$\alpha_1 = [HCO_3^-]/\{[H_2CO_3^*] + [HCO_3^-] + [CO_3^{2-}]\} \tag{3-9}$$

$$\alpha_2 = [CO_3^{2-}]/\{[H_2CO_3^*] + [HCO_3^-] + [CO_3^{2-}]\} \tag{3-10}$$

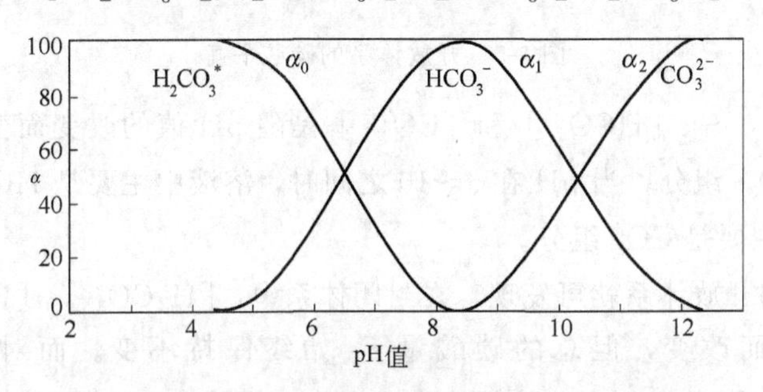

图 3-4 碳酸化合态分布图

若用 c_T 表示各种碳酸化合态的总量，则有 $[H_2CO_3^*] = c_T\alpha_0$，$[HCO_3^-] = c_T\alpha_1$，$[CO_3^{2-}] = c_T\alpha_2$。若把 K_1、K_2 的表达式代入式(3-8) 和式(3-10)，就可得到作为酸离解常数和氢离子浓度的函数的形态分数：

$$\alpha_0 = (1 + K_1/[H^+] + K_1K_2/[H^+]^2)^{-1} \times 100\% \tag{3-11}$$

$$\alpha_1 = (1 + [H^+]/K_1 + K_2/[H^+])^{-1} \times 100\% \tag{3-12}$$

$$\alpha_2 = (1 + [H^+]^2/K_1K_2 + [H^+]/K_2)^{-1} \times 100\% \tag{3-13}$$

以上的讨论没有考虑溶解性 CO_2 与大气交换过程，因而属于封闭的水溶液体系情况。实际上，根据气体交换动力学，CO_2 在气液界面的平衡时间需数日。因此，若所考虑的溶液反应在数小时之内完成，就可应用封闭体系固定碳酸化合态总量的模式加以计算。反之，如果所研究的过程是长时期的，例如一年期间的水质，则认为 CO_2 与水是处于平衡状态，可以更近似于真实情况。

当考虑 CO_2 在气相和液相之间平衡时，各种碳酸盐化合态的平衡浓度可表示为 p_{CO_2} 和 pH 的函数。此时，应用亨利定律则有：

$$[CO_2(aq)] = K_H \cdot p_{CO_2} \tag{3-14}$$

溶液中，碳酸化合态相应为：

$$c_T=[CO_2(aq)]/\alpha_0=1/\alpha_0\cdot K_H\cdot p_{CO_2} \tag{3-15}$$

$$[HCO_3^-]=\alpha_1/\alpha_0\cdot K_H\cdot p_{CO_2}=K_1/[H^+]\cdot K_H\cdot p_{CO_2} \tag{3-16}$$

$$[CO_3^{2-}]=\alpha_2/\alpha_0\cdot K_H\cdot p_{CO_2}=K_1K_2/[H^+]^2\cdot K_H\cdot p_{CO_2} \tag{3-17}$$

图 3-5 是 lg$c$-pH 图，图中碳酸化合态为 3 条不同的直线，曲线 c_T 为三者之和，它是以 3 条直线为渐近线的一条直线。

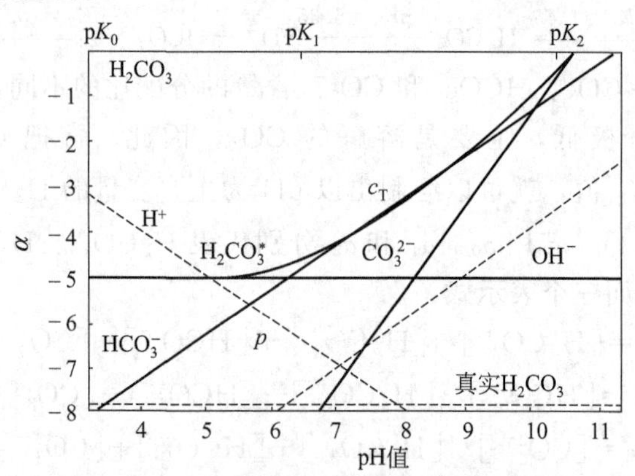

图 3-5　开放体系的碳酸平衡

由图 3-5 可看出，c_T、[HCO_3^-] 和 [CO_3^{2-}] 是随 pH 值的改变而变化。当 pH＜6 时，溶液中主要是 $H_2CO_3^*$ 组分；当 pH 在 6～10 之间时，溶液中主要是 HCO_3^- 组分；当 pH＞10.3 时，溶液中则主要是 CO_3^{2} 组分。

比较封闭体系和开放体系就可发现，在封闭体系中，[$H_2CO_3^*$]、[HCO_3^-] 和 [CO_3^{2-}] 等可随 pH 值变化而改变，但总的碳酸量 c_T 始终保持不变。而对于开放体系来说，[HCO_3^-]、[CO_3^{2-}] 和 c_T 均随 pH 值的改变而变化，但 [$H_2CO_3^*$] 总保持与大气相平衡的固定数值。因此，在天然条件下，开放体系是实际存在的，而封闭体系是计算短时间溶液组成的一种方法，即把其看作是开放体系趋向平衡过程中的一个微小阶段，在实用上认为是相对稳定而加以计算。

此外，天然水的 pH 值也受水体中磷酸盐、硅酸盐、硼酸盐等的影响，但影响不大。对于天然水、工业废水或受严重污染的水体的评价，除需测定 pH 值外，还应测定碱度和酸度。

3. 天然水中的碱度和酸度

碱度是指水中能与强酸发生中和作用的全部物质的总量，即能接受质子（H^+）的物质总量。组成水中碱度的物质有：强碱，如 NaOH、$Ca(OH)_2$ 等；弱碱，如 NH_3、$C_6H_5NH_2$ 等；强碱弱酸盐，如碳酸盐、重碳酸盐、硅酸盐、磷酸盐和硫化物等。

在测定水样总碱度时，一般用强酸标准溶液滴定，用甲基橙为指示剂，当溶液由黄色变为橙红色（pH＝4.3）时停止滴定，此时所得的结果称为该水样的总碱度，也称为甲基橙碱度。所加的 H^+ 即为下列反应的化学计量关系所需要的量。

$$H^++OH^-\rightleftharpoons H_2O$$

$$H^++CO_3^{2-}\rightleftharpoons HCO_3^-$$

$$H^++HCO_3^-\rightleftharpoons H_2CO_3 \tag{3-18}$$

因此，总碱度是水中各种碱度成分的总和，即加酸至 HCO_3^- 和 CO_3^{2-} 全部转化为 CO_2。根据溶液质子平衡条件，可以得到碱度的表示式

$$总碱度=[HCO_3^-]+2[CO_3^{2-}]+[OH^-]-[H^+] \tag{3-19}$$

如果用酚酞作指示剂进行滴定，溶液的pH值降到8.3时滴定结束，此时溶液中的 OH^- 被中和，CO_3^{2-} 全部转化为 HCO_3^-，作为碳酸盐只中和了一半，因此，得到酚酞碱度表示式

$$酚酞碱度=[CO_3^{2-}]+[OH^-]-[H_2CO_3^*]-[H^+] \tag{3-20}$$

酸度是指水中能与强碱发生中和作用的全部物质的总量，即能放出质子（H^+）或经过水解能产生 H^+ 的物质总量。组成水中酸度的物质有：强酸，如 HCl、H_2SO_4、HNO_3 等；弱酸，如 CO_2 及 H_2CO_3、H_2S、蛋白质以及各种有机酸类；强酸弱碱盐，如 $FeCl_3$、$Al_2(SO_4)_3$ 等。

用强碱标准溶液滴定测定水样酸度时，以甲基橙为指示剂滴定到 pH=4.3，以酚酞为指示剂滴定到 pH=8.3，分别得到无机酸度和游离 CO_2 酸度。总酸度应在 pH=10.8 处得到，但此时滴定曲线无明显突跃，难以选择合适的指示剂，故通常以游离 CO_2 作为酸度主要指标。根据溶液质子平衡条件，可得到酸度表示式

$$总酸度=[H^+]+[HCO_3^-]+2[H_2CO_3^*]-[OH^-] \tag{3-21}$$

$$CO_2\ 酸度=[H^+]+[H_2CO_3^*]-[CO_3^{2-}]-[OH^-] \tag{3-22}$$

$$无机酸度=[H^+]-[HCO_3^-]-2[CO_3^{2-}]-[OH^-] \tag{3-23}$$

对于某一个水样，如果已知其pH值、碱度及相应的平衡常数，就可计算出 $H_2CO_3^*$、HCO_3^-、CO_3^{2-} 和 OH^- 在水中的浓度（假设其他各种形态对碱度的影响可以忽略）。

【例 3-1】 某水体的 pH=7.00，碱度为 1.00×10^{-3} mol/L，计算该水体中 $H_2CO_3^*$、HCO_3^-、CO_3^{2-}、OH^- 的浓度。

解：pH=7.00 时，与 HCO_3^- 相比，CO_3^{2-} 的浓度可以忽略，总碱度全部由 HCO_3^- 贡献。

则

$$[HCO_3^-]=碱度=1.00\times10^{-3}\,mol/L$$

$$[OH^-]=1.00\times10^{-7}\,mol/L$$

根据酸的离解常数 K_1，可以计算出 $H_2CO_3^*$ 的浓度。

$$\begin{aligned}[H_2CO_3^*]&=[H^+][HCO_3^-]/K_1\\&=1.00\times10^{-7}\times1.00\times10^{-3}/(4.45\times10^{-7})\\&=2.25\times10^{-4}(mol/L)\end{aligned}$$

代入 K_2 的表示式

$$\begin{aligned}[CO_3^{2-}]&=K_2[HCO_3^-]/[H^+]\\&=4.69\times10^{-11}\times1.00\times10^{-3}/(1.00\times10^{-7})\\&=4.69\times10^{-7}(mol/L)\end{aligned}$$

【例 3-2】 若水体的 pH=10.00，碱度为 1.00×10^{-3} mol/L，求该水体中 $H_2CO_3^*$、HCO_3^-、CO_3^{2-} 和 OH^- 的浓度。

解：在这种情况下，$[OH^-]=1.00\times10^{-4}$ mol/L，$[H^+]=1.00\times10^{-10}$ mol/L，而对碱度的贡献是由 HCO_3^-、CO_3^{2-} 和 OH^- 同时提供的，由总碱度表示式得

$$碱度=[HCO_3^-]+2[CO_3^{2-}]+[OH^-]-[H^+]\approx[HCO_3^-]+2[CO_3^{2-}]+[OH^-]$$

因为 $K_2=[CO_3^{2-}][H^+]/[HCO_3^-]$ 代入上式，整理得

$$[HCO_3^-]=0.9\times10^{-3}/1.938=4.64\times10^{-4}(mol/L)$$

$$[CO_3^{2-}]=(2.69\times10^{-11}\times4.64\times10^{-4})/10^{-10}=2.18\times10^{-4}(mol/L)$$

对总碱度的贡献 $[HCO_3^-]$ 为 4.64×10^{-4}mol/L，$[CO_3^{2-}]$ 为 $2\times2.18\times10^{-4}$mol/L，$[OH^-]$ 为 1.00×10^{-4}mol/L。总碱度为三者贡献之和，即 1.00×10^{-3}mol/L。这一结果用于显示水体的碱度与通过藻类活动产生的生命体的能力之间的关系。

如果外界没有 CO_2 供给，当无机碳转化为生命体时，水体的 pH 值将增大，这种情况与快速藻类生长的情况很相似。这时无机碳的消耗是如此之快，以至于不能与大气中的 CO_2 达成平衡，此时水体的 pH 值将升到 10 或更高。

应该特别注意的是，在封闭体系中加入强酸或强碱，总碳酸量不受影响，而加入 CO_2 时，总碱度值保持不变。这时溶液 pH 值和各碳酸化合态浓度虽然发生变化，但它们的代数和保持不变。因此，总碳酸量和总碱度在一定条件下具有守恒特性。

在酸性较强的水中，H_2CO_3 占优势；在碱性较强的水中，CO_3^{2-} 占优势；而在大多数天然水的 pH＝6～9 范围内，HCO_3^- 占优势，即水中含有的各种碳酸化合态控制水的 pH 值并具有缓冲作用，这使天然水对于酸碱具有一定的缓冲能力。最近研究表明，水体和周围环境之间有多种物理、化学和生物化学过程，它们对水体的 pH 值也有着重要作用。但无论如何，碳酸化合物仍是水体缓冲作用的重要因素，常常根据它的存在情况来估算水体的缓冲能力。

碳酸盐的溶解平衡是水环境化学常遇到的问题。在工业用水系统中，也经常需要知道所用的水是否会产生碳酸钙沉淀，即水的稳定性问题。通常当溶液中 $CaCO_3(s)$ 处于未饱和状态时，称水具有侵蚀性；当 $CaCO_3(s)$ 处于饱和状态时，称水具有沉淀性；当处于溶解平衡状态时，则称水具有稳定性。如前所述，碳酸钙溶解平衡是两个平衡的组合，即

$$HCO_3^- \rightleftharpoons H^+ + CO_3^{2-} \qquad K_2=\frac{[H^+][CO_3^{2-}]}{[HCO_3^-]}$$

$$Ca^{2+} + CO_3^{2-} \rightleftharpoons CaCO_3(s) \qquad K_{sp}=[Ca^{2+}][CO_3^{2-}]$$

因此，$[CO_3^{2-}]$ 需要同时满足以上两个平衡，由此可得

$$\frac{K_{sp}}{[Ca^{2+}]}=\frac{K_2}{[H^+]}\times\frac{[碱度]+[H^+]-K_w/[H^+]}{1+2K_2/[H^+]} \tag{3-24}$$

当 pH＜10 时，$[H^+]-K_w/[H^+] \ll$ 碱度，所以式(3-24) 可简化为

$$[H^+]=\frac{K_2[Ca^{2+}]}{K_{sp}}\times\frac{[碱度]}{1+2K_2/[H^+]} \tag{3-25}$$

此时 $[H^+]$ 可作为 $CaCO_3$ 溶解平衡状态的标志，达到饱和平衡时的 pH 值称为 pH_s。当水中碱度和 $[Ca^{2+}]$ 一定时，pH_s 即为一定值。pH_s 式可表达如下

$$pH_s=pK_2-pK_{sp}-\lg[Ca^{2+}]-\lg[碱度]+\lg(1+2K_2/[H^+]) \tag{3-26}$$

当 pH＜9 时，最后一项可略去，则得

$$pH_s=pK_2-pK_{sp}-\lg[Ca^{2+}]-\lg[碱度] \tag{3-27}$$

式(3-27) 就是根据溶液 $[Ca^{2+}]$ 和 [碱度] 求平衡时 pH_s 的基本计算式。

把水的实测 pH 值与根据 $[Ca^{2+}]$ 和 [碱度] 计算出的 pH_s 值进行比较，二者之差称为水的稳定性指数 S，即

$$S=pH-pH_s \tag{3-28}$$

根据稳定性指数 S 值的大小，就可判断水的稳定性了。

当 $S<0$ 时，表示溶液中游离碳酸实际含量大于计算所得到的平衡碳酸值。所以溶液实测 pH＜pH_s 计算值，溶液中实有的 $[CO_3^{2-}]$ 含量必小于饱和平衡时应有的 $[CO_3^{2-}]$ 浓度，

表明此时溶液处于对碳酸钙未饱和状态，这种水如果与固体 $CaCO_3$ 相遇，就会发生溶解作用，故把此时的水称为具有侵蚀性。

当 $S>0$ 时，表示溶液中游离碳酸量小于平衡时碳酸量，则相应的溶液实测 pH 值大于计算的 pH_s 计算值，亦即溶液处于 $CaCO_3$ 过饱和状态。在适宜条件下此溶液将沉淀出固体的 $CaCO_3$，故把此时的水称为具有沉淀性。

当 $S=0$ 时，表示溶液中各种化合态的实有浓度等于该溶液饱和平衡时应有的浓度值，此时溶液恰好处于碳酸钙溶解饱和状态，不会出现碳酸钙的再溶解或沉淀，故把此时的水称为具有稳定性。一般把 $|S|\leqslant 0.25\sim 0.3$ 范围内的水都认为是稳定的。

因此，当水具有侵蚀性或沉淀性时，可以利用酸化或碱化进行 pH 值的调整，使水达到 $CaCO_3$ 溶解平衡的稳定状态。例如，某水样 pH=7.0，总碱度为 4×10^{-4} mol/L，$[Ca^{2+}]=7\times10^{-4}$ mol/L，通过计算可以确定是否需要进行稳定性调整。

根据式(3-27) 和式(3-28) 可计算出 pH_s 值。

$$pH_s=10.33-8.32-\lg(7\times10^{-4})-\lg(4\times10^{-4})=8.56$$

$$S=7.0-8.56=-1.56$$

表明该水具有侵蚀性，需要碱化加以调整，使其达到稳定状态。

4. 氧化-还原平衡

当水体中含有两种或两种以上可发生价态变化的离子时，其随水的迁移除了与沉淀-溶解平衡有关外，还必须考虑到氧化-还原平衡的重要影响。在被污染的水体中，这种影响更为明显，它对水体中污染物的迁移具有重要意义。水体中氧化-还原作用的类型、速率和平衡，在很大程度上决定了水中主要溶质的性质。例如，在厌氧性湖泊中，湖下层的元素均以还原态存在，如 CH_4、NH_4^+、H_2S、Fe^{2+} 等；而表层水由于可被大气中的氧饱和，成为相对氧化性介质，当达到热力学平衡时，则上述元素将以氧化态存在，如 CO_2、NO_3^-、SO_4^{2-}、$Fe(OH)_3$ 等。显然，这种变化对水生生物和水质影响很大。由于许多氧化-还原反应非常缓慢，实际上很少达到平衡，存在的是几种不同氧化-还原反应的混合行为。但这种平衡体系的假设，对于用一般方法去认识污染物在水体中发生的变化趋向会有很大帮助。

关于天然水及污水中的氧化-还原反应，需要特别强调以下两点。首先，许多重要的氧化-还原反应均为微生物催化反应。细菌作为催化剂，能使氧分子与有机物质反应、使三价铁还原成二价铁、使 NH_4^+ 氧化为硝酸盐；其次，水环境中的氧化-还原反应与酸碱反应类似，通常用电子活度来表示水体中氧化性或还原性的强弱。如污水处理中厌氧消化池的水，其电子活度高，可认为是还原性的；高度氯化的水，电子活度低，则认为是氧化性的。

(1) 电子活度和氧化-还原电位　在实际应用中，采用 pE 来表示氧化-还原的能力更为方便。pE 的概念可以像定义 pH 一样来定义。

$$pH=-\lg[a_{H^+}]$$

$$pE=-\lg[a_{e^-}] \qquad (3\text{-}29)$$

式中，$[a_{H^+}]$、$[a_{e^-}]$ 分别为水溶液中氢离子活度和电子活度。电子活度和 pE 的热力学定义是由 Sturmn 和 Morgan 提出的，它基于下列反应

$$2H^+(aq)+2e^- \rightleftharpoons H_2(g)$$

当这个反应的全部组分都以一个单位活度存在时，该反应的自由能变化 ΔG 可以定为零。水中氧化-还原反应的 ΔG 也是在溶液中全部离子的生成自由能的基础上定义的。

在离子强度为零的介质中，$[H^+]=1.0\times10^{-7}$ mol/L，故 $a_{H^+}=1.0\times10^{-7}$，则 pH＝7.0。与此类似，电子活度是当 $a_{H^+}=1.0$ 并与 0.101MPa 的 H_2（同样活度也为 1.0）相平衡的介质中，电子活度为 1.0，即 $pE=0.0$。如果电子活度增加 10 倍（正如 $a_{H^+}=0.10$ 与 0.101MPa 的 H_2 相平衡的情况），那么电子活度将为 10，即 $pE=-1.0$。

因此，pE 是平衡状态下（假设）的电子活度，可用以衡量溶液接受或迁移电子的相对趋势。在还原性很强的溶液中，存在给出电子的趋势。从 pE 的概念可知，pE 越小，电子浓度越高，体系提供电子的能力越强。反之，pE 越大，电子浓度越低，体系接受电子的能力越强。

(2) 氧化-还原电位（E）与 pE 的关系　对于任意一个氧化-还原半反应

$$\text{氧化态}+ne^- \rightleftharpoons \text{还原态}$$

达到平衡时

$$K=\frac{[\text{还原态}]}{[\text{氧化态}][e^-]^n} \tag{3-30}$$

两边取负对数得

$$-\lg K=-\lg\frac{[\text{还原态}]}{[\text{氧化态}]}+n\lg[e^-] \tag{3-31}$$

整理上式得

$$-\lg[e^-]=\frac{1}{n}\lg K+\frac{1}{n}\lg\frac{[\text{氧化态}]}{[\text{还原态}]} \tag{3-32}$$

令

$$pE^{\ominus}=\frac{1}{n}\lg K \tag{3-33}$$

得

$$pE=pE^{\ominus}+\frac{1}{n}\lg\frac{[\text{氧化态}]}{[\text{还原态}]} \tag{3-34}$$

已知 25℃时，对于任意半反应的 Nernst 方程为

$$E=E^{\ominus}+\frac{0.059}{n}\lg\frac{[\text{氧化态}]}{[\text{还原态}]} \tag{3-35}$$

比较两式，可得

$$pE=\frac{E}{0.059} \tag{3-36}$$

$$pE^{\ominus}=\frac{E^{\ominus}}{0.059} \tag{3-37}$$

(3) 天然水体的 pE-pH 图　pE 除与氧化态和还原态的浓度有关外，还受体系 pH 值的影响，可用 pE-pH 图表示（见图 3-6）。

图 3-6 中 a、b 线分别表示下列平衡的 pE 表达式。

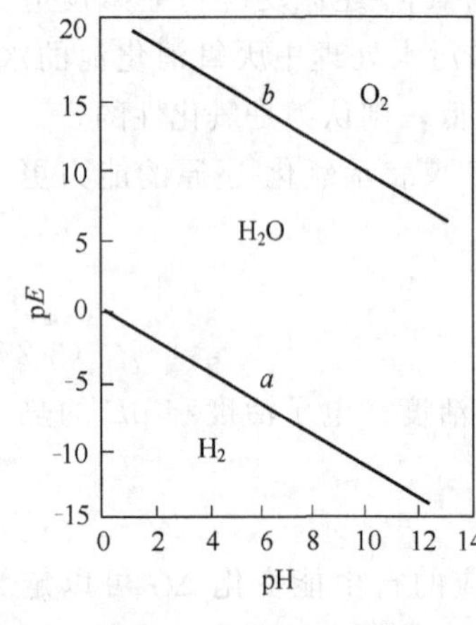

图 3-6　水的 pE-pH 图

$$H^++e^-=\frac{1}{2}H_2\qquad [pE^{\ominus}(H^+/H_2)=0.00] \tag{3-38}$$

$$\frac{1}{4}O_2+H^++e^-=\frac{1}{2}H_2O\qquad [pE^{\ominus}(O_2/H_2O)=20.75] \tag{3-39}$$

对于式(3-38)，有

$$pE(H^+/H_2)=pE^{\ominus}(H^+/H_2)+\lg[H^+]$$

$$pE(H^+/H_2)=-pH \tag{3-40}$$

对于式 (3-39)，有

$$pE(O_2/H_2O)=pE^{\ominus}(O_2/H_2O)+\frac{1}{4}\lg p_{O_2}+\lg[H^+]$$

式中，p_{O_2}的单位为atm（1atm=101325Pa），$\lg p_{O_2}$等于零，故有

$$pE(O_2/H_2O)=20.75-pH \tag{3-41}$$

如果一个氧化剂在某pH值下的pE高于图中b线，可氧化H_2O放出O_2；一个还原剂在某pH值下的pE低于a线，则会还原H_2O放出H_2；在某pH时，若氧化剂的pE在b线之下，或还原剂的pE在a线之上，则水既不会被氧化，也不会被还原。所以，在水的pE-pH图中，a、b线之间以外的区域是水不稳定存在区域。可见，通过pE-pH图能了解某pE和pH下，平衡体系中物质的存在形态，以及各存在形态提供和接受电子、H^+和OH^-倾向的强弱，从而在理论上预测有关化学反应发生的可能性。这对于研究污染物，特别是金属离子在水中的行为是很有用途的。

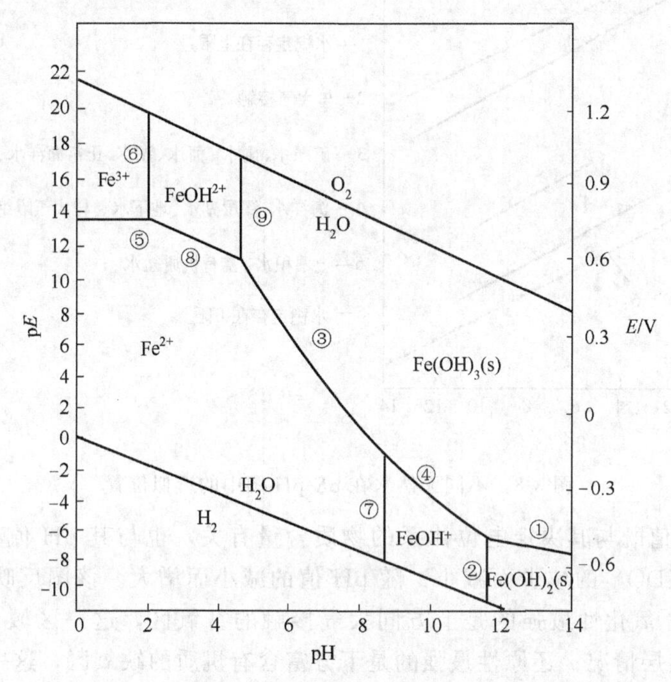

图3-7 水中铁的pE-pH图

（总可溶性铁浓度为1.0×10^{-7}mol/L）

由于水中可能存在的物质种类繁多，会使pE-pH图变得非常复杂。例如，一个金属可以有不同的金属氧化态，羟基配合物以及不同形态的固体金属氧化物或氢氧化物会存在于pE-pH图中的不同区域。图3-7是当总可溶性铁浓度为1.0×10^{-7}mol/L时的pE-pH图，由图可以看出，在pH值、pE值两者都较低时，Fe^{2+}是主要稳定存在形态（在大多数天然水体系中，由于存在FeS和$FeCO_3$的沉淀形态，Fe^{2+}的实际可溶性范围是很窄的）。在pH值很低、pE值很高时，Fe^{3+}和$FeOH^{2+}$是主要存在形态。在氧化性介质中，pH值较高时$Fe(OH)_3$(s)是主要存在形态。在还原性介质和碱性条件下，$FeOH^+$和$Fe(OH)_2$(s)是主要存在形态。

天然水体的pH值一般为6～9，因此主要存在形态是$Fe(OH)_3$(s)和Fe^{2+}。水中有溶解氧时，一般pE值较高，主要是$Fe(OH)_3$(s)，因此这样的水体中有较多悬浮铁化合物，溶解性的铁化合物只能是配合物。

在厌氧条件下的水体中pE值较低，可能有相当量的Fe^{2+}，当这样的水暴露于空气中

时，pE值升高，并产生$Fe(OH)_3$沉淀，这就解释了许多日常生活中的现象，如用泵抽地下水，在泵附近有红棕色斑痕，在井壁上和厕所里也会发现这样的红棕色斑痕。

pE-pH图的应用非常广泛，如在稀土元素的生产中，当控制一定的pE值、pH值条件，可得到某一形态的稀土化合物，如$Ce(OH)_4$，从而与其他稀土元素分离。又如在含砷废水处理中，如果将三价砷（AsO_3^{3-}）还原成剧毒的AsH_3气体排放到空气中，将引起大气污染和对人类健康造成威胁；如果能控制pE值、pH值在一定条件下，使AsO_3^{3-}还原到单质砷沉淀出来，这样既避免了产生剧毒气体，又达到了资源回收的目的。

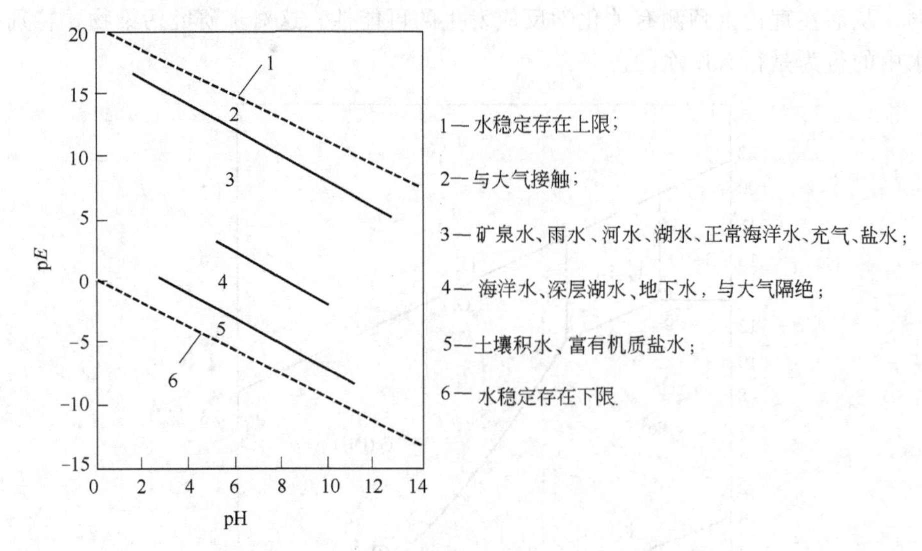

图3-8　不同天然水在pE-pH图中的近似位置

天然水的pE值既与其决定电位体系的物质含量有关，也与其pH值有关（见图3-8），它随水体溶解氧（DO）的减少而减小；随pH值的减小而增大。该图反映了不同水质区域的氧化-还原特性，氧化性最强的是上方同大气接触的富氧区，这一区域代表大多数河流、湖泊和海洋水的表层情况；还原性最强的是下方富含有机质的缺氧区，这一区域代表富含有机质的水体底泥和湖、海底层水情况；在这两个区域之间的是基本上不含氧而有机质比较丰富的沼泽水等。

(4) 水体pE值条件对重金属离子形态、迁移转化的影响　根据环境中游离氧、硫化氢及其他氧化剂和还原剂的存在情况，可分为氧化环境、不含硫化氢的还原环境和含硫化氢的还原环境。

在氧化环境中，水体中含有游离氧，有时也含有其他强氧化剂。由于酸碱介质的不同，所表现出来的pE值稍大于零，最高为9.79～11.48；而在酸性条件下，pE值均在6.77以上。所以在酸性条件下，游离氧表现出较强的氧化能力，有利于微生物对有机物的氧化作用，使其分解为CO_2和H_2O；也能把Fe（Ⅱ）、Mn（Ⅱ）等氧化成Fe（Ⅲ）、Mn（Ⅳ）等，并形成难溶性化合物，使其迁移能力降低；同时，被氧化成较高价态的V（Ⅴ）、Cr（Ⅵ）、S（Ⅵ）可溶性盐具有很高的迁移能力。

在不含（或含量极微）游离氧和具有丰富有机残骸的弱矿化水中，由于所含SO_4^{2-}很少，可形成不含H_2S的还原环境。在缺氧情况下，有机物的电位是决定电位。碱性条件下pE值较低，Fe、Mn等以低价态形态存在，具有较高的迁移能力。

在不含游离氧和其他氧化剂，而含大量H_2S的环境中，能使许多金属离子形成难溶的金属硫化物沉淀，失去迁移能力。

氧化-还原作用还可改变某些污染物的毒性强度，以及改变环境的化学反应条件等。例如，含铬废水中，Cr（Ⅲ）或 Cr（Ⅵ）形态存在的可能性都有，而 Cr（Ⅵ）必须存在于氧化环境中，其毒性远大于 Cr（Ⅲ）；在还原环境中，汞的甲基化过程会受到限制。

5. 配合-离解平衡

天然水体中的配合反应是水化学家一直关心研究的课题。无论是淡水还是海水，由于离子的配合、水解、吸附、沉淀、氧化和还原等反应的存在，而使水体中存在的平衡十分复杂。人们在研究污染物在水体中的产生、迁移、转化、影响和归趋规律以及如何控制污染和恢复水体的实践中逐步认识到，污染物特别是重金属，大部分以配合物形态存在于水体中，其迁移、转化及毒性等均与配合作用有密切关系。据估计，进入环境的配合物已达 1000 万种之多。天然水体中，某些阳离子是良好的配合物中心体，某些阴离子则可作为配合体，它们之间的配合作用和反应速率等的概念和机理，可以应用配合物化学基本原理予以描述。

(1) 氯离子对重金属离子的配合作用　Cl^- 是天然水体中最常见的阴离子之一，被认为是较稳定的配合剂，它与金属离子（以 Me^{2+} 为例）的配合物主要有 $MeCl^+$、$MeCl_2$、$MeCl_3^-$ 和 $MeCl_4^{2-}$。

氯离子与金属离子配合的程度受多方面因素的影响，除与氯离子的浓度有关外，还与金属离子的本身性质有关，即与生成配合物的稳定常数有关。Cl^- 对汞的亲和力最强，不同配位数的氯汞配离子都可以在较低的 $[Cl^-]$ 下生成。当 $[Cl^-]$ 仅为 1×10^{-9} mol/L 就开始生成；当 $[Cl^-]>1\times10^{-7.5}$ mol/L 时，生成 $HgCl_2$，这样低的 $[Cl^-]$ 几乎所有淡水中都能遇到。当 $[Cl^-]>1\times10^{-2}$ mol/L 时，便可生成 $HgCl_3^-$ 与 $HgCl_4^{2-}$。而 Zn^{2+}、Cd^{2+}、Pb^{2+} 则不同，MCl^+ 型离子必须在 $[Cl^-]<1\times10^{-3}$ mol/L 时生成；MCl_3^- 与 MCl_4^{2-} 型配离子则必须在 $[Cl^-]>1\times10^{-1}$ mol/L 时生成。Cl^- 与这四种金属离子配合能力的顺序为

$$Hg^{2+}>Cd^{2+}>Zn^{2+}>Pb^{2+}$$

(2) 在 Cl^--OH^--Me^{2+} 体系中的配合作用　由于大多数重金属离子均能水解，其过程实际上是羟基配合过程，它是影响一些重金属难溶盐溶解度的主要因素。通常水体中存在 OH^-，因此当同时存在 Cl^- 时，它们对金属离子的配合作用发生竞争。例如，Pb^{2+}、Cd^{2+}、Hg^{2+}、Zn^{2+} 等除形成氯配离子外，还可以形成 $PbOH^+$、$CdOH^+$、$Hg(OH)_2$、$Zn(OH)_2$ 等配离子或配分子；在 pH=8.5 和 $[Cl^-]=0.1\sim1.7$ mol/L 时，Cd^{2+}、Hg^{2+} 主要为 Cl^- 所配合，而 Pb^{2+}、Zn^{2+} 则主要为 OH^- 所配合。

海水含有约 0.56 mol/L 的 Cl^-，pH 值为 7.7～8.3，Zn^{2+}、Pb^{2+} 主要以 $Zn(OH)_2$、$PbOH^+$ 形态存在，而 Cd^{2+}、Hg^{2+} 主要以 $CdCl_2$、$HgCl_4^{2-}$ 及 $HgCl_3^-$ 形态存在。

另外，当 OH^- 和 Cl^- 共存时，除形成上述简单配离子外，还能形成复杂的混配离子，如 Hg(OH)Cl、Cd(OH)Cl 等。对于 Hg^{2+} 来讲，pH 值较低、$[Cl^-]$ 较大时，$HgCl_4^{2-}$ 占优势；在 pH 值较高、$[Cl^-]$ 较小时，则以 $Hg(OH)_2$ 或 Hg(OH)Cl 为优势形态。在天然水体 pH 值范围（pH 值为 6～9）和可能的 $[Cl^-]$ 范围内，$Hg(OH)_2$、Hg(OH)Cl 及 $HgCl_2$ 为主要存在形态。例如，当水体中 pH=8.3、$[Cl^-]=1\times10^{-1.7}$ mol/L 时，Hg（Ⅱ）的各配合态分布系数：$Hg(OH)_2$ 为 56.8%、Hg(OH)Cl 为 29.8%、Hg Cl_2 为 10.6%。

重金属离子形成配离子，对其迁移转化起着重要作用。一方面可以大大提高难溶金属化

合物的溶解度，如在 $[Cl^-]=1\times10^{-4}$ mol/L 时，$Hg(OH)_2$ 和 HgS 的溶解度分别增大 45 倍和 408 倍；另一方面可使胶体对金属离子的吸附作用减弱，对汞尤为突出。当 $[Cl^-]>1\times10^{-3}$mol/L 时，无机胶体对汞的吸附作用显著减弱。

（3）腐殖质（Hum，humic subsances）与重金属离子的配合作用　在天然水体中，除 Cl^-、OH^- 是常见的配合体外，还可能存在其他无机配合体，如 NH_3、CO_3^{2-}、F^-、CN^-、SCN^-、S^{2-} 等。而更值得注意的是水体中的有机物与重金属离子发生配合作用。大量分析已表明，天然水体中对水质影响最大的有机物是腐殖质。

腐殖质是由动物、植物残骸被微生物分解而成的有机高分子化合物，其相对分子质量一般为 300～30000，颜色从褐到黑。腐殖质通过氢键等理化作用形成巨大的聚集体，呈现多孔疏松的海绵结构，有很大的比表面积。腐殖质的分解产物是植物可以吸收的养料。腐殖质的组成和结构极其复杂，根据它在酸和碱中的溶解情况和颜色，通常分为三类。

① 富里酸（FA，fulvic acid）　它是既可以溶于酸，又可溶于碱的部分，相对分子质量由数百到数千。因其为黄棕色，又称黄腐酸。

② 腐殖酸（HA，humic acid）　它是可溶于稀碱液但不溶于酸，且碱萃取液酸化后就沉淀的部分，相对分子质量由数千到数万。因其为棕色，又称棕腐酸。

③ 腐黑物（humin）　又称胡敏素，它是不能被酸和碱萃取出来的部分，相对分子质量由数万到数百万。

在腐殖酸和腐黑物中，含碳 50%～60%，含氧 30%～35%，含氢 4%～6%，含氮 2%～4%；而富里酸中碳和氮的含量较少，分别为 44%～50%和 1%～3%，含氧量较多，为 44%～50%。不同地区和不同来源的腐殖质其相对分子质量和元素组成都有区别。

现有资料指出，这三类腐殖质的结构彼此相似，只是在相对分子质量、元素组成和官能团含量上有所差别。腐殖质在结构上的显著特点是含有大量苯环及醇羟基、羧基和酚羟基，特别是富里酸中有大量的含氧官能团，因而亲水性较强。腐殖质中所含官能团在水中可以离解并产生化学作用，因此它具有高分子电解质的特性，表现为弱酸性。此外，腐殖质具有抵抗微生物降解的能力；具有同金属离子和水合氧化物形成稳定的水溶性和不溶性盐类及配合的能力；具有与黏土矿物以及人类排入水体的有机物相互作用的能力。

腐殖质广泛存在于水体中，含量较高。实验表明，除碱金属离子尚未定论外，其余金属离子都能同腐殖质螯合。起螯合作用的配合基团主要是苯环侧链上的含氧官能团，如羧基、酚羟基、羰基及氨基等。当羧基的邻位有酚羟基或羧基时，对螯合作用特别有利，例如

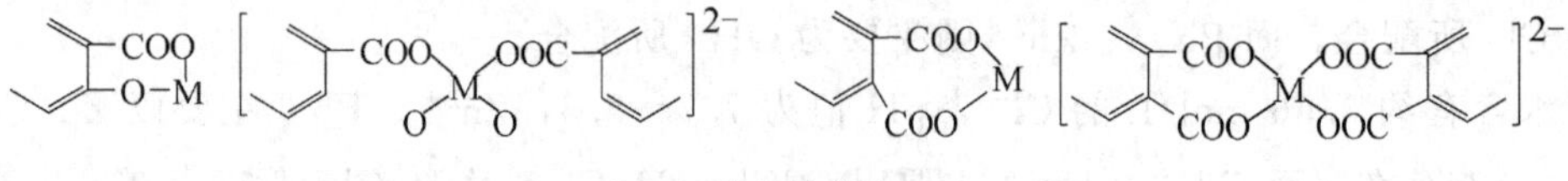

（M为金属离子）

pH≥4 时，腐殖质羧基中的氢离解，而酚羟基中的氢需在 pH≥7 时离解。所以 pH 值为 4～7 之间时，螯合产物主要是后两种产物；pH≥7，则有利于生成前两种产物。

腐殖质的螯合能力随金属离子的改变表现出较强的选择性。例如，湖泊腐殖质的螯合能力按 Hg^{2+}、Cu^{2+}、Ni^{2+}、Zn^{2+}、Co^{2+}、Cd^{2+}、Mn^{2+} 顺序递降。腐殖质的螯合能力与其来源有关，并与同一来源的不同成分有关。一般相对分子质量小的成分对金属离子螯合能力强，反之则弱。例如，螯合能力：FA＞HA＞腐黑物。腐殖质的螯合能力还与水体的 pH 值有关，水体的 pH 值降低时，螯合能力减弱。

腐殖质与金属离子的螯合作用对重金属在环境中的迁移转化有着重要影响。当形成难溶螯合物时，便降低了重金属的迁移能力；而当形成易溶螯合物时，便能促进重金属的迁移。通常腐黑物、腐殖酸与金属离子形成的螯合物的可溶性较小，如 HA 与铁、锰、锌等离子形成的螯合物是难溶的；而 FA 形成的螯合物的可溶性较大，但金属离子与 FA 的物质的量的浓度比对此有较大影响。例如，［Fe^{3+}］与［FA］为 1∶1 时，生成物可溶于水；但当［Fe^{3+}］增大时，生成物的溶解度减小，当［Fe^{3+}］与［FA］为 6∶1 时，生成物已完全不能溶解而沉淀。这类螯合物的可溶性还与溶液的 pH 值有关，通常腐黑物的金属离子螯合物在酸性条件下可溶性最小，而富里酸的螯合物在接近中性时可溶性最小。

水体中腐殖质大多数以胶体或悬浮颗粒状态存在，这对重金属在水中的富集过程起着重要作用，从而影响重金属的生物效应。据报道，在腐殖质存在下可以减弱 Hg（Ⅱ）对浮游生物的抑制作用，也可降低对浮游生物的毒性，而且影响鱼类和软体动物富集汞的效应。此外，在用氯化作用消毒饮用水过程中，腐殖质的存在可以形成可疑的致癌物质——三卤甲烷(THMS)。现在人们还注意到腐殖酸与阴离子的作用及与有机污染物的作用。

6. 吸附-解吸平衡

天然水体中存在着大量悬浮的颗粒物，如黏土矿物、水合氧化物等无机高分子化合物和腐殖质等有机高分子化合物，它们是天然水体中的主要胶体物质，而且它们可相互结合成有机-无机胶体复合物。这些物质具有巨大的比表面积和表面能，能够吸附各种无机物及有机物，强烈地吸附水中的重金属离子。溶解在水中的污染物被胶体吸附后，既能改变被吸附物的性质，又能改变胶体的性质。被吸附物与胶体之间在固-液界面上可以发生多种物理化学作用，可能随之迁移或沉降；在一定条件下又可能发生解吸作用。因此，微量污染物在水体中的浓度和形态分布，在很大程度上决定于水体中各类胶体物质的化学行为；与此同时，胶体颗粒作为微量污染物的载体，其凝聚沉降、扩散迁移等过程决定着污染物的去向和归宿。

水体中胶体颗粒的吸附作用可分为物理吸附和化学吸附两大类，化学吸附又可分为离子交换吸附和专属吸附。

表面吸附是由固体表面与被吸附物在固-液界面上的分子间作用力引起的，胶体表面积越大，所产生的表面吸附能也越大，胶体的吸附作用也就越强，它属于一种物理吸附。

由于环境中大部分胶体带负电荷，容易吸附各种阳离子。在吸附过程中，胶体每吸附一部分阳离子，同时也放出等量的其他阳离子，因此把这种吸附称为离子交换吸附，它属于物理化学吸附。这种吸附是可逆反应，而且能够迅速达到平衡。该反应不受温度影响，在酸、碱条件下均能进行，其交换吸附能力与溶质的性质、浓度及吸附剂性质等有关。

专属吸附是指吸附过程中，除了化学键的作用外，还有加强的憎水键和范德瓦尔斯力或氢键在起作用。专属吸附不但可使表面电荷改变符号，而且可使离子化合物吸附在同号电荷的表面上。在天然水体中，配合离子、有机离子、有机高分子和无机高分子的专属吸附作用特别强烈。例如，简单的 Al^{3+}、Fe^{3+} 并不能使胶体电核因吸附而变号，但其水解产物却可达到这一点，这就是发生专属吸附的结果。

专属吸附的另一特点是它在中性表面甚至在与吸附离子带相同电荷符号的表面也能进行吸附作用。例如，水锰矿对碱金属（K、Na）及过渡金属离子（Co、Cu、Ni）的吸附特性就很不相同。对于碱金属离子，在低浓度时，当体系 pH 值在水锰矿的等电点以上时才能发生吸附。这表明该吸附作用属于离子交换吸附。而对于 Co、Cu、Ni 等离子的吸附则不相同，当体系 pH 值在等电点处或小于等电点时，都能进行吸附。这表明水锰矿不带电荷或带正电核均能吸附过渡金属元素。表 3-5 列出水合氧化物对重金属离子的专属吸附机理与非专属吸附的区别。

表 3-5 水合氧化物对金属离子的专属吸附与非专属吸附的区别

项目	专属吸附	非专属吸附
发生吸附的表面净电荷的符号	−、0、+	−
金属离子所起的作用	配合离子	反离子
吸附时所发生的反应	配合体交换	阳离子交换
发生吸附时要求体系的 pH 值	任意值	>零电位点
吸附发生的位置	内层	扩散层
对表面电荷的影响	负电核减少，正电核增加	无

（1）吸附等温线和等温式 吸附是指溶液中的溶质在界面层浓度升高的现象。水体中颗粒物对溶质的吸附是一个动态平衡过程，在固定的温度条件下，当吸附达到平衡时，颗粒物表面上的吸附量（G）与溶液中溶质平衡浓度（c）之间的关系，可用吸附等温线来表达。水体中常见的吸附等温线有三类，即 Henry 型、Freundlich 型、Langmuir 型，简称为 H、F、L 型，见图 3-9。

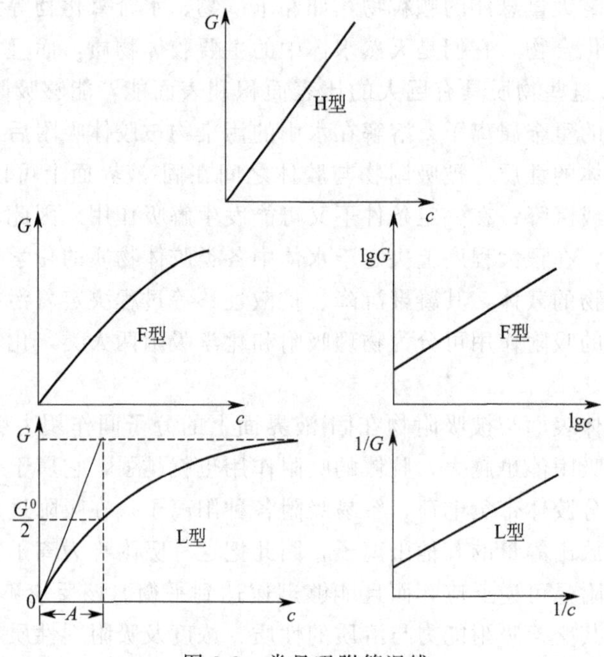

图 3-9 常见吸附等温线

H 型等温线为直线型，其等温式为：

$$G=kc \tag{3-42}$$

式中，k 为分配系数。

该等温式表明溶质在吸附剂与溶液之间按固定比值分配。

F 型等温式为：

$$G=kc^{1/n} \tag{3-43}$$

若两侧取对数，则有：

$$\lg G=\lg k+\frac{1}{n}\lg c \tag{3-44}$$

以 $\lg G$ 对 $\lg c$ 作图可得一直线。$\lg k$ 为截距，因此，k 值是 $c=1$ 时的吸附量，它可以大致表示吸附能力的强弱。$\frac{1}{n}$为斜率，它表示吸附量随浓度增长的强度。该等温式不能给出饱和吸附量。

L 型等温式为：

$$G=G^0c/(A+c) \tag{3-45}$$

式中 G^0——单位表面上达到饱和时间的最大吸附量；

A——常数。

G 对 c 作图得到一条双曲线，其渐近线为 $G=G^0$，即当 $c\rightarrow\infty$ 时，$G\rightarrow G^0$，在等温式中 A 为吸附量达到 $G^0/2$ 时溶液的平衡浓度。

将式(3-45) 转化为：

$$\frac{1}{G}=1/G^0+(A/G^0)(1/c) \tag{3-46}$$

以$\frac{1}{G}$对$\frac{1}{c}$作图，同样得到一直线。

等温线在一定程度上反映了吸附剂与吸附物的特性，其形式在许多情况下与实验所用溶质浓度区段有关。当溶质浓度甚低时，可能在初始区段中呈现 H 型，当浓度较高时，曲线可能表现为 F 型，但统一起来仍属于 L 型的不同区段。

影响吸附作用的因素很多，首先是溶液 pH 值对吸附作用的影响。在一般情况下，颗粒物对重金属的吸附量随 pH 值升高而增大。当溶液 pH 超过某元素的临界 pH 值时，则该元素在溶液中的水解、沉淀起主要作用。表 3-6 为某些重金属的临界 pH 值和最大吸附量。

表 3-6 重金属的临界 pH 值和最大吸附量

元 素	Zn	Co	Cu	Cd	Ni
临界 pH	7.6	9.0	7.9	8.4	9.0
最大吸附量/(mg/g)	6.7	3.3	3.9	8.2	2.2

吸附量（G）与 pH、平衡浓度（c）之间的关系可用下式表示：

$$G=A\cdot c\cdot 10^{B\mathrm{pH}} \tag{3-47}$$

式中，A、B 均为常数。

其次是颗粒物的粒度和浓度对重金属吸附量的影响。颗粒物对重金属的吸附量随粒度增大而减少，并且，当溶质浓度范围固定时，吸附量随颗粒物浓度增大而减少。此外，温度变化、几种离子共存时的竞争作用均对吸附产生影响。

(2) 氧化物表面吸附的配合模式 天然水体中，硅、铝、铁的氧化物和氢氧化物是悬浮沉积物的主要成分。关于这类物质表面对金属离子的吸附机理，曾提出离子交换、水解吸附、表面沉积等模型来说明并试图建立定量计算规律。20 世纪 70 年代初期，由 Stumm Shindler 等人提出的表面配合模型逐步得到更多认可和推广应用，成为目前吸附的主流理论之一。这一模式把氧化物表面对 H^+、OH^-、金属离子、阴离子等的吸附看成是一种配合反应。金属氧化物表面都含有基团，即金属氧化物表面的离子配合不饱和，在水溶液中与水配合，水发生解吸而生成羟基化表面。一般金属氧化物表面的 OH^- 为 4～10 个/nm^2，其总量是可观的。表面羟基在溶液中可发生质子迁移，质子迁移平衡具有相应的酸度常数，即表面配合常数。

$$\equiv MeOH_2^+ \rightleftharpoons \equiv MeOH + H^+ \qquad K_{a1}^s = \{\equiv MeOH\}[H^+]/\{\equiv MeOH_2^+\}$$

$$\equiv MeOH \rightleftharpoons \equiv MeO^- + H^+ \qquad K_{a2}^s = \{\equiv MeO^-\}[H^+]/\{\equiv MeOH\}$$

式中，[ ] 为溶液中化合态的浓度；{ } 为表面化合态浓度。表面的≡MeOH 基团在溶液中可以与金属阳离子生成表面配合物，表现出两性表面特性及相应的电荷变化。其相应的配合反应为

$$\equiv MeOH + M^{z+} \rightleftharpoons \equiv MeOM^{(z-1)+} + H^+ \qquad {}^*K_1^s$$

$$2\equiv MeOH + M^{z+} \rightleftharpoons (\equiv MeO)_2M^{(z-2)+} + 2H^+ \qquad {}^*\beta_2^s$$

$$\equiv MeOH + A^{z-} \rightleftharpoons \equiv MeA^{(z-1)-} + OH^- \quad K_1^s$$

$$2\equiv MeOH + A^{z-} \rightleftharpoons (\equiv Me)_2A^{(z-2)-} + 2OH^- \qquad \beta_2^s$$

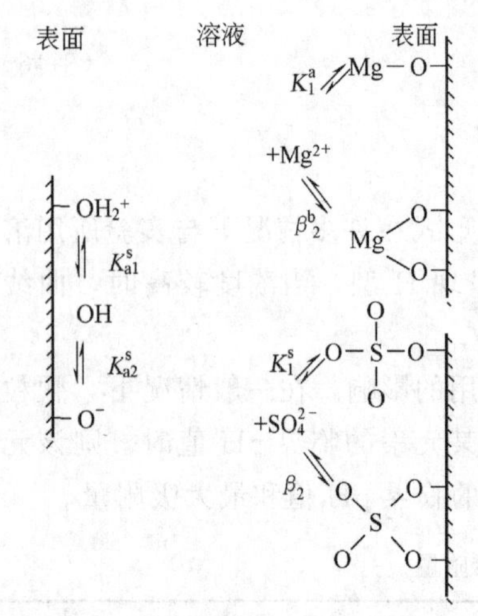

图 3-10　氧化物表面吸附模式

式中，Me、M 表示金属离子；A 表示酸根离子；z 表示离子所带电荷数。

表面配合反应平衡常数反映出吸附程度及电荷与溶液 pH 值和离子浓度的关系。如果可以求出平衡常数的数值，则由溶液的 pH 值和离子浓度可求得表面的吸附量和相应电荷。图 3-10 为氧化物表面吸附模式。该模式所适用的吸附剂已扩展到黏土矿物和有机物，吸附离子已被扩展到多种阳离子、阴离子、有机酸、高分子化合物等，成为广泛的吸附模式。

（3）腐殖质微粒离子交换和螯合吸附机理　腐殖质微粒对重金属离子的吸附主要是通过它的离子交换作用和螯合作用来实现。由于腐殖质中活性羧基、酚羟基的可质子化，所以能与重金属离子进行交换而将其吸附。其吸附机制可用下式表示。

$$Hum\begin{matrix}COOH \\ OH\end{matrix} + Me^{2+} \rightleftharpoons \left[Hum\begin{matrix}COO^- \\ O^-\end{matrix}\right]Me^{2+} + 2H^+$$

$$Hum\begin{matrix}COOH \\ OH\end{matrix} + Me^{2+} \rightleftharpoons Hum\begin{matrix}COO \\ O\end{matrix}Me + 2H^+$$

这两种吸附作用的相对大小与重金属离子的性质密切相关。例如，Mn^{2+} 与 Hum 以离子交换吸附为主；Cu^{2+}、Ni^{2+} 则以螯合吸附为主；而 Zn^{2+}、Co^{2+} 可同时发生两种吸附。当有机物离解成阳离子时，能被腐殖质离子交换吸附。腐殖质还可以通过配合交换、氢键等作用吸附有机物。

三、水体污染及水体污染源

1. 水体污染

水体的含义与水生生态系统含义相当，即水生生物群落同非生物环境的整体。它具有三个重要机能：能量相对稳定的单向衰减流动；物质相对稳定的循环流动；自净作用。当污染物进入天然水体并超过水体的自净能力，使水和水体底泥的物理、化学、生物或放射性等方面的特性发生变化，从而降低了水体的使用价值和使用功能，即水体受到了污染。

2. 水体污染源

(1) 水体污染源的含义和分类　水体污染源是指造成水体污染的污染物的发生源。通常是指向水体排入污染物或对水体产生有害影响的场所、设备和装置。按污染物的来源可分为天然污染源和人为污染源两大类。

水体天然污染源是指自然界自行向水体释放有害物质或造成有害影响的场所。岩石和矿物的风化和水解、火山喷发、水流冲蚀地表、大气降尘的降水淋洗、生物（主要是绿色植物）在地球化学循环中释放物质等，都属于天然污染物的来源。例如，在含有萤石(CaF_2)、氟磷灰石[$Ca_5(PO_4)_3F$]等矿区，可能引起地下水或地表水中氟含量增高，造成水体的氟污染。长期饮用此水可能出现氟中毒。

水体人为污染源是指人类活动形成的污染源，是环境保护研究和水污染防治的主要对象。人为污染源体系很复杂，按水体类型可分为江河、湖泊、海洋、地下水污染源；按人类活动方式可分为工业、农业、交通、生活等污染源；按污染物及其形成污染的性质可分化学、物理、生物污染源以及同时排放多种污染物的混合污染源；按排放污染物空间分布方式，可分为点源和非点源。

水污染点源是指以点状形式排放而使水体造成污染的发生源。一般工业污染源和生活污染源产生的工业废水和城市生活污水，经污水处理厂或经管渠输送到水体排放口，作为重要污染点源向水体排放。这种点源含污染物多，成分复杂，依据工业废水和生活污水的排放规律，有季节性和随机性。

水污染非点源，在我国多称为水污染面源，是以面积形式分布和排放污染物而造成水体污染的发生源。坡面径流带来的污染物和农田灌溉水是水体污染的重要来源。目前造成湖泊等水体富营养化，主要是面源带来的大量氮、磷等造成的。

(2) 几种水体污染源的特点　生活污染源是指人类消费活动产生的水污染源。城市和人口密集的居民区是主要的生活污染源。生活污染源是人类生活产生的各种污水的混合液，其中包括厨房、浴室、厕所等场所排放的污水和污物。生活污水中的污染物，按其形态可分为：①不溶物质，约占污染物总量的40%，它们或沉积到水底，或悬浮在水中；②胶体物质，约占污染物总量的10%；③溶解物质，约占污染物总量的50%。这些物质多数无毒，通常有无机盐类，如氯化物、硫酸盐、磷酸盐等，钠、钾、钙、镁等重碳酸盐，有机物如纤维素、淀粉、糖类、蛋白质、脂肪、酚类、尿素、表面活性剂，还有微量金属（如Zn、Cu、Cr、Mn、Ni、Pb等）和多种微生物，且多数呈颗粒状态存在。生活污水水质参数的大体数值范围列举在表3-7中。

表3-7　生活污水的水质参数范围

水质参数	数值范围/(mg/L)	水质参数	数值范围/(mg/L)
生化需氧量(BOD_5)	110～400	总氮(TN)	20～85
化学需氧量(COD)	250～1000	总磷(TP)	4～15
有机氮(Org-N)	8～35	总残渣	350～1200
氨态氮(Amm-N)	12～50	悬浮固体物(SS)	100～350

工业污染源是目前造成水体污染的主要来源和环境保护的主要防治对象。工业废水由于受产品、原料、药剂、工艺流程、设备构造、操作条件等多种因素的综合影响，因此其所含的污染物质成分极为复杂，而且在不同时间里水质也会有很大差异。工业污染源如按行业来分，则有冶金工业废水、电镀废水、造纸废水、无机化工废水、有机化工废水、炼焦煤气废水、金属酸洗废水、石油炼制废水、石油化工废水、化学肥料废水、制药废水、炸药废水、纺织印染废水、染料废水、制革废水、农药废水、制糖废水、食品加工废水、电站废水等。

各类废水都有其独特的特点。

农业污染源是指由农业生产而产生的水污染源，如降水所形成的径流和渗流把土壤中的氮、磷和农药带入水体；由牧场、养殖场、农副产品加工厂的有机废物排入水体，它们都可使水体水质恶化，造成河流、水库、湖泊等水体污染甚至富营养化。农业污染源的特点是面广、分散、难于治理。

四、水体的自净作用与水环境容量

1. 水体的自净作用

未经妥善处理的污水（包括生活污水、工业废水和农业污水等）任意排入天然水体中，会使水体的物质组成发生变化，破坏了原有的物质平衡，造成水质恶化。与此同时，污染物也参与水体中的物质转化和循环过程。经过一系列的物理、化学和生物学变化，污染物被分离或分解，水体基本上或完全地恢复到原来的状态，这个自然净化过程称为水体自净作用。

水体的自净过程十分复杂，受很多因素影响。从机理上看，水体自净主要由下列几种过程组成。

① 物理自净　指污染物进入水体后，只改变其物理性状、空间位置，而不改变其化学性质、不参与生物作用。如污染物在水体中所发生的混合、稀释、扩散、挥发、沉淀等过程。通过上述过程，可使水中污染物的浓度降低，使水体得到一定的净化。物理自净能力的强弱取决于水体的物理条件如温度、流速、流量等，以及污染物自身的物理性质如密度、形态、粒度等。物理自净对海洋和容量大的河段等水体起着重要作用。

② 化学自净　是指污染物在水体中以简单或复杂的离子或分子状态迁移，并发生了化学形态、价态上的转化，使水质也发生了化学性质的变化，但未参与生物作用。如酸碱中和、氧化-还原、分解-化合、吸附-解吸、胶溶-凝聚等过程。这些过程能改变污染物在水体中的迁移能力和毒性大小，也能改变水环境化学反应条件。影响化学自净的环境条件有酸碱度、氧化-还原电势、温度、化学组分等，污染物自身的形态和化学性质对化学自净也有很大影响。

③ 生物自净　是指水体中的污染物经生物吸收、降解作用而发生消失或浓度降低的过程。如污染物的生物分解、生物转化和生物富集等作用。水体生物自净也被称为狭义的自净作用。主要指悬浮和溶解于水体中的有机污染物在微生物作用下，发生氧化分解的过程。在水体自净中，生物自净占主要地位。生物自净与生物的种类、环境的水热条件和供氧状况等因素有关。

在实际地面水体中，以上几个过程常相互交织在一起综合进行。

2. 污水在水体中的稀释和扩散

从水体污染控制的角度看，水体对污水的稀释、扩散以及生物化学降解作用是水体自净的主要问题。

稀释实际上只是将污水中的污染物扩散到水体中去，从而降低污染物的相对浓度。单纯的稀释过程并不能除去污染物。污染物进入河流水体后产生两种运动形式：推流和扩散。

推流（或称平流）是指在河流流速的推动下，污染物沿着水流前进方向的运动。河流流速越大，单位时间内通过单位面积输送的污染物数量（污染物推流量）越多。

扩散是指当污染物进入水体后，使水体产生了浓度的差异，污染物由高浓度处向低浓度处迁移的运动。浓度差异越大，单位时间内通过单位面积扩散的污染物的量（污染物的扩散量）越多。推流和扩散是两种同时存在而又相互影响的运动形式，由此而产生污染物的浓度从排入口往下游逐渐降低的稀释现象。

3. 水体中氧的消耗和溶解

在有机物被微生物氧化分解过程中需要消耗一定数量的氧。这部分氧用于碳化作用和硝化作用之中。除此之外，污水中的还原性物质（如 SO_3^{2-} 等）、沉积在水底的淤泥分解时，以及一些水生植物在夜间呼吸时，都要从水中吸收氧气，从而降低水中溶解氧含量。由于这些原因，水体中的溶解氧经常在消耗着。水体中溶解氧一般有三个来源：①水体和污水中原来含有的氧；②大气中的氧向含氧不足的水体扩散溶解，直到水体中的溶解氧达到过饱和；③水生植物白天通过光合作用放出氧气，溶于水中，有时还会使水体中的氧达到过饱和。因此，水体中的氧气在被消耗的同时，又逐渐得到补充和恢复。这就是水体中的耗氧和复氧过程。所以当河流接纳污水后，排入口（受污点）下游各处溶解氧的变化是十分复杂的。在一般情况下，紧接着排入口的各点溶解氧逐渐减少（见图 3-11）这是因为污水排入后，河水中有机物较多，它的耗氧速度超过了河流的复氧速度。随着河水中有机物的逐渐氧化分解，耗氧速度逐渐降低。在排入口下游某点处终于会出现耗氧速度与复氧速度相等的情况。这时，溶解氧又逐渐回升。再往下游，复氧速度大于耗氧速度。如果不另受新的污染，河水中的溶解氧会逐渐恢复到污水排入前的含量。若以流程（即各点离排入口的距离或污水从排入口流到该点的时间）为横坐标，以各点处的溶解氧量为纵坐标，就可以得到一条氧垂曲线（见图 3-11）。这种氧垂曲线的形状会因各种条件（如污水中有机物浓度、污水及河水的流量、河道弯曲状况、水流湍流情况等）的不同而有一定的差异，但总的趋势是相似的。

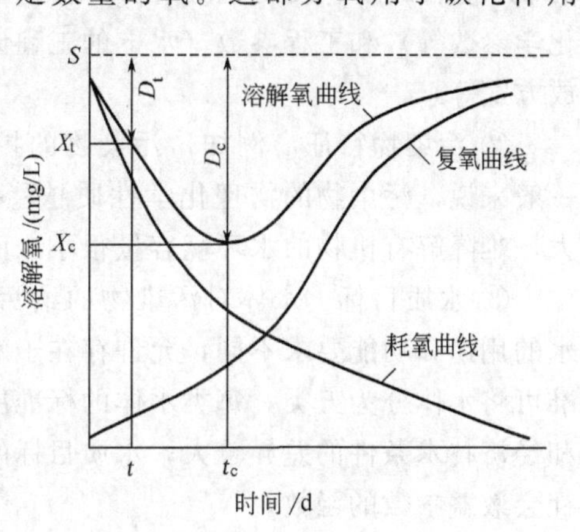

图 3-11 氧垂曲线

X_t、X_c 分别是 t、t_c 时间的溶解氧值；
D_t、D_c 分别是 t、t_c 时间的氧亏值，
t_c 时的 D_c 值为最大氧亏值

4. 水体中细菌的死亡

在研究水体的自净现象时，除稀释和溶解氧变化的规律外，细菌死亡的规律也是很重要的。当含有一般有机物的污水排入水体后，开始时水体中的细菌大量增加，以后就逐渐减少。促使细菌在水体中死亡的原因如下。

① 由于水体中有机物因逐渐氧化分解而减少，这对于依靠有机物生存的细菌极为不利；

② 被污染的水体中有大量吞噬细菌的生物，如纤毛类原生动物、浮游动物等；

③ 生物物理因素，如生物絮凝、生物沉淀等；

④ 其他因素，如 pH 值、水温、日光等对细菌生存的影响很大，pH 值和水温若不合适，细菌会逐渐死亡。日光也具有杀菌能力。

5. 水体的环境容量

水体的自净作用说明了自然环境中存在着对污染物的一定的容纳能力。从城市或工业企业等排放出来的污水并不一定要处理到完全达到相应的水环境质量标准的程度才能排入水体。充分利用这种自净作用和容纳能力，正确、经济、合理地确定污水应该处理的程度，对

于环境管理或环境工程无疑都是十分重要的。

一定水体在规定的环境目标下所能容纳污染物的最大负荷量称为水的环境容量。水环境容量的大小与下列因素有关。

① 水体特征　例如水体的各种水文参数（河宽、河深、流量、流速等），背景参数（水的pH值、碱度、硬度、污染物的背景值等），自净参数（物理参数、物理化学参数、生物化学参数等）和工程参数（水上的工程设施，如闸、堤、坝以及污水向水体的排放位置、排放方式等）。

② 污染物特征　例如，污染物的扩散性、持久性、生物降解性等都影响水环境容量。一般来说，污染物的物理化学性质越稳定，水环境容量越小。耗氧有机物的水环境容量最大，难降解有机物的水环境容量很小，而重金属的水环境容量则甚微。

③ 水质目标　水体对污染物的纳污能力是相对于水体满足一定的用途和功能而言的。水的用途和功能要求不同，允许存在于水体的污染物量也不同。根据我国地面水环境质量标准可将水体分为五类，每类水体的标准决定着水环境容量的大小。另外，由于各地自然条件和经济技术条件的差异较大，水质目标的确定还带有一定的社会性，因此，水环境容量还是社会效益参数的函数。

假如某种污染物排入某地面水体中，此水体的水环境容量可用下式表示。

$$W=V(S-B)+C \tag{3-48}$$

式中　W——某地面水体的水环境容量；

V——该地面水体的体积；

S——地面水中某污染物的环境标准（水质目标）；

B——地面水中某污染物的环境背景值；

C——地面水的自净能力。

可见，水环境容量既能反映满足特殊功能条件下水体对污染物的承受能力，也能反映污染物在水环境中的迁移、转化、降解、消亡规律。当水质目标确定后，水环境容量的大小就取决于水体对污染物的自净能力。

第二节　水体中重金属污染物的迁移转化

污染物的迁移转化是指污染物在自然环境中空间位置的移动和存在形态的变化以及这些变化所引起的污染物的富集或分散。例如，含汞污水排入水体中，它不但随水流而进行扩散引起空间位置的变化，而且它们的存在形式也在发生变化。通常排放的汞化合物进入水体后沉积于底泥中。各种形态的汞在环境中都可能被氧化而转化成 Hg^{2+}，进而在微生物作用下被甲基化生成甲基汞和二甲基汞。甲基汞易溶于水，可被藻类、鱼类及其他水生生物所富集参加到食物链的循环中。而二甲基汞易挥发扩散进入大气。由此可见，任一污染物在环境中包括空间位置的移动和存在形态的转化两个方面，它们或是同时发生，或是一前一后交替进行，这取决于污染物的性质及环境诸因素。

一、水体中重金属污染物的迁移转化途径

1. 重金属污染的特点

在水体污染中，重金属污染是最严重的污染之一。水体中重金属污染物具有以下特点：

①在被重金属污染的水体中，重金属的形态多变且形态不同毒性也不同；②产生毒性效应的浓度范围低，一般为1～10mg/L，而毒性较强的重金属如Hg、Cd等则在0.001～0.01mg/L左右；③重金属污染物不易被微生物分解；④进入水体的重金属污染物大部分沉积于底泥中，只有少部分可溶态及颗粒态存在于水相中，但它们不是固定不变的；⑤重金属离子在水体中的迁移转化是一个复杂的过程，它与水体的pH值、p*E*值等有密切的关系；⑥某些重金属离子及其化合物易被微生物吸收并通过食物链逐渐积累，能在人体的一定部位蓄积，使人慢性中毒，极难治愈。

2. 水体中重金属污染物的迁移转化途径

在天然水体这个复杂多变的开放体系中，重金属污染物迁移转化过程十分复杂，几乎涉及水体中所有可能的物理、化学和生物过程。这些过程往往是几种作用同时发生，有些具有可逆性。重金属污染物的实际存在形态就是这些过程综合作用的结果。但在一定条件下往往又以某种作用为主。

① 物理迁移　指污染物随着水体径流而进行的机械搬迁作用。主要的物理过程有扩散、混合稀释、沉降、悬浮等。例如，单质汞由于相对密度大而发生沉降作用；汞蒸气随气流进行扩散；悬浮物被水体搬运过程中，水动力条件改变时产生沉积等。

② 物理化学迁移　指以一定形态存在的污染物（例如简单离子、配离子或可溶性分子等）在环境中通过一系列物理化学作用，使它们的存在形态发生变化，从而实现它们在环境中的迁移。水体中重金属污染物的迁移是物理化学迁移的典型例子。主要的物理化学迁移过程有水合、水解、中和、配合-离解、氧化-还原、沉淀-溶解、吸附-解吸、离子交换和甲基化等；物理化学迁移作用的结果决定重金属在水体中存在形态的多变性、富集状态的差异性和它们对生物危害程度的不同。

③ 生物迁移　指污染物通过生物体的新陈代谢、生长、衰亡等生物活动而发生特有的生命作用过程。生物迁移主要是由生物体自身活动规律所决定，但是污染物的物理化学状态对它的影响也不容忽视。污染物作为环境中的物质，依靠生物化学作用实现它们在气、水、土之间的迁移、转化。这实质上是把无机矿物界和有机生命界联系起来。这一作用很大一部分是通过食物链的形式进行的。例如，N、P、S、C等在环境中的循环就是通过生物迁移实现的。

二、主要重金属污染物在水体中的迁移转化

1. 汞

水体汞污染主要来自使用含汞污水。另外，废气和废渣中的汞经雨水洗涤及径流作用，最终也都转移到水体中。排入水体中的汞化合物，可以发生扩散、沉降、吸附、聚沉、水解、配合、螯合、氧化-还原等一系列的物理化学变化及生化变化。

(1) 汞的吸附　存在于水体底泥、悬浮物中的各种无机物和有机物，它们具有巨大的比表面积和很高的表面能，因此对于汞和其他金属有强烈的吸附作用。研究表明无论是悬浮态还是沉积态中，均以腐殖质对汞的吸附能力最大，且吸附量不受氯离子浓度变化的影响。由于吸附作用决定了汞在天然水体的水相中含量极低，本底值一般不超过1.0μg/L（泉水可达80μg/L以上）。所以，从各污染源排放的汞污染物，主要富集在排放口附近的底泥和悬浮物中。

(2) 汞的化学行为　排入水体的汞可发生各种化学反应。除Hg^{2+}和有机汞离子的高氯

酸盐、硝酸盐、硫酸盐是较易溶的强电解质外，一般汞化合物的溶解度较小，HgS 最难溶。Hg^{2+} 及有机汞离子可与多种配体发生配合反应。

$$Hg^{2+}+2X^{-} = HgX_2$$

$$R—Hg^{+}+X^{-} = R—HgX$$

式中，X^- 为提供电子对的配体，如 Cl^-、OH^-、NH_3、S^{2-} 等。S^{2-} 和含有—SH 基的有机化合物对汞的亲和力最强，其配合物的稳定性最高。当 S^{2-} 大量存在时，则

$$Hg^{2+}+2S^{2-} = HgS_2{}^{2-}$$

腐殖质与汞配合的能力也很强，并且它在水体中是主要的有机胶体。当水体中无 S^{2-} 和—SH存在时，汞离子主要与腐殖质螯合。

Hg^{2+} 和有机汞离子能发生水解反应，生成相应的羟基化合物。

$$Hg^{2+}+H_2O = HgOH^{+}+H^{+}$$

$$Hg^{2+}+2H_2O = Hg(OH)_2+2H^{+}$$

当水体的 pH<2 时，不发生水解；pH 值在 5～7 范围，Hg^{2+} 几乎全部水解。

汞有三种不同价态，但在水环境中主要为单质汞和二价汞。当水体 pH 值在 5 以上和中等氧化条件下，大部分是属于单质汞；而在低氧化条件下，汞被沉淀为 HgS。

(3) 汞的生物甲基化作用　环境中的 Hg^{2+}，在某些微生物的作用下，转化为含有甲基（$—CH_3$）的汞化合物的反应称为汞的甲基化（反应机理见第五章第四节，本章略）。

(4) 汞污染的危害　甲基汞为白色粉末状，有类似温泉中硫黄散发出的气味，甲基汞具有脂溶性和高神经毒性，在细胞中可以整个分子原形积蓄。在含甲基汞的污水中，鱼类、贝类可以富集一万倍，鲨鱼、箭鱼、枪鱼、带鱼及海豹体内的汞含量最高。它主要通过食物链进入人体与胃酸作用，产生氯化甲基汞，经肠道几乎全部被吸收于血液中，并被输送到全身各器官尤其是肝和肾，其中有约 15% 进入脑细胞。由于脑细胞富含类脂，脂溶性的甲基汞对类脂有很强的亲和力，所以容易蓄积在细胞中，主要部位为大脑皮层和小脑，故有向心性视野缩小、运动失调、肢端感觉障碍等临床表现，常见的症状为手脚麻木、哆嗦、乏力、耳鸣、视力范围变小、听力困难、语言表达不清、动作迟缓等。水俣病即是由甲基汞中毒引起的神经性疾病。甲基汞所致脑损伤是不可逆的，迄今尚无有效疗法，往往导致死亡或遗患终身，并能危及后代健康。

无机汞化合物难于吸收，但 Hg^{2+} 与体内的—SH 有很强的亲和力，能使含巯基最多的蛋白质和参与体内物质代谢的主要酶类失去活性。长期与汞接触的人有牙齿松弛、脱落，口水增多，呕吐等症状，重者消化系统和神经系统机能被严重破坏。

为防止汞中毒，我国规定环境中汞的最高允许浓度：生活饮用水中汞的最高允许浓度为 0.0001mg/L，地表水为 0.001mg/L；工业废水排放时汞及其化合物最高允许排放浓度为 0.05mg/L。

2. 镉

水体的镉污染来自地表径流和工业废水，主要是由铅锌矿的选矿废水和有关工业（如电镀、碱性电池等）废水排入地面水或渗入地下水引起的。工业废水的排放使近海海水和浮游生物体内的镉含量高于远海，工业区地表水的镉含量高于非工业区。

(1) 镉的吸附　镉的价态较少，除单质 Cd 外，一般为+2 价态。镉排入水体以后主要决定于水中胶体、悬浮物等颗粒物对镉的吸附和沉淀过程。河流底泥与悬浮物对镉有很强的吸附作用。它们主要由黏土矿物、腐殖质等组成。已有证明，底泥对 Cd^{2+} 的富集系数为

5000～50000，而腐殖质对 Cd^{2+} 的富集能力更强。这种吸附作用及其后可能发生的解吸作用，是控制水体中镉含量的主要因素。

（2）镉的化学行为 由于镉的标准电极电势较低，所以一般水体中不可能出现单质 Cd。镉的硫化物、氢氧化物、碳酸盐为难溶物。镉在环境中易形成各种配合物或螯合物，和 Hg^{2+} 相似，在水中 Cd^{2+} 与 OH^-、Cl^-、SO_4^{2-} 等配合生成 $CdOH^+$、$Cd(OH)_2$、$Cd(OH)_3^-$、$HCdO_2^-$、CdO_2^{2-}、$CdCl^+$、$CdCl_2$、$CdCl_3^-$、$CdCl_4^{2-}$、$CdNH_3^{2+}$、$Cd(NH_3)_2^{2+}$、$Cd(NH_3)_3^{2+}$、$Cd(NH_3)_4^{2+}$、$Cd(NH_3)_5^{2+}$、$Cd(HCO_3)_2$、$CdHCO_3^+$、$CdCO_3$、CdOHCl、$CdHSO_4^+$、$CdSO_4$ 等。Cd^{2+} 与各种无机配合体组成的配合物的稳定性顺序大致为：$SH^- > CN^- > P_3O_{10}^{5-} > P_2O_7^{4-} > CO_3^{2-} > OH^- > PO_4^{2-} > NH_3 > SO_4^{2-} > I^- > Br^- > Cl^- > F^-$；$Cd^{2+}$ 也能与腐殖质等有机配体配合。当 $[Cl^-] < 10^{-3}$ mol/L 时，开始形成 $CdCl^+$ 配离子；当 $[Cl^-] > 10^{-3}$ mol/L 时，主要以 $CdCl_2$、$CdCl_3^-$ 及 $CdCl_4^{2-}$ 配合形态存在。在一般河水中 $[Cl^-] > 10^{-3}$ mol/L。海水中 $[Cl^-]$ 约为 0.5mol/L，这种配合作用均不能忽视。同时，镉与腐殖质的配合能力较大，更不能忽略这一作用。

当有 S^{2-} 存在时，Cd^{2+} 转化为难溶的 CdS 沉淀，特别是在厌氧的还原性较强的水体中，即使 $[S^{2-}]$ 很低，也能在很宽的 pH 值范围内形成 CdS 沉淀。它具有高度的稳定性，是海水和土壤中控制镉含量的重要因素。

（3）镉污染的危害 镉和汞一样，不是人体必需的元素。许多植物如水稻、小麦等对镉的富集能力很强，使镉及其化合物能通过食物链进入人体。另外，饮用镉含量高的水，也是导致镉中毒的一个重要途径。镉的生物半衰期长，从体内排出的速度十分缓慢，容易在肾脏、肝脏等部位蓄积，在脾、胰、甲状腺、睾丸、毛发也有一定的蓄积。新生儿体内含镉 1μg/L；从事镉职业、体重 70kg 的 50 岁男子全身蓄积的镉量约为 30mg，即为新生儿的 3×10^4 倍。进入人体的镉，在体内形成镉硫蛋白，通过血液到达全身。镉与含羟基、氨基、巯基的蛋白质分子结合，能使许多酶系统受到控制，从而影响肝、肾器官中酶系统的正常功能。镉还会损害肾小管，使人出现糖尿、蛋白尿和氨基酸尿等症状，肾功能不全又会影响维生素 D_3 的活性，使骨骼疏松、萎缩、变形等。慢性镉中毒主要影响肾脏，最典型的例子是日本的痛痛病事件。

镉还可使温血动物和人的染色体（尤其是 Y 染色体）发生畸变。镉可干扰铁代谢，使肠道对铁的吸收降低，破坏血红细胞，从而引起贫血症。镉对植物生长发育是有害的。植物从根部吸收镉之后，各部位的含量依根＞茎＞叶＞荚＞籽粒的次序递减，根部的镉含量一般可超过地上部分的两倍。

镉一旦排入环境，它对环境的污染就很难消除。因此预防镉中毒的关键在于控制排放和消除污染源。我国规定，生活饮用水中含镉最高允许浓度为 0.005mg/L，地表水的最高允许浓度为 0.01mg/L，渔业用水为 0.005mg/L；工业废水中镉的最高允许排放浓度为 0.1mg/L。有研究表明，硒（Se）对镉的毒性有一定的拮抗作用。这可能与 Se 是氧族元素，镉与 Se 能较稳定地结合在一起，使镉失去活性有关。

3. 铅

水体的铅污染主要来自铅的冶炼、制造和使用铅制品的工矿企业排放的废水，以及汽油防爆剂四乙基铅随着汽车尾气进入大气，被雨水冲淋进入水体。

（1）铅的化学行为 铅有 0、＋2 和＋4 三种价态，但在大多数天然水体中，多以＋2 价的化合物形式存在，水体的氧化-还原条件一般不会影响铅的价态变化。铅的化合物在天然水体中不易水解，当水体的 pH 值在 5～8.5 之间，且溶有 CO_2 时，$PbCO_3$ 是稳定的化合物；pH>8.5 时，则 $Pb_3(OH)_2(CO_3)_2$ 是稳定的。因此，天然水体中溶解的铅很少，pH 值低于 7 时，主要以 Pb^{2+} 形态存在，淡水中含铅 0.06～120μg/L，中值为 3μg/L；海水含铅的中值为 0.03μg/L。海水中同时存在大量的 Cl^-，因此铅的主要存在形态为 $PbCO_3$、$Pb(CO_3)_2^{2-}$、$PbCl_2$ 和 $PbCl_4^{2-}$ 等。

PbS 的溶解度很小，在还原性条件下是稳定的；在氧化性条件下转变成 $PbCO_3$、$Pb(OH)_2$ 或 $PbSO_4$ 使其溶解度增大。与其他重金属类似，铅同有机物特别是腐殖酸有很强的螯合能力，且易为水体中胶体、悬浮物特别是铁和锰的氢氧化物所吸附而沉入水底。所以铅污染物主要聚集在排放口附近的水体底泥中，而它在水体中迁移的形式主要是随悬浮物被水流搬运而迁移。在微生物的作用下，底泥中的铅可转化为四甲基铅。

(2) 铅污染的危害　铅是对人体有害的元素之一。经消化道进入人体的铅，有 5%～10%被人体吸收；通过呼吸道吸入肺部的铅，其吸收（沉积）率为 30%～50%。侵入体内的铅有 90%～95%形成难溶性的 $Pb_3(PO_4)_2$ 沉积于骨骼，其余则通过排泄系统排出体外。蓄积在骨骼中的铅，当遇上过度劳累、外伤、感染发烧、患传染病或食入酸碱性药物，使血液平衡改变时，它可再变为可溶性 $PbHPO_4$ 而进入血液，引起内源性中毒。

$$Pb_3(PO_4)_2+2H^+ \longrightarrow 2PbHPO_4+Pb^{2+}$$

铅主要损害骨骼造血系统和神经系统，对男性生殖腺亦有一定的损害。铅可以干扰血红素的合成而引起贫血。铅引起贫血的另一个原因是溶血，它能抑制血红细胞膜上的三磷酸腺苷酶，使细胞内外的 K、Na 和 H_2O 脱失而溶血。铅可引起神经末梢神经炎，出现运动和感觉障碍。人体内血铅的正常含量应低于 0.4μg/L，当血铅达到 0.6μg/L～0.8μg/L 时，就会出现头痛、头晕、疲乏、记忆力减退和失眠，常伴有食欲不振、便秘、腹痛等消化系统的症状。

特别要指出的是，儿童的脑组织对铅十分敏感，长期低剂量地接触铅可引起儿童智力减退，还与 7～11 岁男孩的攻击行为、不法行为及注意力不集中有关。这是目前世界上无论发达国家还是发展中国家都高度重视的问题。孕妇体内过量的铅可通过胎盘输送给胎儿，使胎儿死亡、畸形或造成流产。为防止铅污染，我国规定饮用水中铅的最高允许浓度不超过 0.05mg/L；工业用水中铅的最高允许排放浓度不超过 1.0mg/L。

4. 铬

铬是人体必需的微量元素之一，在自然界中主要形成铬铁矿 $FeO\cdot Cr_2O_3$ 或 $Fe(CrO_2)_2$。由于风化、地震、火山、风暴、生物转化等活动，使铬进入天然水中一般仅含微量的铬，海水中铬含量不到 1μg/L，而在海洋生物体内铬的含量达 50～500μg/kg，这说明水体中的生物对铬有较强的富集作用。铬及其化合物在工业生产中有广泛的用途，随着工业的发展和科技的进步，其需用量日益增长，而进入环境中的铬及其化合物所造成的污染也日趋严重。天然水体的铬污染主要来自铬铁冶炼、耐火材料、电镀、制革、颜料等化工生产排出的废水、废气和废渣。

(1) 铬在环境中的迁移转化　铬的价态较多，通常有 0、+2、+3、+6，在水体中最重要的价态是+3 和+6，Cr（Ⅲ）除能水解、配合、沉淀外，Cr（Ⅲ）与 Cr（Ⅵ）之间的相互转化是重要的反应，它影响到铬的迁移转化，归宿及毒性等。

天然水体中的 Cr（Ⅲ）在碱性介质中，可被水体中的溶解氧、Fe^{3+} 及 MnO_2 氧化成为 Cr

(Ⅵ)；而在酸性介质中，Cr（Ⅵ）可被水体中的S^{2-}、Fe^{2+}、有机物等还原为Cr（Ⅲ）。实验证明天然水体中转化为Cr（Ⅵ）的速率较慢，而在有机物作用下Cr（Ⅵ）转化为Cr（Ⅲ)是主要过程。因此，造成水体污染的主要是Cr（Ⅲ）。在天然水体的pH值（6.5～8.5）和p*E*值范围内，$Cr(OH)_3$(s)是铬的主要存在形态，它被吸附在固体物质上而沉积于底泥中。Cr（Ⅲ）能强烈地形成配合物，且铬配合体的配合交换速率较慢。已知Cr（Ⅲ）能与氨、尿素、乙二胺、卤素、SO_4^{2-}、有机酸、腐殖酸等形成配合物，其中多数在溶液中能长时间稳定存在。但在天然水的pH值条件下，这些配合物大多数转化成更稳定的$Cr(OH)_3$。铬在水体中的迁移能力与排入水体中铬的形态、水中胶体对铬的吸附能力、水中pH值、p*E*值等条件密切相关。排入水体的铬若以Cr（Ⅲ）为主，溶解Cr（OH)$_3$较慢，而Cr^{3+}易被水体底泥、悬浮物吸附。当悬浮物较多时，则Cr^{3+}吸附后随着水流迁移到较远的下游区，最后转入固相，降低了铬的迁移能力。若排入水体的铬以Cr（Ⅵ）为主，水体有机质较少，则能以Cr（Ⅵ）的可溶性盐存在，具有一定的迁移能力；当水体中有机质较多时，则它能很快地将Cr（Ⅵ）还原为Cr(Ⅲ)，而后被吸附沉降进入底泥，降低了铬的迁移能力。

（2）铬污染的危害　Cr（Ⅲ）在人体内与脂类代谢有密切关系，参与正常的糖代谢和胆固醇代谢过程，促进人体内胰岛素功能和胆固醇的分解与排泄。在一般情况下，人体每天从环境（主要是食物）中摄取数微克的铬。人体缺铬（$<0.1\mu g/L$）会导致血糖升高，产生糖尿，还会引起动脉粥样硬化症。有人指出，近视眼的发生与缺铬有关。铬对植物生长有刺激作用，可提高产量。但由于环境铬污染，摄入过多的铬将对人和动植物产生危害。

水体中铬的毒性与它的存在形态有关。由于胃肠对Cr（Ⅵ）的吸收率比Cr（Ⅲ）高，通常认为Cr（Ⅵ）的毒性比Cr（Ⅲ）约高100倍，但在胃的酸性条件下，Cr（Ⅵ）易被还原为Cr（Ⅲ)。Cr（Ⅵ）在体内可影响物质的氧化、还原和水解过程，能与核酸蛋白结合；还可抑制尿素酶的活性，促进维生素C的氧化，阻止半胱氨酸氧化。长期经消化道摄入大量的铬，可在体内蓄积，Cr（Ⅵ）的致癌作用已被确认，Cr（Ⅵ）还被怀疑有致畸、致突变作用。口服重铬酸盐的颗粒会引起恶心、呕吐、胃炎、腹泻和尿毒症等，严重时会导致休克、昏迷，甚至死亡。含Cr（Ⅵ）化合物对皮肤和黏膜的刺激和伤害也很严重，可引起皮炎、鼻中隔穿孔等。

铬对水生生物有致死作用，它能在鱼类的体内蓄积。对于水生生物，Cr（Ⅲ）的毒性比Cr（Ⅵ）高。当水中含铬1mg/L时可刺激生物生长；当水中含铬1～10mg/L时会使做物生长缓慢；当水中含铬100mg/L时则几乎完全使生物停止生长，濒于死亡。

铬的生物半衰期相对比较短，容易从排泄系统排出体外因而与汞、镉、铅相比，铬污染的危害性相对小一些。但是，铬污染具有潜在的危害性，必须引起应有的重视。为此，对环境中铬的排放应严加控制。电镀业尽可能采用低毒或无毒物质代替铬。我国规定，生活饮用水中Cr(Ⅵ）的浓度应低于0.05mg/L；地面水中Cr(Ⅵ）的最高允许浓度为0.1mg/L，Cr(Ⅲ）的最高允许浓度为0.5mg/L；工业废水中Cr(Ⅵ）及其化合物的最高允许排放标准为0.5mg/L。

5. 砷

砷及其化合物是常见的环境污染物。过去人们普遍关注的只是汞、镉、铅、铬等，但是从环境毒理学的观点看，砷、硒、铍、钒等将变得日趋重要。

人体内微量的砷有促进组织和细胞生长的功能，还具有一定的刺激生血的作用。但因为它的生化性质仍属于一种原生质毒物，对很多酶的活性以及细胞的呼吸、分裂、和繁殖过程都会产生严重的干扰作用，所以不能将其列为人体必需元素。

(1) 砷在环境中的迁移转化　理论上砷可以有＋5、＋3、0、－3 四种价态。但单质砷在天然水中极少存在，－3 价的砷只有在强还原性条件下以 AsH_3 (g) 形态存在，所以，砷在天然水体中的存在形态主要是氧化态的 As (Ⅲ) 和 As (Ⅴ)。不同水源和地理条件的水体中，砷的存在形态不同，砷的含量也有较大差异。

As_2O_3 是以酸性为主的两性氧化物，微溶于水而易溶于碱溶液。在 25℃水中的溶解度为 21g/L（相当于 0.106mol/L)。虽然没有分离出亚砷酸，但是许多亚砷酸盐已经制得。在中性或弱酸性溶液中，主要以 H_3AsO_3 形式存在，它是两性物质但具有明显的酸性（$K_a \approx 6 \times 10^{-10}$，$K_b \approx 10^{-44}$)；在碱性溶液中可以 $H_2AsO_3^-$、$HAsO_3^{2-}$、AsO_3^{3-} 形式存在。

As_2O_5 的酸性强于 As_2O_3，易溶于水，20℃时溶解度为 658g/L（相当于 2.86mol/L)。形成的砷酸为三元酸，在水中可形成 $H_2AsO_4^-$、$HAsO_4^{2-}$ 及 AsO_4^{3-} 三种离子。砷酸在弱酸、中性或弱碱性（pH 值为 4～9）水体中主要以 $H_2AsO_4^-$ 及 $HAsO_4^{2-}$ 形态存在；在强酸性（pH＜3.6）的水中主要以 H_3AsO_4 形态存在；只有在强碱性（pH＞12.5）条件下主要以 AsO_4^{3-} 形式存在。

砷酸在氧化性水体中是稳定的；在中等还原条件或较低 pE 值条件下亚砷酸较稳定；在低 pE 值时单质砷较稳定；在很低的 pE 值可形成 AsH_3，它极难溶于水，当 AsH_3 的分压为 105Pa 时，溶解度仅为 $10^{-5.3}$ mol/L。若水体中溶解有一定量的含硫化合物（SO_4^{2-} 或 HS^-、S^{2-} 等)，则 pH 值低于 5.5，E＜0V 下，可形成占有优势的形态 H_3AsS_3。由于 H_3AsS_3 的溶解度很小（约 0.025mg/L)，体系中砷含量高时就会出现 AsS 和 As_2S_3 的固相。pH 值高于 3.7 时 $H_2AsS_3^-$ 及 $HAsS_3^{2-}$ 占优势。砷的化合物可以在厌氧细菌作用下被还原，发生甲基化反应，生成剧毒的挥发性的二甲基胂$(CH_3)_2AsH$ 和三甲基胂$(CH_3)_3As$。它们可被氧化成为相应的甲胂酸 $CH_3AsO(OH)_2$ 或二甲胂酸$(CH_2)_2AsO(OH)$。甲胂酸极不易降解，但在热力学上是很不稳定的，易被氧化和细菌脱甲基化而转化成为毒性较小的物质，回到无机砷化合物的形态。与汞相似，自然界中存在砷的甲基化循环。

在水体中，砷以各种形态的砷酸根离子存在，它们与水体中的其他阳离子可形成难溶盐，还可以发生吸附、共沉淀现象。各种砷酸根离子都带有负电荷，因此均可被带正电荷的水合氧化铁、水合氧化铝等胶体吸附沉降。其原理被认为是阴离子与羟基的交换或取代作用。图 3-12 反映出砷在湖泊中的循环转化过程。

(2) 砷污染的危害　砷的毒性与其化学形态有很大关系。单质砷的毒性极低，而砷的化

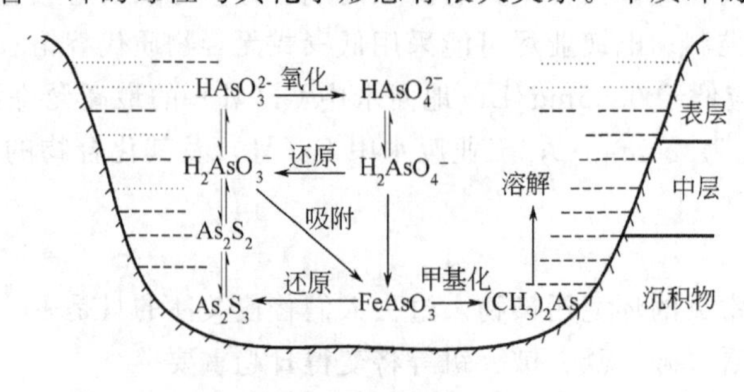

图 3-12　砷在湖泊中的循环转化过程

合物则均有毒性。As（Ⅲ）的毒性最强，As_2O_3（砒霜）的毒性已众所周知，仅10～25mg即可使人中毒，致死量为60～200mg。砷化氢是剧毒气体，是一种溶血性毒物。人体吸收后，严重者全身呈青铜色，鼻出血，甚至全身出血，最后因尿毒症而死亡。As（Ⅴ）只要浓度不特别高，基本是无毒的。

砷及其化合物一般可通过水、空气和食物等途径进入人体，造成危害。如果摄入量超过排出量，砷就会在人体的肝、肾、脾、肺、子宫、骨骼、肌肉等部位，特别是在毛发、指甲中蓄积，从而引起慢性砷中毒，潜伏期可长达几年甚至数十年。砷中毒主要是As^{3+}与人体细胞中酶系统的巯基结合，使细胞代谢失调，营养发生障碍，对神经细胞的危害最大。As^{3+}还能通过血液循环作用于毛细血管壁，使其透性增大，麻痹毛细血管，造成组织营养障碍，产生急性或慢性中毒。慢性砷中毒有消化系统症状（如食欲不振、胃痛、恶心、肝肿大）、神经系统症状（如神经衰弱、多发性神经炎）和皮肤病变等，其中尤以皮肤病变比较突出，主要表现为皮肤色素高度沉着和皮肤高度角化，发生龟性溃疡，甚至可恶变为皮肤癌。有报道称，长期吸入砷也会引起肺癌。历史上发生过多次砷中毒事件，1900年，英国曼彻斯特因啤酒中添加含砷的糖，造成6000人中毒，71人死亡；1955年，日本森永奶粉公司使用含砷的中和剂（As_2O_3）造成12100人中毒，其中约130人因脑麻痹而死亡。美国也因使用含砷酸铅的农药，多次发生砷中毒事件。

砷化合物对农作物产生毒害作用的最低浓度为3mg/L。因此，应严格控制含砷废气、污水的排放。我国规定生活饮用水的砷含量不得超过0.05mg/L；地面水中砷的最高允许浓度为0.1mg/L；工业废水最高允许排放浓度为0.5mg/L。

第三节　水体中有机污染物的迁移转化

有机污染物包括天然有机污染物（如动植物残体、腐殖质、生物排泄物等）和人工合成有机污染物。人工合成有机物种类繁多，随着工业废水来源的不同，对天然水体污染的程度也不同。有机污染物在水体中的迁移转化主要取决于有机污染物本身的性质以及水体的环境条件。有机污染物一般通过分配作用、挥发作用、水解作用、光解作用、生物降解和生物富集作用等途径进行迁移转化。

一、水体中的氧平衡模型

生活污水及工业废水中的有机物在有氧条件下，由微生物作用分解成CO_2和H_2O，分解过程中需要消耗大量的溶解氧，故又称为需氧污染物。需氧污染物能降低水体的自净能力，对水体中的水生生物造成危害。

1. 水体中需氧污染物与氧平衡模式

20℃时，天然水体中溶解氧（DO）约为9.17mg/L。它随温度升高和盐度增大而降低，通常秋冬季DO较高，春夏高温季节DO较低。表层水中的DO值还受水和大气间气体交换速率影响；深部水中的DO值受生物作用和水径流所带来的富氧水混合及在水中的扩散影响。水体DO值由耗氧作用和复氧作用两个因素决定。复氧速度（溶解氧的补充速度）除与温度、水流运动速度及方向有关外，还受光合作用、曝气作用的影响。

需氧污染物排入水体后，其生物化学作用消耗水中的溶解氧，使水体中的溶解氧DO值和生化需氧量BOD发生了变化。图3-13描述了被污染河流的生化需氧量和溶解氧的变化。

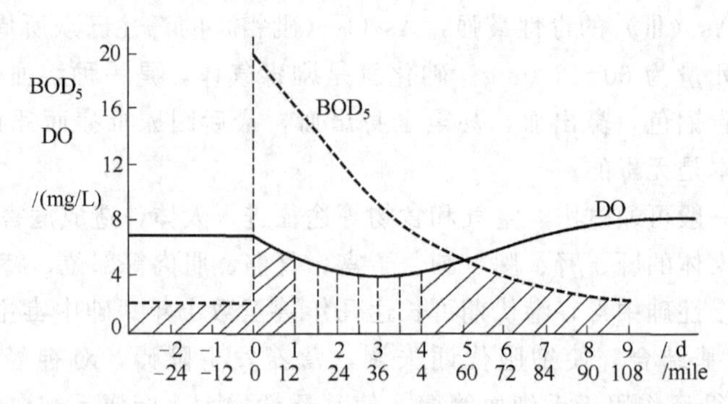

图 3-13 生活污水排入河流后 DO 和 BOD 的变化
(1mile＝1.609km)

图 3-13 中横坐标表示河流的径流时间与流程，纵坐标表示溶解氧和生化需氧量（以 mg/L 计）。假定一个 4 万人口的城镇，生活污水从 0 处排入河中，上游距离为负值，下游距离为正值。设生活污水入河后即与河水混合，河水流量为 $100m^3/s$，水温 25℃。这时，0 点处排入污水，BOD 急剧上升，径流向下，由于降解作用，使 BOD 逐渐下降并逐步恢复到原来的水平。而河水未受污染的正常溶解氧由于污水的排入，从 0 点开始逐步下降。经 2.5 天，流程 30mile（1mile＝1.609km）后降到最低点，以后逐步回升，并恢复到污水排入前的溶解氧。根据 DO 与 BOD 曲线，可把河流分成洁净区、水质恶化区、恢复区和洁净区。

(1) 曝气作用 如果只考虑水体耗氧，该河流在污水排入后 1.5 天（约距排入口 18mile 处）溶解氧就会降到零，但在图 3-13 中的溶解氧曲线并未降到零。这是因为水体与空气接触产生曝气复氧作用，向水体不断地补充氧。因此溶解氧曲线的最低点也不是在 1.5 天，而是在 2.75 天处。

(2) 光合作用 图 3-13 中未考虑水体中水生生物光合作用的影响，实际上，水生生物在白天进行光合作用释放出氧，不仅补偿由于降解和呼吸作用的耗氧，而且增大溶解氧的 DO 值，使水体溶解氧处于过饱和。水生生物夜间不进行光合作用，只进行耗氧的降解和呼吸作用。所以，在距排入口 72mile（1mile＝1.609km）以后的恢复区，午后 2 时，溶解氧为饱和或过饱和状态，甚至可达 140％，而午夜 2 时，溶解氧的饱和度仅为 30％。

(3) 耗氧有机物的分解 图 3-13 中，BOD 在污水排入口 0 点达到最高值。这时，由于该区域含有大量细菌生长所必需的养料，细菌急速繁殖，同时水体中有机污染物逐渐分解，使 BOD 逐渐下降。经过水质恶化区和恢复区，最后到洁净区。

2. 河流中需氧有机物的分解与氧平衡模式（S-P 模型）

美国的菲尔甫斯（Phelps）提出：假定河流的自净过程中同时存在着两个相反的过程：有机污染物在水体中先发生氧化反应，消耗水体中的氧，其耗氧速率与水中有机污染物的浓度成正比；大气中的氧不断进入水体，其复氧速率与水中的氧亏值成正比。根据质量守恒原理，则

$$\frac{dL}{dt}=-KL \tag{3-49}$$

$$\ln\left(\frac{L_t}{L}\right)=Kt \tag{3-50}$$

$$\lg\frac{L_t}{L}=-0.434Kt=-kt \qquad [k=0.434K, \ln(L_t/L)=2.303\lg\frac{L_t}{L}] \tag{3-51}$$

$$\frac{L_t}{L}=10^{-kt}(即 L_t=L\times10^{-kt}) \tag{3-52}$$

式中 L——反应前有机物浓度；

L_t——t 时间后有机物浓度；

L_t/L——剩余有机物占有机物总浓度的比值；

k——反应速率常数，表示时间以天计算的耗氧速率；

t——时间，天。

菲尔甫斯定律的另一表示式为

$$y=L(1-10^{-kt}) \tag{3-53}$$

式中，y 表示 t 时间内已分解的有机物量。

从菲尔甫斯定律表示式可知，有机物的正常生化氧化速率，在 $k=0.1$ 时，每天氧化前一天有机物的 20.6%，虽然有机物氧化速率不变，但是每天氧化的量却逐日减少（见表 3-8）。从表中还看出，经过三天，有机物分解 50%，所以三天也称为有机物污染的半衰期（$T_{1/2}$）。在正常分解速率下，20℃时的五天生化需氧量（BOD_5）相当有机物总耗氧量的约 68%。已知温度对反应速率 k 值有很大影响，其关系式为

$$\frac{k_1}{k_2}=\theta^{(t_1-t_2)} \tag{3-54}$$

式中 k_1，k_2——相应温度 t_1 和 t_2 时的反应速率常数；

θ——温度系数（在河流温度范围内，实验所得系数 $\theta=1.047$）。

在任一温度下 BOD 的分解速率 k_t 为

$$k_t=k_{20℃}\times1.047^{(t-20)} \tag{3-55}$$

已知 20℃时正常速率下 $k=0.1$ 时，$T_{1/2}=3$ 天，BOD_5 仅为 68%。当温度升高到 29℃时，k 值增加到 0.15，$T_{1/2}=2$ 天时，BOD_5 增加到 82%。当温度下降到 14℃，k 值下降到 0.075，$T_{1/2}=4$ 天时，BOD_5 下降为 58%。

表 3-8 普通生活污水中有机物的氧化速率占有机物总量百分比（20℃，$k=0.1$）/%

天数	剩余量	当天氧化量	积累氧化量	天数	剩余量	当天氧化量	积累氧化量
1	79.4	20.6	20.6	11	7.9	2.1	92.1
2	63.0	16.4	37.0	12	6.3	1.6	93.7
3	50.0	13.0	50.0	13	5.0	1.3	95.0
4	39.8	10.2	60.2	14	4.0	1.0	96.0
5	31.6	8.2	68.4	15	3.2	0.8	96.8
6	25.0	6.6	75.0	16	2.5	0.7	97.5
7	20.0	5.0	80.0	17	2.0	0.5	98.0
8	15.8	4.2	84.2	18	1.6	0.4	98.4
9	12.5	3.3	87.5	19	1.3	0.3	98.7
10	10.0	2.5	90.0	20	1.0	0.3	99.0

有机物生化降解的耗氧作用是一个复杂的生物化学过程，以上讨论的只是一般正常的耗氧情况。自然界中，由于影响因素很多，因而出现很多偏离的情况，但菲尔甫斯公式对河流

中有机物耗氧作用的研究仍有实际的使用价值。

二、有机污染物在水体中的迁移转化

对于一种有机污染物，仅仅看它的毒性大小是不够的；还必须考察它进入环境分解为无害物的速度快慢如何。一个毒性大而分解快的有机污染物未必比毒性小而分解慢的危害来得大，许多有机污染物在受到控制（例如进行治理）的情况下又未必绝对不能使用。因此就要为它制定排放标准、水质标准或基准。有机污染物在水体中的形态、迁移和转化过程对其毒性起着重要作用。图 3-14 显示了有机污染物在水中的迁移转化过程。

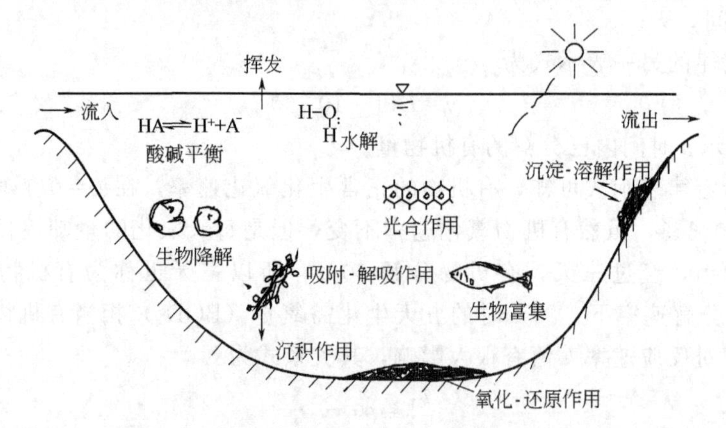

图 3-14　有机污染物在水环境中的迁移转化过程

1. 分配作用

（1）有机污染物在沉积物（土壤）与水之间的分配作用　颗粒物（沉积物、土壤等）从水中吸附憎水有机物的量与颗粒物中的有机质含量密切相关。实验证明，在土壤-水体系中，分配系数 K_P 与土壤中有机质的含量成正比；在沉积物-水体系中，分配系数 K_P 也与沉积物的有机质含量成正比。由此可见。颗粒物中有机质对吸附憎水有机物起着主要作用。进一步研究表明，当有机物在水中含量增高接近其溶解度时，憎水有机物在土壤中的吸附等温线仍是直线。见图 3-15。

而同样有机物在活性炭上的吸着则表现出高度的非线性（见图 3-16），只有在低浓度时，吸附量才与溶液中平衡浓度呈线性关系。由此可见，憎水有机物在土壤上的吸着如同憎

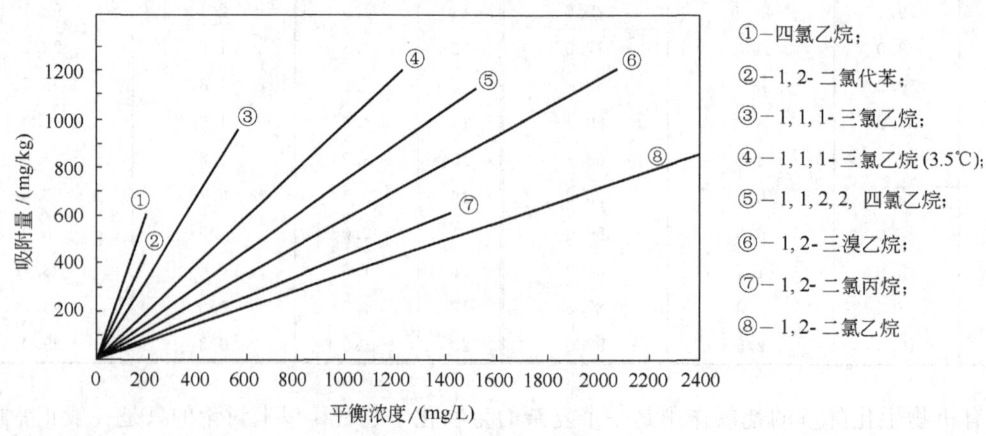

图 3-15　一些非离子型有机物在土壤-水体系中的吸附等温线

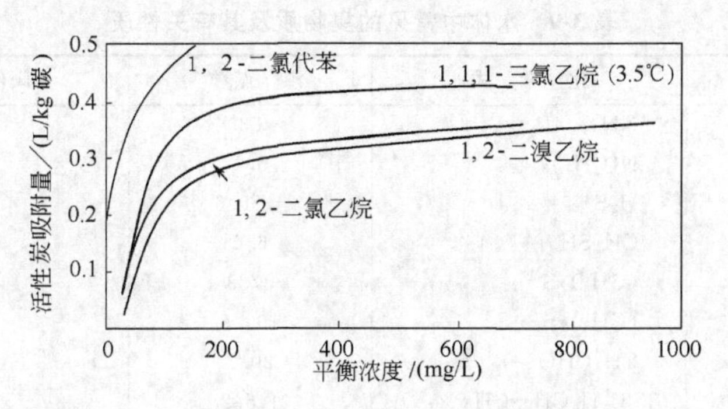

图 3-16　活性炭对一些非离子型有机物的吸附等温线

水有机物在水与有机溶剂之间的分配一样，仅仅是有机物移向土壤中的有机质内的一种分配过程（溶解）。即非离子型有机物可通过溶解作用分配到土壤有机质中，并经过一定时间达成分配平衡，此时有机物在土壤有机质和水中含量的比值成为分配系数 K_P。而土壤中的无机质对于憎水有机物表现出相当的惰性。

实际上，有机物在土壤（沉积物）中的吸着存在着两种主要机制：一种是分配作用，即在水溶液中，土壤有机质（包括水生生物、植物有机质等）对有机物的溶解作用，而且在整个溶解范围内，吸附等温线都是线性的，与表面吸附位无关，只与有机物的溶解度相关；另一种机理是吸附作用，即土壤矿物质靠范德华力对有机物的表面吸附，或土壤矿物质靠氢键、离子偶极键、配合键及 π 键等作用对有机物的表面吸附。其吸附等温线是非线性，并存在竞争吸附。

有机污染物在沉积物（或土壤)-水体系中的分配系数表达式为

$$K_P=\frac{c_S}{c_W} \tag{3-56}$$

式中，c_S、c_W 分别表示有机污染物在沉积物中和水中的平衡浓度。

(2) 生物浓缩因子（BCF）　有机污染物在生物-水之间的分配称为生物浓缩或生物积累，这是研究有机污染物归趋的重要方面。生物浓缩因子定义为：有机污染物在生物体某一器官内的浓度与水中该有机物浓度之比，用符号 BCF 或 K_B 表示。表面上看这也是一种分配机制，然而生物浓缩有机物的过程是复杂的。由于有机物的浓度因其他过程（如水解、降解、挥发等）的存在随时间而显著变化，这些因素将影响有机物与生物相互之间达到平衡。有机物向生物体内部缓慢地扩散以及生物体内代谢有机物都能延缓平衡的到达。然而在某些控制条件下所得平衡时的数据也是很有用的资料，由此可以看出不同有机物向各种生物体内浓缩的相对趋势。目前，测定 BCF 有平衡法和动力学法。

2. 挥发作用

挥发作用是有机物从溶解态液相转入气相的一种物理迁移过程。在自然环境中，需要考虑许多有机污染物的挥发性。挥发速率取决于有机污染物的性质和水体的特征。如果有机污染物具有高挥发性，则在影响有机污染物的归趋时，挥发作用是一个重要过程。然而即使有机污染物的挥发较小，挥发作用也不能忽视，这是由于有机污染物的归趋是多种过程贡献的结果。

特别引人关注的是水体中有臭感的挥发性物质，它们主要是工业废水和生活污水中的含有物，也可能是水生生物的排泄物，或是微生物活动的产物。表 3-9 列举了一些水中常见的臭物质及其有关性质。

表 3-9　水体中常见的臭物质及其有关性质

臭物质	化学式	沸点/℃	臭阈值(体积分数)/10^{-6}
氨	NH_3	−33.4	0.6
三甲苯	$N(CH_3)_3$	3.4	0.001
硫化氢	H_2S	−59.6	0.006
甲硫醇	CH_3SH	6.0	0.0007
二甲基硫	$(CH_3)_2S$	37.3	0.002
二甲基二硫	$(CH_3)_2S_2$	109.5	0.005
乙醛	CH_3CHO	20.2	0.02
苯乙烯	$C_6H_5CH{=}CH$	145.2	0.2
洋芫荽苷	$(CH_3)_2C_{10}H_{17}OH$	245.0	0.00013
2-甲基-异莰醇	$(CH_3)_4C_7H_7OH$	208.0	0.00005

一般情况下，相对于宏大的环境体系的有机污染物浓度是很低的，而且发生在界面间的挥发过程所遇到的动力学阻力较大，所以在发生水体污染时，水体上方空气中污染物浓度一般小到可忽视程度。但对于上述具有很低臭阈值的有机污染物来说，已经足以造成环境危害。水体中有机污染物通过挥发而发生迁移时，其阻力来自界面两侧的水相和空气相，而迁移速率取决于水体和空气的湍流程度、该有机污染物的蒸气压、沸点、水溶性及接近界面区域的分子运动速率等。

从有机污染物本性看，蒸气压参数是决定其是否容易从水中向大气迁移的重要因素。乙酸丁酯在 20℃时的蒸气压为 1333Pa，由此定义任一溶于水中化合物的挥发率（ER）为

$$ER=\frac{\text{对象化合物在 20℃时的蒸气压(Pa)}}{1333\text{Pa}} \tag{3-57}$$

例如，丙酮、乙醚、正戊烷的 ER 值分别为 22.0、44.0 和 42.6。在衡量有机污染物挥发迁移能力时，仅考虑一个参数是不够的。例如乙醇 ER 值比甲苯大（分别为 4.3 和 2.2），但因乙醇在水中的溶解度很大，所以实际挥发能力要比甲苯小。

3. 水解作用

水解反应是有机污染物在水中发生化学性降解的重要过程。反应中有机物的官能团—X 与水中的—OH 基团发生交换。

$$RX+H_2O \rightleftharpoons ROH+HX$$

水解作用可以改变有机污染物的分子组成和结构，但并不总是生成低毒产物。例如 2,4-D 酯类水解后生成毒性更大大 2,4-D 酸，而有些有机物水解后则生成低毒产物，如

$$C_{10}H_7\text{—O—}\overset{O}{\overset{\|}{C}}\text{—}\underset{CH_3}{\underset{|}{N}}\text{—H} + H_2O \xrightarrow{OH^-} C_{10}H_7OH + H_2NCH_3 + CO_2$$

水解产物可能比原来有机物更易或更难挥发，与 pH 值有关的离子化水解产物的挥发性可能为零，而且水解产物一般比原来的有机物更易被生物降解（个别的除外），所以，对于许多有机污染物来说，水解作用是其从环境中消失的重要途径。在环境条件下，可能发生水解反应的有机物有卤代烷、胺、酰胺、腈、环氧化物、氨基甲酸酯、羧酸酯、膦酸酯、磷酸酯、磺酸酯等。

4. 光解作用

阳光供给水环境大量能量，吸收光的物质将其辐射能转换为热能或化学能。植物通过光合作用从 CO_2 合成糖，而水中的有机污染物通过吸收光导致分子的分解，即众所周知的光解作用，它强烈地影响水体中某些污染物的去向。

光解作用是一个真正的污染物分解过程，因为它不可逆地改变了反应物分子。一个有毒化合物的光解产物可能还是有毒的，例如辐射 DDT 反应产生的 DDE，它在环境中滞留时间比 DDT 还长。因此，有机污染物的光解作用并不意味着是环境的去毒作用。

有机污染物的光解速率依赖于许多化学因素和环境因素。光的吸收性质、化合物的反应特性、天然水的光迁移特征以及阳光辐射强度等均是影响光解作用的重要因素。一般可把光解过程分为三类：直接光解、敏化光解（间接光解）和光氧化反应。下面就前两类光解过程进行讨论。

（1）直接光解　直接光解是水体中有机污染物分子吸收太阳光辐射（以光子的形式）并跃迁到某激发态后，随即发生离解或通过进一步次级反应而分解的过程。一些水中污染物直接光解实例如表 3-10 所示。

表 3-10　水中污染物直接光解实例

污染物	光解产物	可能机理	污染物	光解产物	可能机理
NO_3^-	$NO_2^- + NO_2 + HO\cdot$	分解	有机汞化合物	Hg，Hg 盐	分解
NO_2^-	$NO + HO\cdot$	分解	$Pb(CH_2CH_3)_4$	C_2H_6，Pb 盐	分解
Cu(Ⅱ)	Cu(Ⅰ)	还原，离解	Cl^-	$Cl^- + O$，$Cl + O^-$	分解
$Fe(CN)_6^{4-}$	$Fe(CN)_5^{3-} + CN^-$	还原，分解	有机卤化物 RX	P·，X·	离解
含 Fe(Ⅲ)有机物	Fe(Ⅱ)，CO_2，胺	电子迁移，分解			

水体中有机污染物接受太阳光辐射的情况与大气状况有关，还应考虑空气-水界面间的光反射、入射光进入水体后发生折射、光辐射在水中的衰减系数和辐射光程等特定因素。

（2）敏化光解（间接光解）　通过光敏物质吸收光量子而引发的反应叫做光敏化反应或间接光分解反应。如光敏物质能再生，那么它就起到了光催化作用，天然水体中普遍存在的腐殖质是水中光敏剂的主体，存在于海水或污水中的某些芳香族化合物，如核黄素虽然浓度很低，也可起光敏剂的作用。近期还有很多研究工作者致力于非均相的间接光分解反应。例如悬浮在水中的固体半导体物质微粒（TiO_2、ZnO、Fe_2O_3 和 CdS 等）能在光照条件下使卤代烃得以彻底催化光分解为 CO_2 和 HX，或能使水中存在的 CN^- 发生氧化。这类发现颇有实用意义，今后有希望被开拓成为一种处理水体污染物的技术。

上述 TiO_2、ZnO、Fe_2O_3 等光催化物质都具有半导体的性质，它们的颗粒表面有化学吸附水中分子氧并使之转化为 O_2^- 和 O^- 的功能。当以适宜波长的光照射这类吸附剂时，就会产生电子-空穴对，空穴经过迁移到达颗粒表面时，就会与被氧分子或原子所结合的电子结合。随着捕获电子的失落而释放的 O_2 或 O 即可与近旁的同被颗粒物吸附的有机污染物分子作用，而使后者发生降解反应。

在天然水体中还存在着一些浓度很低的强氧化剂，如 HO·、O 等，它们本来就是直接光分解反应的产物（例如水中硝酸盐、亚硝酸盐直接光分解可产生 HO·），通过它们与水中其他还原性物质之间发生的反应也可认为是一种间接的光解反应。

5. 生物化学作用

进入水体中的污染物，特别是有机污染物，还能发生生物化学作用。生物化学作用是指污染物通过生物的生理生化作用及食物链的传递过程发生特有的生命作用过程。生化作用大致可分为生物降解作用和生物积累作用（生物降解和生物积累详见第五章第二节）。

三、难降解有机物在水体中的行为

随着现代石油化工的发展，生产了许多原来自然界没有的、难分解的、有剧毒的有机化合物，主要有多氯联苯、有机农药、合成洗涤剂、增塑剂等。它们很难被微生物降解，可通过食物链逐步浓缩造成危害。这些化合物在生产、使用过程中或使用后可通过各种途径排入水体中而造成污染。

1. 多氯联苯（PCBs，poly chlornated biphenyls）

多氯联苯是联苯环上的 H 被 Cl 取代而形成的一系列氯代物。它们在工业上的广泛使用，已造成全球性的环境污染问题。据估计，全世界生产和应用的 PCBs 已超过 1.5×10^6t，其中已有 1/4～1/3 进入人类环境，造成危害（详见第六章第二节）。

2. 有机农药

水体中常见的有机农药主要为有机氯农药、有机磷农药和氨基甲酸酯类农药。它们通过喷施农药、地表径流及农药厂的污水排入水体中。

有机氯农药（如 DDT 等）很难被化学降解和生物降解（有机氯农药的化学、生物降解机理见第四章第四节），在环境中滞留时间很长，具有较低的水溶性和较高的辛醇-水分配系数，所以环境中大部分有机氯农药存在于沉积物有机质和生物脂肪中。在全球各地区的土壤、沉积物和水生生物中都已发现这类污染物。目前，有机氯农药由于它的持久性和通过食物链的累积性，已被许多国家禁用。

3. 合成洗涤剂

肥皂和合成洗涤剂是人们日常生活不可缺少的洗涤用品。肥皂为脂肪酸钠、钾或铵盐，而合成洗涤剂的主要成分是表面活性剂。合成洗涤剂除有效成分表面活性剂和增净剂外，还有漂白剂、荧光增白剂、抗腐蚀剂、泡沫调节剂、酶等辅助成分。

合成洗涤剂对人体黏膜和皮肤有刺激作用，可引起接触性皮炎；排入水中会使鱼类中毒、致畸或死亡；可使水稻减产甚至颗粒不收。近年来的研究结果表明，表面活性剂的主要降解产物壬基苯酚及含有一到两个氧乙烯基的壬基酚醚有类雌激素的性质，它们不但干扰鱼类等水生生物的繁殖过程，而且还会引起人体乳腺肿瘤细胞增生。为了防止洗涤剂污染，我国规定生活饮用水中阳离子合成洗涤剂的最高允许浓度为 0.3mg/L；工业废水中十二烷基磺酸钠（LAS）最高允许排放浓度为 20mg/L。大量使用含磷合成洗涤剂是造成水体富营养化的重要原因之一，为此许多国家以立法的形式限制洗涤剂中的含磷量，大力研究、开发和推广使用无磷洗涤剂（合成洗涤剂的迁移转化与降解见第六章第二节）。

4. 增塑剂

增塑剂是用来提高塑料可塑性的添加剂。目前使用的增塑剂主要是酞酸酯类化合物。据估计，这类化合物的世界年产量已超过百万吨，其中约 95%用于作增塑剂，其余 5%用作农药载体、驱虫剂、燃料助剂、化妆品和香料的调配剂，以及涂料和润滑剂的成分等。它们的大量生产和使用，进入环境造成污染。

酞酸酯是邻苯二甲酸酐与醇类酯化反应生成的化合物。酞酸酯易溶于脂肪和有机溶剂而不易溶于水，能在生物体内富集。例如，虾在含酞酸二异辛酯 0.1μg/L 的水中生活两周后，体内酞酸酯含量可达 1.34mg/kg，浓缩了 13400 倍。生物富集的结果，对生态系统造成危害，对哺乳动物有致畸和致突变作用。酞酸酯进入人体后，可引起中毒性肾炎、中枢神经麻痹、呼吸困难、肺源性休克甚至死亡。酞酸二异辛酯和酞酸二丁酯的人体允许摄入量每千克体重为0～1.0mg。因此，有毒或难生物降解的增塑剂应禁止使用。

除上述讨论的几类难降解的有机物外，还有卤代脂肪烃、醚类、单环芳香族化合物、酚类、多环芳烃类和亚硝胺类等难降解、易在生物体内积累的有机污染物。

第四节 水体富营养化过程

自然界的水体在其形成的初期，水质洁净透明，所含营养盐类很少，浮游生物的生产力也非常小。随着工农业的迅速发展和人民生活水平日益提高，生物所需的氮、磷等营养物质大量进入湖泊、水库、河口、海湾等流动缓慢的水体，引起藻类及其他浮游生物迅速、大量地繁殖，水体中溶解氧量下降，水质恶化，导致鱼及其他生物大量死亡。这种现象称作水体富营养化。水体中营养物质由少到多逐渐增加，直致造成水质恶化的过程称作富营养化过程。

一、水体富营养化类型及富营养化程度判别标准

1. 水体富营养化类型

根据水体的不同，富营养化分为两种类型。发生在海洋的水体富营养化，称为“赤潮”；发生在江河湖泊的水体富营养化，称为“水华”。

(1) 赤潮　赤潮又称红潮，国际上通称为“有害藻华”，是海洋中某一种或几种浮游生物在一定环境条件下爆发性繁殖或高度聚集，引起海水变色，影响和危害其他海洋生物正常生存的灾害性生态异常现象。由于浮游生物常具有各种颜色，大量漂浮在水中会使水面呈现红、蓝、棕、白等各种不同的颜色，因此，赤潮不一定是红色，而是各种色潮的统称。赤潮主要发生在近海海域。

赤潮由于发生的地点不同，有外海型和内湾型之分；有外来型和原发型之别。还因出现的生物种类不同而有单相型、双相型和多相型之异。

20世纪80年代以前，赤潮主要发生在一些工业发达国家的近海，日本是重灾区。到20世纪80年代以后，赤潮的发生波及世界几乎所有沿海国家海域。近几年来，我国沿海发生赤潮的频率明显增大，并且赤潮面积大，持续时间长。2000年，中国海域一共发现并记录到赤潮28起，累计面积达1万多平方千米，最长的持续了30多天。

(2) 水华　水华又称水花、藻花，是淡水水体中某些蓝藻类过度生长的现象。大量发生时，水面形成一层很厚的绿色藻层，能释放毒素，对鱼类有毒杀作用。它不仅破坏水产资源也影响水体的美学观感与游乐功能。

我国主要淡水湖泊，如太湖、巢湖、白洋淀、达赉湖和南四湖等都已呈现出富营养化污染现象，云南的滇池就是一个最典型的例子。

2. 水体富营养化程度判别标准

在湖泊水体中，若生产者、还原者、消费者达到生态平衡，该湖泊属于调和型湖泊。调和型湖泊可依据湖水营养化程度大小分为贫营养化湖泊、中营养化湖泊、富营养化湖泊和过营养化湖泊。而所谓非调和型湖泊中，不存在能生产有机物质的生产者。非调和型湖泊又可分为腐殖质营养湖和酸性湖两类，前者湖水呈弱酸性，水质褐色透明，含有大量难分解的腐

殖质；后者是由于火山活动及酸雨等影响，使湖水呈较强酸性，因而导致水中大部分生物死亡或外逃。

调和型湖泊的营养化程度可用总磷含量、总氮含量、BOD值、细菌数及叶绿素a含量等指标来度量，具体数值见表3-11。应当指出，这类数值人为认定性强，并无绝对意义。

表3-11　湖泊水体营养化的分级、作用及其影响

营养化分级	贫营养	贫营养～中营养	中营养～富营养	富营养
总磷/(mg/L)	<0.005	0.005～0.01	0.03～0.1	>0.1
无机氮/(mg/L)	<0.2	0.2～0.4	0.5～1.5	>1.5
BOD/(mg/L)	<1	1～3	3～10	>10
细菌/(个/mL)	<100	100～1×10^4	1×10^4～10×10^4	>10×10^4
叶绿素-a/(μg/L)	<1	1～3	3～10	>10
水道阻塞	×	××	×××	×××
恶臭		××	×××	×××
着色		×	××	×××
锰危害		××	×××	×××
鱼种		××	×××	×××
死鱼			×	×××

注：×、××、×××表示危害程度或大小。

水体中氮、磷等营养物质浓度升高是藻类大量繁殖的原因，其中又以磷为关键因素。影响藻类生长的物理、化学和生物因素（如阳光、营养盐类、季节变化、水文、水体的pH值以及生物本身的相互关系）是极为复杂的。目前，一般采用的富营养化判别指标是：水体中氮含量超过0.2～0.3mg/L，磷含量大于0.01～0.02mg/L，生化需氧量（BOD）大于10mg/L，pH值为7～9的淡水中细胞总数超过10万个/mL，表征藻类数量的叶绿素a含量的大于10μg/L。

二、水体富营养化过程

在适宜的光照、温度、pH值和具备充足营养物质的条件下，天然水体中的藻类进行光合作用（R）合成本身的原生质，其总反应式为

$$106CO_2+16NO_3^-+HPO_4^{2-}+122H_2O+18H^+ \underset{P}{\overset{能量,痕量元素,R}{\rightleftharpoons}} \underset{(藻类原生质)}{C_{106}H_{263}O_{110}N_{16}P}+138O_2$$

从反应式可知，在藻类繁殖所需要的各种成分中，成为限制性因素的是氮和磷。所以藻类繁殖的程度主要取决于水体中这两种成分的含量，并且已经知道，能为藻类吸收的是无机形态的含磷、含氮的营养物。

1. 水体富营养化形成

（1）水体中的藻类　藻类作为富营养化污染的主体，可分为四种类型，它们是：蓝绿藻类、绿藻类、硅藻类和有色鞭毛虫类。蓝绿藻类呈蓝绿色，一般在早秋季节容易萌生，并以水体中有机物富集、硅藻类繁生等现象作为其产生的先兆。蓝绿藻体内含有气体乃至油珠，所以能漂浮在水面，并在水和大气界面间形成“毯子”状隔绝体。这种藻类体上不附有鞭毛，所以游动能力较差。当水体处于富营养化状态时，水面上原先占优势的硅藻逐渐消失而转为以蓝绿藻为主体的态势。蓝绿藻类含胶质外膜，不适于作鱼类食物，甚至还可能含有一

定的毒性。

绿藻类通常在盛夏季节容易大量萌生，这些藻类细胞中含有叶绿素，所以外观呈现绿色。同蓝绿藻一样，常漂浮在水面；这种藻类体上附有鞭毛，所以有一定的游动能力。

硅藻类是单细胞藻类，体上不长鞭毛。一般在较冷季节容易繁生，也能在水下越冬生长。它们一般生长在水面处，但在水体的任何深度，甚至在水底都能发现它们的存在。硅藻还能依附在水生植物的茎叶表面，使这些植物外观呈现浅棕色。在某些条件下，还能与其他藻类混杂一起。在水底岩石或岩屑表面常有一层又黏又滑的附着层，也是附生在其上的硅藻。

有色鞭毛虫类是因其有发达的鞭毛而得名，它除了具有通过光合作用合成原生质的藻类的固有机能外，还具有原生动物的浮游本领。这种藻类的繁生季节一般在春季（可因水域而异），可在任何深度的水体内活动，但多数生长在水面之下。

(2) 水体中的营养物　对水体中的藻类来说，营养物质是指那些促进其生长或修复其组织的能源性物质。由原生质的合成反应式可见，关键性的营养物质是氮和磷的各种化合物。此外，微量的营养物质是指镁、锌、钼、硼、氯、钴等元素的化合物。人们只是对水体中的氮、磷营养物质做了较长期的深入研究，除了它们在富营养化污染上起着关键作用外，还因为在农业生产中长期使用肥料，在近代生活中大量应用合成洗涤剂，其主要成分都是氮和磷的化合物。另外，以微量元素为研究对象时，其分析、测定、研究等方面还存在着许多困难也是原因之一。

水体中所含氮化合物有多种形态，包括有机氮、氨态氮、亚硝酸盐氮、硝酸盐氮等。多种形态的含氮化合物在水体中可能发生相互转化，但藻类优先摄取的可能是氨态氮。水体中所含磷化合物也有多种化学形态，且在水体中各种形态间也会发生相互转化，但藻类优先摄取的可能是可溶性正磷酸盐（见图 3-17）。

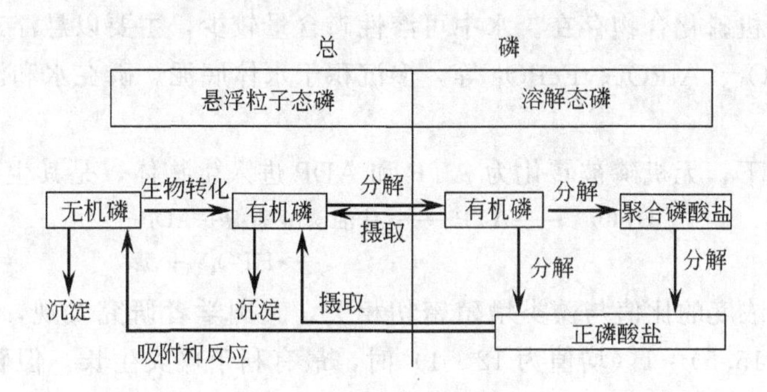

图 3-17　水体中磷的主要存在形态及转化途径

水体中氮、磷营养物质的最主要来源有：雨水、农业污水、城市污水、工业废水以及城镇、乡村的径流和地下水等。大面积湖水和水库中水从雨水接纳氮、磷营养物质的数量是相当大的。雨水中硝态氮含量约为 0.16～1.06mg/L，氨态氮约为 0.04～1.7mg/L，磷含量在 0.1mg/L 至不可检测的范围间。天然固氮作用和化肥的使用，使土壤中积累了相当数量的营养物质，可随农用排水或雨水淋洗流入邻近的水体；饲养家畜所产生的废物中也含有相当高浓度的营养物质；城市污水中所含氮、磷的来源主要是粪便和合成洗涤剂。通常水体中营养物质的分布取决于季节及生物活动能力。

(3) 水体中氮、磷营养物的转化　水体中有机氮的转化涉及蛋白质的降解过程，包括氨化和硝化过程。氨化可在有氧或无氧条件下进行，产物为 NH_3 或 NH_4^+；硝化只有在有氧条件下才能进行，产物为 NO_3^-；它们都可重新由植物作为营养吸收。无机氮的转化以蛋白质溶解产物氨态氮为起点，包括亚硝化、硝化、反硝化及脱氧作用。一般好氧条件下，可刺激微生物把氨氧化成亚硝酸，它再进一步被氧化成硝酸。

$$2NH_3 + 3O_2 \longrightarrow 2HNO_2 + 2H_2O$$

$$2HNO_2 + O_2 \longrightarrow 2NO_3^- + 2H^+$$

而在厌氧条件下，少数自养菌能利用葡萄糖使硝酸盐还原成 NH_3、N_2 或 N_2O。此过程称为反硝化或脱氧作用。

$$NO_3^- \longrightarrow NO_2^- \begin{cases} \nearrow NH_3 \\ \rightarrow N_2 \\ \searrow N_2O \end{cases}$$

在自然条件下，主要是微生物的生化脱氮。此外还有化学脱氮。在酸性介质中，亚硝酸盐分解生成 NO_2，被化学氧化成 N_2O_5，它溶于水生成 HNO_3，导致氮的流失。常见的化学脱氮有

$$RNH_2 + HNO_2 \longrightarrow ROH + H_2O + N_2$$

$$NH_3 + HNO_2 \longrightarrow 2H_2O + N_2$$

$$NH_4^+ + OH^- \longrightarrow H_2O + NH_3$$

水体中的磷可以多种形态存在，基本上所有的无机磷均以磷酸盐形态存在，在天然水体的 pH 值条件下，主要为可溶性的 HPO_4^{2-}（90%）和 $H_2PO_4^-$（10%）的混合物，HPO_4^{2-} 为植物的基本营养物质。污水中排放的洗涤剂，所含三聚磷酸盐可水解形成正磷酸盐。此外，还有可溶性有机磷化合物存在。水中可溶性磷含量较少，主要以悬浮态存在。因其易生成难溶性的 $CaHPO_4$、$AlPO_4$、$FePO_4$ 等，多沉积于水体底泥。磷在水和沉积物之间存在着交换作用。

在微生物作用下，无机磷被转化为 ATP 和 ADP 进入生物体，是其生化反应的能源。

$$HPO_4^{2-} \longrightarrow ATP \longrightarrow \text{甘油磷酸酯糖} + ADP$$

$$\quad\quad\quad\quad\quad\quad\quad\quad \llcorner\!\!\rightarrow HPO_4^{2-} + \text{糖}$$

水体中 N、P 浓度的比值与藻类增殖密切相关。我国学者研究发现，湖水中 N 与 P 比值范围为（11.8～15.5）∶1（均值为 12∶1）时，最有利于藻类生长。但磷对水体的富营养化作用大于氮，当水体中磷供给充足时，藻类可以得到充分增殖；反之则反。值得指出的是，即使有大量磷存在，当氮含量太低时，仍然不足以造成富营养化。当缺乏 CO_2 时，即使有足够量的磷和氮也仍然不能造成富营养化，这就是生物各营养要素之间综合作用又相互制约关系。

2. 水体富营养化的危害

在自然条件下，湖泊会从贫营养过渡到富营养，进而演变为沼泽和陆地，这是一个极为缓慢的过程。但由于人类活动所引起的水体富营养化，可在短期内使水体由贫营养变为富营养状态。富营养化造成水的透明度降低，阳光难以穿透水层，从而影响水中植物的光合作用和氧气的释放；而表层水面植物的光合作用可能使溶解氧过饱和。表层溶解氧过饱和以及水中溶解氧少，都对水生生物（主要是鱼类）有害，造成它们大量死亡。藻类本身可使水道阻

塞，缩小鱼类生存空间，水体变色，其分泌物又能引起水臭、水味，在给水处理中造成各种困难。更重要的是富营养化还能破坏水体中生态系统原有的平衡。藻类繁殖将使有机物生产速率远远超过有机物消耗速率，从而使水体中有机物积蓄，其后果是：促进细菌类微生物繁殖，一系列异养生物的食物链都会有所发展，使水体耗氧量大大增加；生长在光照所不及的水层深处的藻类因呼吸作用也大量耗氧；沉于水底的死亡藻类在厌氧分解过程中促进大量厌氧菌繁殖；富氨态氮的水体使硝化细菌繁殖，而在缺氧状态下又会转向反硝化过程；最后，将导致水底有机物的消耗速率超过其生长速率，使其处于腐化污染状态，逐渐向上扩展。严重时，可使一部分水体区域完全变成腐化区。

与富营养化和藻类大量繁殖相关的另一个特殊问题是产生藻类毒素及相关的疾病。例如双鞭甲藻类的迅速生长不但会使水体变色，还会产生毒素（如石房蛤毒素）。一些软体动物食用了这种藻类后使毒素富集起来，进而导致人类中毒，严重时甚至引起“贝类中毒麻痹症”（简称PSP）的爆发。海水中的颤藻能引起严重的皮炎症，已有许多海滨浴场因此关闭。金藻门细菌的恶性繁殖则会导致养殖场的鲑鱼和鳟鱼等大量死亡。

总之，由富营养化而引起有机物大量生长的结果，反过来又走向其反面，藻类、植物、鱼类及其他水生生物等趋于衰亡甚至绝迹。这些现象可能周期性的交替出现。

3. 水体富营养化的预防

对于日益严重的水体富营养化问题，采取有效的预防和治理措施已是一件迫在眉睫的任务。1990年联合国把赤潮列为世界三大近海污染问题之一。为加强全球范围赤潮的研究和监测，联合国教科文组织的政府间海洋学委员会等组织均成立了赤潮研究专家组或工作组，指定赤潮研究和监测计划。我国于1985年成立了“南海赤潮研究中心”，1990年成立了“有害赤潮专家组中国委员会”。2001年，国家海洋局向沿海省市下发了《关于加强海洋赤潮预防控制治理工作的意见》，提出积极建设一个全国性的赤潮综合防治体系，以有效减轻赤潮灾害造成的损失。

预防水体富营养化的主要措施是减少营养物质向水体的输入。

① 推广绿色技术、清洁生产，使用低磷洗涤剂。生活在软水区的居民可使用肥皂型洗涤剂来替代合成洗涤剂；在硬水区，可利用无害的替代品取代三聚磷酸钠。要实现洗涤剂的完全无磷化，目前还不太可能。但若能从含磷20%～30%减少到12%以下，已经是一个巨大的进步。

② 增加“绿肥”的使用。通过生物固氮以消除氮的直接损失，减少对化肥的需求。

③ 妥善处理含磷矿渣。土地填埋技术必须与沥滤液的化学控制相结合。

④ 污水处理厂应增加去除营养物质的工艺流程。

目前，水质净化厂主要去除污水中的有机物，一般的机械和生物处理过程可以去除90%的有机物，但营养物质只去除了30%。而剩余的营养物质进入地表水后经藻类的光合作用又会产生新的有机物，其数量甚至高于原污水中所含的有机物。所以从最终结果看，若不同步去除营养物质，只对有机物的去除并没有从根本上解决问题。如果在去除有机物的同时，增加脱N和脱P的步骤，效果要好得多，而投入的费用远比造成富营养化危害再治理要小。因此研发经济、有效、投资费用低的污水除N、除P技术，是实现防止富营养化进程中十分迫切的课题之一。

磁分离净水技术是水环境保护技术中的一枝新葩。在污水中加入强磁性粉末（例如Fe_2O_3细粉，称为磁性种子），利用磁粉吸附水中的有害物质，然后通过磁分离器将有害物质分离消除。为了提高吸附效率，可加入少量 Al_2O_3 作为絮凝剂。利用这种方法可以分离污水（主要是生活污水和工业废水）中的细菌、病毒、悬浮颗粒和重金属盐等有害物质。磁分离技术还可以解决污水处理过程中酶的回收问题。为了缩短污水处理生化反应池内的停留曝气时间，提高污水处理速度，通常选择合适的微生物或加入某种酶，以加快反应速度。酶在生化反应中起到催化剂的作用，本身不会减少，但从生物制品和污水中回收酶却是一个难题。根据酶和污泥磁化率的差异，用高梯度磁分离器可以使酶分离后再利用。另外，一定强度的磁场还可以对部分微生物起到促进生长，加快繁殖的作用，从而使污泥中微生物的含量增多，增大反应速度，加快污水处理。经过有关专家多方面论证，磁分离技术在设备、操作、效率、经济成本各方面都是可行的，所以磁分离技术有着广阔的发展前景。

在污水除N的方法中，生物脱氮法是最为理想的一种。此方法可分为氨的硝化和硝酸脱氮两个步骤。在亚硝酸菌的作用下，NH_4^+ 首先被氧化成 NO_2^-，然后被硝酸菌进一步氧化成 NO_3^-，总的过程可表示为

$$NH_4^+ + 2O_2 \longrightarrow NO_3^- + H_2O + 2H^+$$

在有 O_2 条件下，脱N细菌进行有氧呼吸，而在厌氧的条件下，会利用 NO_3^- 代替 O_2 进行呼吸。

$$2NO_3^- + 10H \longrightarrow N_2\uparrow + 4H_2O + 2OH^-$$

可见，要想脱N还必须有H，即需要有能提供H的有机物存在，通常是用甲醇。

目前除P的有效方法是絮凝沉淀法。常用的絮凝剂有Pb盐、Fe盐和石灰等。表3-12归纳出防治水体富营养化的方法。

表 3-12　防治水体富营养化的方法

防止方法	治理方法
对污水作深度处理除去N、P	使用化学药剂或引入病毒杀藻
排水改道引流(如引作灌溉水)	打捞藻类
改变水体的水文参数(流速、含水量、温度等)	人工曝气
不用含磷洗涤剂	疏浚底泥
	引水(不含营养物)稀释

水体出现富营养化后，如果迅速切断污染源，依靠浮游生物的光合作用和水的涡旋运动引起的混合，可逐渐帮助水体将溶解氧水平恢复正常。但若富营养化程度已十分严重，则必须采取相应的治理措施。可以通过养殖以水草为食物的鱼种来大量消耗藻类和大型水生生物，以减轻富营养化的症状，但这些动物的排泄物中同样也含有相当量的营养物质，因此这种办法只能起到缓解作用，不能从根本上解决问题。有些地区将大型的水生植物收割、加工，用做动物饲料或能源，在一定程度上缓解了富营养化的问题。还有一条途径就是疏浚挖泥，先通过加入铝盐或Fe（Ⅲ）等沉淀剂使磷酸盐等营养物质沉积到水底，然后将污泥挖出。这是一种较为彻底的解决办法，但比较费力，投资也很大。

总之，水体富营养化现象是一个全球性的环境问题，在一些地区甚至还在不断加剧，各国都应针对具体情况采取有效措施，使自身的工业生产、农业生产和其他行业行为更趋于合理化，以控制富营养化过程，并力争使其早日逆转。

阅读材料

水体污染与人体健康

水的流动性大，同时具有很强的溶解能力，在天然水与地层的岩石、土壤及大气接触的过程中，很容易溶解各种无机物和有机物，同时也能将不溶于水的悬浮物，如泥沙、黏土、动植物残骸以及各种微生物等一并带入水源之中，使天然水水质比较复杂。其中化学性污染对人体健康的危害最为严重，它可导致癌变、畸变和突变等远期危害效应。

水体中含有许多有机物，如腐殖质、蛋白质、糖类、脂肪等。部分水厂净化过程中加入消毒剂氯生成的消毒副产品，如氯仿、四氯化碳等卤代烃具有致癌性，对饮用水安全构成一定威胁。另外，由于工农业污染，水体中还有芳烃类、酚类、苯胺类等剧毒有机物，长期饮用含有这些物质的水，会出现对机体累积性损伤。

群体危险性研究和病例对照个体危险性研究表明，人群与水中有机物暴露有统计学意义的最常见肿瘤是：膀胱癌、胃癌、结肠癌和直肠癌。水质的好坏直接影响细胞的分裂、变异和衰老。水中微量的有机污染物的存在，对人体的危害是长期积累的结果，如对内分泌系统的影响，这方面的研究还很不够，有待深入。

水体中比较常见的致突变物有氯化甲烷、溴代甲烷、溴仿、1,2-二氯乙烷、氯丹、丙烯腈、苯并［*a*］芘、氯乙烯、芘、四氯乙烯等，而四氯化碳、氯仿、氯丹、林丹、狄氏剂、艾氏剂、四氯乙烯、苯并［*a*］芘、丙烯腈等具有潜在的致癌作用。国内外一些调查和研究发现，长期饮用和接触受致突变物、致癌物污染的水，可能使当地人群中一些癌症的发病率提高。

水体中的致畸物质有：甲基汞、西维因、敌枯双、艾氏剂、五氯酚钠等，这些物质产生致畸作用可分两种情况：一种是通过妊娠中的母体干扰正常胚胎发育过程，使胚胎发育异常而出现先天畸形，不具有遗传性。另一种是环境中的致突变物直接作用于生殖细胞，影响生殖机能及妊娠结局，如发生不孕、流产、死胎、畸胎或其他类型的出生缺陷，后者具有遗传性，能将突变基因传给子代细胞。下表介绍了水体中部分有机污染物在人体内的代谢过程以及对人体健康的影响。

水体中部分有机污染物在人体内的代谢过程及对人体健康的影响

污染物	在人体内的代谢过程	对动物和人健康的影响、症状
环境激素	由环境进入食物链，在动物和人的脂肪中蓄积	导致动物的生殖失败和人类生殖器官癌症，影响动物和人的生殖机能
酚	通过皮肤和胃肠道吸收，吸收后主要分布在肝、血、肾、肺。酚类物质大部分在肝脏氧化成苯二酚、苯三酚，并同葡萄糖醛酸结合失去毒性，然后随尿液排出	促癌剂，急性酚中毒主要表现为大量出汗、肺水肿、吞咽困难、肝及造血器官损害、黑尿、受损组织坏死、虚脱甚至死亡
氯仿	易被人体吸收，主要分布并储存于脂肪组织，在体内可代谢为二氧化碳和二氯甲烷	肝硬化、肝肾损伤、肝肾坏死等

续表

污染物	在人体内的代谢过程	对动物和人健康的影响、症状
四氯化碳	能迅速从胃肠道、呼吸道和皮肤吸收，吸收后分布于全身各主要器官，脂肪组织中的浓度最高	致癌剂，肝、肾损伤，如脂肪肝、肾水肿等，症状还有恶心、呕吐、头痛、抑郁、麻痹等
苯并[a]芘	主要经胃肠道和肺吸收，吸收后迅速分布于各器官组织	主要中毒症状有发炎、组织增生、损害淋巴系统、免疫系统、肾上腺等，肝、肾损伤，生育能力降低甚至不育，或致畸胎；导致胃癌、白血病和肺部腺瘤等，是多环芳烃中致癌性最强的一种

本章小结

水环境是自然环境的要素之一。天然水的化学组成及其特点是在地质循环、水循环和生物循环中形成的。水中的离子、溶解的气体、水中生物的种类及数量决定了水体质量。天然水体中的溶解-沉淀平衡、酸-碱平衡、氧化-还原平衡、配合-离解平衡、吸附-解吸平衡等决定了水体中各物质的存在形态、环境行为、迁移转化及归趋模式。能量相对稳定的单向衰减流动、物质相对稳定的循环流动和自净作用等机能使水体具有一定的环境容量，但污染物进入水体并超过水体的自净能力时，会影响水体的使用价值和使用功能，造成水体污染。

水体污染物的种类繁多、成分复杂，其危害也各不相同。重金属污染物在水体中的迁移转化过程十分复杂，它几乎涉及水体中所有物理、化学和生物过程。水体中重金属污染物的特点决定了重金属污染是水体污染中最严重的污染之一。有机污染物对水体的污染程度与多方面因素有关，除污染物本身的毒性外，其在水体中的存在形态、迁移转化过程等对其毒性起着重要作用。难降解有机污染物在水体中的行为已成为防治水体污染的重要课题。分配作用、挥发作用、水解作用、光解作用、生物化学作用等作为有机污染物迁移转化的主要途径，强烈地影响着污染物的毒性和归趋。

水体富营养化是一个全球性的环境问题，它使水环境生态破坏，进而影响其他环境圈层，是自然界对人类造成环境污染的一个明确反映。人类应在自身不断发展和完善的过程中，走可持续发展的道路，实施绿色技术，重建与大自然的和谐统一，在高度发展的层次上回归“天人合一”。

思考与练习

1. 简述天然水体中溶质的来源。

2. 水体的含义是什么？什么叫水体污染？

3. 什么是天然水的酸度和碱度？它们主要由哪些物质组成？

4. 向天然水水样（视为封闭体系）中加入少量下列物质时：（1）HCl，（2）NaOH，（3）Na_2CO_3，（4）$NaHCO_3$，（5）CO_2，（6）$AlCl_3$，（7）Na_2SO_4，其碱度如何变化？

5. 一个 pH 值为 7.00，碱度为 2.00×10^{-3} mol/L 的水，请计算 [$H_2CO_3^*$]、[HCO_3^-]、[CO_3^{2-}] 和 [OH^-] 的浓度各是多少？

6. 已知水样 A 的 pH 值为 7.5，碱度为 6.38mmol/L；水样 B 的 pH 值为 9.0，碱度为 0.80mmol/L，现将其等体积混合，问混合后的 pH 值是多少？

7. 某水样 pH＝8.3，总碱度为 0.8mmol/L，[Ca^{2+}]＝1.9mmol/L，请问该水系的水稳定性属于哪一类？

8. 天然水体中所含腐殖质来源何方？它的主要成分有哪些？在化学结构上有哪些特点？说明天然水体中腐殖质的环境意义。

9. 什么是表面吸附作用、离子交换吸附作用和专属吸附作用？说明水合氧化物对重金属离子的专属吸附与非专属吸附的区别。

10. 请简述氧化物表面吸附配合模式的基本原理以及与溶液中配合反应的区别。

11. 为什么说水环境容量是社会效益参数的函数？

12. 简述水体污染物的类型。

13. 以汞为例说明重金属污染物在水中迁移转化所经历的过程。

14. 有机污染物在水环境中的迁移、转化存在哪些重要过程？

15. 解释下列名词

水环境容量　分配系数　生物浓缩因子　直接光解　间接光解

16. 什么叫水体富营养化？其成因和危害是什么？

17. 什么叫赤潮？发生赤潮的基本条件是什么？

第四章 土壤环境化学

学习指南

土壤环境是自然环境的重要组成要素之一。学习和掌握环境污染物质在土壤环境中的分布、迁移和转化规律，对开展土壤环境污染防治具有十分重要的意义。

土壤环境有较强的自净能力，有较大的环境容量，因而它在地球环境系统的污染净化过程中起着极为重要的作用。但是，土壤环境的这种能力毕竟是有限的，当进入土壤环境的污染物质的数量和速度超过了土壤的自净能力，或超过了土壤的环境容量，则会造成土壤环境污染。

本章重点介绍土壤的组成、土壤的性质，重金属在土壤环境中的迁移转化规律及农药在土壤环境中迁移转化等知识。

第一节　土壤的组成与性质

土壤是指陆地地表具有肥力并能生长植物的疏松表层物质，它处在地球岩石圈最外面，具有支持植物和微生物生长繁殖的能力。土壤的上界面直接与大气圈和生物圈相接，下界面主要与岩石圈及地下水相连，生物圈的主要组成部分植物则植根于土壤中。土壤在整个地球环境系统中占据着特殊的空间地位，是联系无机界和有机界的纽带，它介于生物界与非生物界之间，是地球上一切生物赖以生存的基础。

一、土壤的形成和剖面形态

1. 土壤的形成

土壤是在地球表面岩石的风化过程和土壤母质的成土过程两者的综合作用下形成的。

裸露在地表的岩石，在各种物理、化学和生物因素的长期作用下，逐渐被破坏成疏松、大小不一的矿物颗粒，此过程称为岩石的风化过程。岩石风化形成土壤母质，并产生某些特性，如透水性、保水性和通气性，且含有少量可溶性矿物元素。这些特性是岩石所不具备的，这时所形成的土壤母质因不含氮素，不具备绿色植物生长所必需的肥力条件，所以土壤母质并不等于土壤。

土壤母质在一定的水、热条件和生物的作用下，通过一系列的物理、化学和生物化学的作用形成土壤。土壤具有不断供应、协调植物生长发育必需的水分、养分、空气和热量的能力，即土壤肥力。土壤具有肥力，是土壤区别于其他自然体的最本质的特征。土壤的形成过程是漫长而又复杂的过程，其主要影响因素有母质、生物、气候、地形和时间，其中生物是土壤形成的主导因素，包括植物、土壤微生物、土壤动物。在以生物为主的综合因素作用下，使土壤母质发展肥力，从而形成土壤的过程称为成土作用。

在成土过程中，土壤母质中某些生物特别是固氮微生物通过生物作用把空气中的氮素吸收固定，为土壤母质积累一定的氮素养料，继而开始出现绿色植物。在绿色植物生命活动中，生物体从土壤母质中选择吸收大量的营养元素，经过新陈代谢作用合成各种有机物。生物死亡后，各种营养元素随着生物残体留在土壤母质中，经微生物活动，一部分形成高分子腐殖质（有机质），一部分分解为简单的可溶性养分元素，供下一代植物生长所需。在长期的土壤母质演化中，母质中的有机质及营养元素含量不断增加，使土壤肥力因素逐渐完善，这样土壤母质逐步变成为土壤。土壤的形成过程示意如下。

$$\text{岩石}\xrightarrow{\text{风化}}\text{土壤母质}\xrightarrow[\text{微生物分解植物残骸形成腐殖质}]{\text{积累氮素养料，生长绿色植物}}\text{土壤}$$

2. 土壤剖面形态

典型土壤随深度呈现不同的层次。图 4-1 为直接发育于基岩之上的基本的综合土壤剖面。剖面的顶部为 A 层（包括 O 层），由风化最强烈的岩屑组成，是直接暴露于地表的土层。A 层含有的生物残体也是最多的，除非局部地下水位异常高。降水向下透过 A 层渗流，在下渗过程中，水可以溶解可溶矿物质并将它们带走，这一过程称为淋溶过程。因此，A 层称为淋溶层。

尤其是在较干的气候区，从 A 层淋溶出的许多矿物积累于其下的 B 层。B 层也称为淀积层。B 层土壤受地表成土过程影响稍小，来自地表的有机质混入 B 层中的也较少。B 层之下主要由粗大的基岩碎块和极少的其他物质组成的 C 层。C 层与通常想象的土壤一点也不一样。基岩或母质本身有时也称为 R 层。假使土壤剖面底部没有基岩，而是被搬运过的淀积层，同样可划为 A、B、C 层。

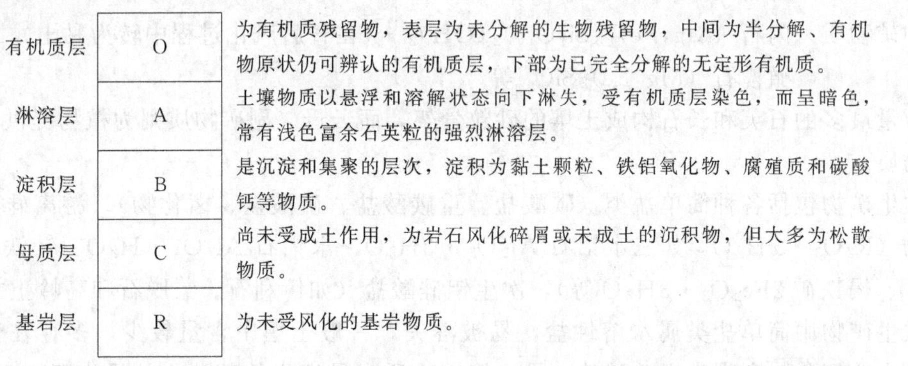

图 4-1 直接发育于基岩之上的基本的综合土壤剖面图示

相邻土层之间的界线可以是清晰的，亦可是模糊的。有时候，一个土层还可以分成几个亚层。例如，A 层的顶部可以由含有机质特别丰富的顶土层组成，因而可将其单独分出，称为 O 层。在 A 层和 B 层或 B 层和 C 层之间也可存在逐渐过渡的亚层。土壤剖面也可局部缺失一个或多个土层。

二、土壤的组成

土壤是由固体、液体和气体三相共同组成的疏松多孔体。在固相物质之间，存在着形状和大小不同的空隙，空隙中存在着水分和空气。固相物质包括土壤矿物质、土壤有机质和土壤生物，约占土壤总容积的50%。液相和气相之和约占土壤总容积的50%。土壤的基本物质组成如下。

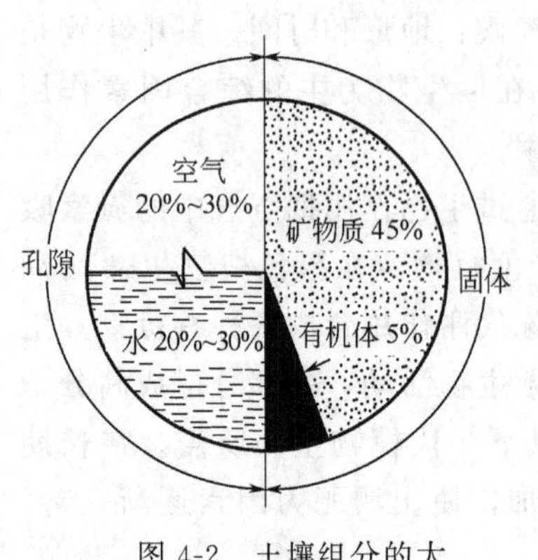

图4-2　土壤组分的大致比例

土壤的组成
- 固体部分
  - 无机体——土壤矿物质
  - 有机体——土壤有机质、土壤生物
- 孔隙部分
  - 液体——土壤水分（溶液）
  - 气体——土壤空气

土壤三相物质的比率因土壤种类而异，并且经常变化着。图4-2所示为土壤组分的大致比例。

土壤中丰度较大的化学元素顺序如下：O＞Si＞Al＞Fe＝C＝Ca＞K＞Na＞Mg＞Ti＞N＞S，这个次序与地壳组成大体一致，所不同的是由于土壤中集结了大量生物体，因此，C、N、S的含量相对较高。

1. 土壤矿物质

土壤矿物质是岩石经过物理风化和化学风化作用形成的。按其成因可分为原生矿物和次生矿物。凡在地壳中最先存在的、经风化作用后仍无变化地遗留在土壤中的一类矿物，称为原生矿物；而在土壤形成过程中，由原生矿物转化形成的新矿物，统称次生矿物。原生矿物以不同的数量与次生矿物混合成为土壤矿物质。

原生矿物的主要种类如下。

石英　SiO_2（砂和细砂的主要成分）
长石　$KAlSi_3O_8$
云母　$K(Si_3Al)Al_2O_{10}(OH)_2$
（以上存在于轻度风化的土壤中）

副矿物质
辉石　$(Mg,Fe)SiO_3$
闪石　$(Mg,Fe)_7(Si_4O_{11})_2(OH)_2$
橄榄石　$(Mg,Fe)_2SiO_4$等
（在日后风化过程中转为黏土）

数量最多的石英和长石构成土壤的砂粒骨架，而云母、副矿物质则为植物提供许多无机营养物质。

次生矿物包括各种简单盐类（碳酸盐、重碳酸盐、硫酸盐、卤化物），游离硅酸、水合氧化物（$R_2O_3 \cdot xH_2O$，如三水铝石$Al_2O_3 \cdot 3H_2O$、水铝石$Al_2O_3 \cdot H_2O$、针铁矿$Fe_2O_3 \cdot H_2O$、褐铁矿$2Fe_2O_3 \cdot 3H_2O$等），次生铝硅酸盐（如伊利石、蒙脱石和高岭土等）。

次生矿物中简单盐类属水溶性盐，易被淋失，一般土壤中含量较少，多存在于盐渍土中。而水合氧化物和次生铝硅酸盐，是土壤矿物质中最细小的部分，粒径小于0.25μm，一般将它们（或单独将后者）称为次生黏土矿物，土壤很多重要的物理、化学过程和性质，都和土壤所含的黏土矿物，特别是次生铝硅酸盐的种类和数量有关。

2. 土壤有机质

土壤有机质是土壤中含碳有机化合物的总称。包括腐殖质、生物残体及土壤生物，其中

腐殖质是其主要组成部分。土壤腐殖质是土壤环境中的主要有机胶体，对土壤环境特性、性质及污染物在土壤环境中的迁移、转化等过程起着重要的作用。土壤有机质是土壤形成的主要标志。

3. 土壤生物

土壤中生物包括土壤微生物（如细菌、放线菌、真菌和藻类等）、土壤微动物（如原生动物、蠕虫和节肢动物等）和土壤动物（如两栖类、爬行类等）。

土壤生物是土壤环境的重要组成成分和物质能量转化的重要因素；是土壤形成，养分转化，物质迁移，污染物的降解、转化、固定的重要参与者；主导着土壤有机质转化的基本过程；是土壤有机质的重要来源；是净化土壤有机物的主力军。

4. 土壤水分

土壤水分是土壤的重要组成部分，主要来自大气降水、降雪和灌溉。在地下水位接近地面（2～3m）的情况下，地下水也是上层土壤水分的重要来源。此外，空气中水蒸气遇冷凝结成为土壤水分。

水进入土壤以后，由于土壤颗粒表面的吸附力和微细孔隙的毛细管力，可将一部分水保持住。但不同土壤保持水分的能力不同。砂土由于土质疏松，孔隙大，水分容易渗漏流失；黏土土质细密，孔隙小，水分不容易渗漏流失。气候条件对土壤水分含量影响也很大。

土壤水分并非纯水，实际上是土壤中各种成分和污染物溶解形成的溶液，即土壤溶液。因此土壤水分既是植物养分的主要来源，也是进入土壤的各种污染物向其他环境圈层（如水圈、生物圈等）迁移的媒介。

5. 土壤空气

土壤空气存在于未被水分占据的土壤孔隙中。土壤空气组成与大气基本相似，主要成分都是 N_2、O_2、CO_2。其差异是：①土壤空气存在于相互隔离的土壤孔隙中，是一个不连续的体系；②土壤空气一般比大气有较高的含水量；③在 O_2、CO_2 含量上有很大的差异。土壤空气中 CO_2 含量比大气中高得多。大气中 CO_2 含量为 0.02%～0.03%，而土壤空气中 CO_2 含量一般为 0.15%～0.65%，甚至高达 5%，这主要是由于生物呼吸作用和有机物分解而产生。氧的含量低于大气。土壤空气中还含有少量还原性气体，如 CH_4、H_2、H_2S、NH_3 等。如果是被污染的土壤，其空气中还可能存在污染物。

三、土壤的性质

1. 土壤的吸附性

土壤中因含有土壤胶体而具有吸附性。所谓土壤胶体是指土壤中具有胶体性质的微细颗粒，土壤中含有无机胶体和有机胶体以及有机与无机的复合胶体。无机胶体包括黏土矿物和各种水合氧化物，有机胶体主要是腐殖质，还有少量的木质素、多糖类和蛋白质及肽等高分子有机化合物。

胶体的基本特征是具有较大的比表面积，同时表面带有电荷。

土壤胶体因具有巨大的比表面积而具有很大的表面能，通过物理吸附作用使土壤具有吸附性。

另一方面，土壤胶体因带有电荷，通过离子交换吸附的方式也使土壤具有吸附性。土壤胶体的离子交换吸附作用包括阳离子交换吸附作用和阴离子交换吸附作用。例如，土壤施用钙质肥料后，所发生的阳离子交换吸附反应。

$$Al^{3+} \equiv \boxed{土壤胶体} \begin{matrix} -K^+ \\ -Na^+ \\ -Mg^{2+} \end{matrix} + Ca^{2+} \rightleftharpoons Al^{3+} \equiv \boxed{土壤胶体} \begin{matrix} =Ca^{2+} \\ =Mg^{2+} \end{matrix} + K^+ + Na^+$$

土壤胶体的吸附性对污染物在土壤中的迁移、转化有着重要的作用。

2. 土壤的酸碱性

土壤是一个复杂体系，其中存在着各种化学和生物化学反应，因而使土壤表现出不同的酸性或碱性。土壤的酸碱性可以直接影响土壤环境中物质的存在形态和迁移转化，还可以影响土壤微生物的活性，影响有机污染物的分解强度和速率。此外，土壤酸度过大或碱度过大可直接影响植物的生长发育等。正常土壤的 pH 值在 5～8 之间，中性土壤的 pH 值为 6.5～7.0。

(1) 土壤酸度　土壤溶液中氢离子的浓度，通常用 pH 值表示。

根据土壤中 H^+ 的存在方式的不同，可将土壤酸度分为两大类：活性酸度和潜性酸度。

活性酸度是指土壤溶液中氢离子所显示的酸度，又称有效酸度，常用蒸馏水浸提土壤所测得的 pH 值表示。土壤溶液中氢离子主要来源于土壤中 CO_2 溶于水形成的碳酸和有机物质分解产生的有机酸，以及土壤中矿物质氧化产生的无机酸，还有施用的无机肥料中残留的无机酸，如硝酸、硫酸和磷酸等。此外，大气污染所形成的大气酸沉降，也会使土壤酸化。

土壤潜性酸度来源于土壤胶体吸附的可代换性 H^+ 和 Al^{3+}、Fe^{3+}。这些离子处于吸附态时不表现出酸性，当被其他阳离子交换出来进入土壤溶液后才表现出酸性，故称为潜性酸。

例如用过量中性盐（如 KCl 或 NaCl）溶液淋洗土壤，把土壤胶体上吸附着的氢离子（包括 Al^{3+}、Fe^{3+}）代换出来使土壤溶液显酸性。若以浸出液的 pH 值来表示，即称为代换性酸度。

$$(土壤胶体)\ H^+ + KCl \rightleftharpoons (土壤胶体)\ K^+ + HCl$$

$$(土壤胶体)\ Al^{3+} + 3KCl \rightleftharpoons (土壤胶体)\ 3K^+ + AlCl_3$$

$$AlCl_3 + H_2O \rightleftharpoons Al(OH)_3 \downarrow + 3HCl$$

(2) 土壤碱度　土壤溶液中 OH^- 离子主要来源于碱金属（Na、K）及碱土金属（Ca、Mg）的碳酸盐和重碳酸盐以及土壤胶体上交换性 Na^+ 的水解作用

$$Na_2CO_3 + 2H_2O = 2NaOH + H_2CO_3$$

$$NaHCO_3 + H_2O = NaOH + H_2CO_3$$

$$CaCO_3 + 2H_2O = Ca(HCO_3)_2 + Ca(OH)_2$$

$$Ca(HCO_3)_2 + 2H_2O = Ca(OH)_2 + 2H_2CO_3$$

$$(土壤胶体)\ Na^+ + H_2O = (土壤胶体)\ H^+ + NaOH$$

碳酸盐碱度和重碳酸盐碱度的总和称为总碱度，可用中和滴定法测定。富含 $CaCO_3$ 和 $MgCO_3$ 的石灰性土壤呈弱碱性（pH>7.5～8.5）；Na_2CO_3、$NaHCO_3$ 及 $Ca(HCO_3)_2$ 等都是水溶性盐，若大量出现在土壤溶液中，则土壤的总碱度很高。从土壤 pH 值来看，出现 Na_2CO_3 的土壤其 pH 值可高达 10 以上，而仅出现 $NaHCO_3$ 和 $Ca(HCO_3)_2$ 的土壤，其 pH 值常为 7.5～8.5，为弱碱性土壤。

3. 土壤的氧化-还原性

土壤中存在着许多具有氧化性或还原性的有机物和无机物，因而使土壤具有氧化-还原特性。

溶于土壤中的无机物主要有氧气和许多变价元素（Fe、Mn、Cu、S、P 等），它们在土

壤中常见的氧化-还原价态可简单地归纳为表 4-1。

表 4-1　土壤中一些无机变价元素常见的还原态与氧化态

元　素	还 原 态	氧 化 态	元　素	还 原 态	氧 化 态
C	CH_4、CO	CO_2	Fe	Fe^{2+}	Fe^{3+}
N	NH_3、N_2、NO	NO_2^-、NO_3^-	Mn	Mn^{2+}	MnO_2
S	H_2S	SO_4^{2-}	Cu	Cu^+	Cu^{2+}
P	PH_3	PO_4^{3-}			

溶于土壤中的有机物主要有酸、酚、醛和糖、微生物及其代谢产物、根系分泌物等。

土壤中氧化-还原作用的强度可用土壤的氧化-还原电位（E_h）表示。土壤中的游离氧、高价金属离子为氧化剂，低价金属离子、土壤有机质及其在厌氧条件下的分解产物为还原剂。如果游离氧占优势，则以氧化作用为主；如果有机质起主导作用，则以还原作用为主。因此，土壤 E_h 的变化，与土壤的通气状况有关。旱地通风状况较好，以氧化作用为主导，E_h 较高；越向土壤深处，E_h 越随之降低；水田淹水条件下，还原作用占优势，E_h 可降至负值。另外 E_h 还与土壤溶液的 pH 值有关，溶液 pH 值降低，E_h 有增高的趋势。

土壤中的氧化-还原反应是土壤中无机物、有机物发生迁移转化并对土壤生态系统产生重要影响的化学过程。

4. 土壤的自净作用

在土壤中，有空气中的氧作氧化剂，有水作溶剂，有大量的胶体表面吸附各种物质并降低它们的反应活化能。此外，还有各种各样的微生物，它们产生的酶对各种结构的分子分别起到特有的降解作用。这些条件加在一起，使得土壤具有优越的自身更新能力。土壤的这种自身更新能力，称为土壤的自净作用。

当污染物进入土壤后，就能经生物和化学降解变为无毒无害物质；或通过化学沉淀、配合和螯合作用、氧化-还原作用变为不溶性化合物；或是被土壤胶体吸附较牢固、植物较难加以利用而暂时退出生物小循环，脱离食物链或被排除至土壤之外。

土壤的自净能力取决于土壤的物质组成和其他特性，也和污染物的种类与性质有关。不同土壤的自净能力（即对污染物质的负荷量或容纳污染物质的容量）是不同的。土壤对不同污染物质的净化能力也是不同的。一般来说，土壤自净的速度是比较缓慢的。

第二节　土壤环境污染

土壤环境污染的产生是由于过量的有毒有害物质通过一定途径（人为影响、意外事故或自然灾害）进入土壤，使土壤环境质量下降，土壤的结构和功能遭到破坏，它直接或间接地危害人类的生存和健康。

一、土壤环境污染

1. 土壤环境背景值

土壤环境背景值是指未受人类活动（特别是人为污染）影响的土壤环境本身的化学元素组成及其含量。它与地壳岩石圈的化学组成及成土过程有关。目前，已难于找到绝对不受人类活动影响的土壤，因此，现在所获得的土壤环境背景值也只能是尽可能不受或少受人类活动影响的数值。所以，土壤环境背景值只是代表土壤环境发展中一个历史阶段的、相对意义上的数值。

2. 土壤环境容量

土壤环境容量是针对土壤中的环境污染物而言的，是指土壤环境单元所容许承纳的污染物质的最大数量或负荷量。土壤环境容量实际上是土壤污染起始值和土壤所含污染物的本底值之差值。若以土壤环境标准作为土壤污染起始值（即土壤环境的最大允许极限值），则土壤的环境容量等于土壤环境标准值减去土壤的本底值。此值为土壤环境的基本容量，也称土壤环境的静容量。不同土壤其环境容量是不同的，同一土壤对不同的污染物的容量也是不同的。

土壤环境的基本容量虽然反映了污染物生态效应所容许的最大容纳量，但尚未考虑到土壤的自净作用等因素。在污染物进入土壤后的积累过程中，其积累受到土壤的环境地球化学背景与迁移转化过程的影响和制约。如污染物的输入与输出、吸附与解吸、沉淀与溶解、累积与降解等，这些过程都处于动态变化中，其结果都会影响污染物在土壤中的最大容纳量。所以，土壤的实际容量应为基本容量加上这部分土壤的净化量，二者的总量称为土壤的全部环境容量或称为土壤的动容量。由此，可将土壤环境容量定义为："一定土壤环境单元在一定时限内，遵循环境质量标准，既维持土壤生态系统的正常结构和功能，保证农产品的生物学产量与质量，也不使环境系统污染时，土壤环境所能容纳污染物的最大负荷值。"

3. 土壤环境污染

土壤环境污染是指人类活动产生的环境污染物进入土壤并积累到一定程度，引起土壤环境质量恶化的现象，简称土壤污染。衡量土壤环境质量是否恶化的标准是土壤环境质量标准。土壤环境污染的实质是通过各种途径输入的环境污染物，其数量和速度超过了土壤自净作用的数量和速度，破坏了自然动态平衡。其后果是导致土壤自然正常功能失调，土壤质量下降，影响到作物的生长发育以及产量和质量的下降，也包括由于土壤污染物质的迁移转化引起大气或水体污染，并通过食物链，最终影响人类的健康。

4. 土壤环境污染的特点

土壤环境污染有以下两个特点。

(1) 隐蔽性和潜伏性　土壤环境污染不像大气与水体污染那样容易为人们所觉察，其后果要通过长期摄食由污染土壤生产的植物产品的人体和动物的健康状况才能反映出来。因为土壤是一复杂的三相共存体系，各种有害物质在土壤中总是与土壤相结合，有的为土壤生物所分解或吸收，从而改变其本来面目而被隐藏在土体里，或自土体排出且不被发现。当土壤将有害物输送给农作物，再通过食物链而损害人畜健康时，土壤本身可能还继续保持其生产能力而经久不衰，这就充分体现了土壤污染损害的隐蔽性和潜伏性。这也使认识土壤环境污染问题的难度增加了，以致污染危害持续发展。

(2) 不可逆性和长期性　污染物进入土壤环境后，便与复杂的土壤组成物质发生一系列迁移转化作用。多数无机污染物，特别是金属和微量元素，都能与土壤有机质或矿物质相结合，并长久地保存在土壤中。无论它们怎样转化，也很难使其重新离开土壤，这成为一种最顽固的环境污染问题。而有机污染物在土壤中则可能受到微生物的分解而逐渐失去毒性，其中有些成分还可能成为微生物的营养来源。但药物类的成分也会毒害有益的微生物，成为破坏土壤生态系统的祸源。不过，它们迟早会分解并从土壤中消失。

5. 土壤污染物质

土壤污染物质是指进入土壤中并足以影响土壤环境正常功能，降低作物产量和生物学质量，有害于人体健康的那些物质。其中主要是指城乡工矿企业所排放的对人体、生物体有害的“三废”物质，以及化学农药、病原微生物等。根据污染物性质，可把土壤污染物质大致分为无机污染物和有机污染物两大类，其主要污染物如下。

重金属：如镉、汞、铬、铜、锌、铅、镍和砷等。

有机物：其中数量较大而又比较重要的是化学农药，主要是有机氯、有机磷、有机氮、氨基甲酸酯类、苯氧羧酸类和苯酰胺类农药等。此外，还有洗涤剂、酚、多环芳烃、多氯联苯、石油和有害微生物等。

放射性物质：^{137}Cs、^{90}Sr 等。

病原微生物：肠道细菌、炭疽杆菌、肠寄生虫和结核杆菌等。

土壤环境主要污染物质及其主要来源见表 4-2。

表 4-2　土壤环境主要污染物质及其主要来源

污染物种类			主要来源
无机污染物	重金属	Hg	制烧碱、汞化物生产等工业废水和污泥，含汞农药，汞蒸气
		Cd	冶炼、电镀和染料等工业废水、污泥和废气，肥料杂质
		Cu	冶炼、铜制品生产等废水、废渣和污泥，含铜农药
		Zn	冶炼、镀锌和纺织等工业废水和污泥、废渣，含锌农药，磷肥
		Pb	颜料、冶炼等工业废水，汽油防爆燃烧排气，农药
		Cr	冶炼、电镀、制革和印染等工业废水和污泥
		Ni	冶炼、电镀、炼油和染料等工业废水和污泥
		(As)	硫酸、化肥、农药、医药和玻璃等工业废水、废气和农药
		(Se)	电子、电器、油漆和墨水等工业的排放物
	放射性物质	^{137}Cs	原子能、核动力和同位素生产等工业废水、废渣和核爆炸
		^{90}Sr	原子能、核动力和同位素生产等工业废水、废渣和核爆炸
	其他	F	冶炼、氟硅酸钠、磷酸和磷肥等工业废水、废气和肥料
		盐、碱	纸浆、纤维和化学等工业废水
		酸	硫酸、石油化工、酸洗和电镀等工业废水，大气酸沉降
		氰化物	电镀、冶金和印染等工业废水、肥料
有机污染物	有机农药		农药生产和使用
	酚		炼焦、炼油、合成苯酚、橡胶、化肥和农药等工业废水
	苯并[a]芘		石油、炼焦等工业废水、废气
	石油		石油开采、炼油和输油管道漏油
	有机洗涤剂		城市污水、机械工业污水
	有害微生物		厩肥、城市污水、污泥和垃圾

二、土壤环境污染的主要发生途径

土壤环境污染物质可以通过多种途径进入土壤，其主要发生类型可归纳为以下四种。

1. 水体污染型

工矿企业废水和城市生活污水未经处理，不实行清污分流就直接排放，使水系和农田遭到污染。尤其是缺水地区，引用污水灌溉，使土壤受到重金属、无机盐、有机物和病原体的污染。污水灌溉的土壤污染物质一般集中于土壤表层，但随着污灌时间的延长，污染物质也可由上部土体向下部土体扩散和迁移，以致达到地下水深度。水污染型的污染特点是沿河流或干支渠呈枝形片状分布。

2. 大气污染型

污染物质来源于被污染的大气，其特点是以大气污染源为中心呈环状或带状分布，长轴沿主风向伸长。其污染的面积、程度和扩散的距离，取决于污染物质的种类、性质、排放量、排放形式及风力大小等。由大气污染造成的土壤污染的特征是：其污染物质主要集中在土壤表层，其主要污染物是大气中的二氧化硫、氮氧化物和颗粒物等，它们通过沉降和降水而降落地面。大气中的酸性氧化物如 SO_2、NO_x 形成的酸沉降可引起土壤酸化，破坏土壤的肥力与生态系统的平衡；各种大气颗粒物，包括重金属、非金属有毒有害物质及放射性散落物等多种物质，可造成土壤的多种污染。

3．农业污染型

污染物主要来自施入土壤的化学农药和化肥，其污染程度与化肥、农药的数量、种类、利用方式及耕作制度等有关。有些农药如有机氯杀虫剂 DDT、六六六等在土壤中长期停留，并在生物体内富集。氮、磷等化学肥料，凡未被植物吸收利用和未被根层土壤吸收吸附固定的养分都在根层以下积累或转入地下水，成为潜在的污染物。残留在土壤中的农药和氮、磷等化合物在地面径流或土壤风蚀时，就会向其他环境转移，扩大污染范围。

4．固体废物污染型

主要是工矿企业排出的尾矿废渣、污泥和城市垃圾在地表堆放或处置过程中通过扩散、降水淋滤等直接或间接地影响土壤，使土壤受到不同程度的污染。

第三节　重金属在土壤中的迁移转化

土壤无机污染物中，重金属的污染问题比较突出。这是因为重金属一般不易随水淋滤，不能被土壤微生物所分解，但能被土壤胶体所吸附，被土壤微生物所富集或被植物所吸收，有时甚至可能转化为毒性更强的物质。有的通过食物链以有害浓度在人体内蓄积，严重危害人体健康。重金属在土壤中的积累初期，不易被人们觉察和关注，属于潜在危害，但土壤一旦被重金属污染，就很难彻底消除。

一、影响重金属在土壤中迁移转化的因素

重金属在土壤中的迁移转化是十分复杂的。影响重金属迁移转化的因素很多，如金属的化学特性、土壤的生物特性、物理特性和环境条件等。

1．化学特性

化学特性方面主要有：金属的氧化-还原性质；不同形态的沉淀作用和溶解度；水解作用；金属离子在水中的缔合和离解；离子交换过程；配合物及螯合物的形成和竞争；烷基化和去烷基化作用等。

2．生物特性

生物特性方面主要有：金属在生物系统中的富集作用；进入食物链的情况；生物半衰期的长短；微生物的氧化-还原作用；生物甲基化和去甲基化作用；对生物的毒性及生物转化反应等。

3．物理特性

物理特性方面主要有：金属及其化合物的挥发性；金属颗粒物的吸附和解吸特性；金属的不同形态在类脂性物质中的溶解性；金属透过生物膜扩散迁移的性质以及吸收特性等。

4．环境特性

环境特性方面主要有：pH 值、E_h、厌氧条件和好氧条件、有机质含量、土壤对金属的

结合特性、环境的胶体化学特性以及气象条件等。

二、重金属在土壤中迁移转化的一般规律

重金属在土壤环境中的迁移转化过程按其特征常分为物理迁移、物理化学迁移、化学迁移和生物迁移。但重金属在土壤环境中的迁移转化形式往往是复杂多样的，且往往是多种形式错综结合。

1. 物理迁移

土壤溶液中重金属离子或配离子可以随着水迁移至地面水或地下水层。而更多的是重金属可以通过多种途径被包含于矿物颗粒内或被吸附于土壤胶体表面上，随土壤中水分的流动而被机械搬运，特别是多雨地区的坡地土壤，这种随水冲刷的机械迁移更加突出。在干旱地区，这样的矿物颗粒或土壤胶粒可以扬尘的形式随风而被机械搬运。

2. 物理化学迁移

土壤胶体对重金属的吸附作用是土壤胶体的物理化学性质所决定的，其吸附过程是金属离子从液相转入固相的主要途径。吸附过程可分为非专性吸附和专性吸附两种。

(1) 非专性吸附　非专性吸附又称极性吸附，这种作用的发生与土壤胶体微粒所带电荷有关。因各种土壤胶体所带电荷的电性和数量不同，所以对重金属离子吸附的种类和吸附交换容量也不同。

土壤环境中的黏土矿物胶体带有净负电荷，对金属阳离子的吸附顺序一般是：$Cu^{2+}>Pb^{2+}>Ni^{2+}>Co^{2+}>Zn^{2+}>Ba^{2+}>Rb^{2+}>Sr^{2+}>Ca^{2+}>Mg^{2+}>Na^{+}>Li^{+}$。其中，蒙脱石的吸附顺序是：$Pb^{2+}>Cu^{2+}>Ca^{2+}>Ba^{2+}>Mg^{2+}>Hg^{2+}$；高岭石的吸附顺序是：$Hg^{2+}>Cu^{2+}>Pb^{2+}$；如果离子浓度不同，或有配位剂存在时，就会打乱上述吸附顺序。因此，对于不同的土壤类型可能有不同的吸附顺序。

应当指出，离子从溶液中转移到胶体上是离子的吸附过程，而胶体上原来吸附的离子转移到溶液中去是离子的解吸过程。吸附与解吸的结果表现为离子相互转换，即离子交换作用。在一定的环境条件下，这种离子交换作用处于动态平衡之中。

重金属阳离子多数为二价（用 M^{2+} 表示），对吸附的竞争性在通常情况下大于土壤中存在的 Ca^{2+}、Mg^{2+} 和 NH_4^+ 等离子，比较容易通过阳离子交换作用而吸附于土壤胶体表面，其反应式为

$$(\text{土壤胶体})Ca^{2+}+M^{2+} \rightleftharpoons (\text{土壤胶体})M^{2+}+Ca^{2+}$$

但在酸性土壤中，一些对吸附位竞争较强的阳离子，如 H^+、Fe^{3+}、Al^{3+} 和 Fe^{2+} 等浓度较高，故重金属离子趋向游离，活性增强。

(2) 专性吸附　重金属离子可被铝、铁、锰的水合氧化物表面牢固地吸附。因为这些离子能进入氧化物金属原子的配位壳中，与—OH配位基重新配位，并通过共价键或配位键结合在固体表面，这种结合称为专性吸附（亦称选择吸附）。这种吸附不一定发生在带电表面上，亦可发生在中性表面上，甚至在与吸附离子带同号电荷的表面上也可进行。其吸附量的大小并非决定于表面电荷的多少和强弱，这是专性吸附与非专性吸附的根本区别之处。被专性吸附的重金属离子呈非交换态（如铁、锰氧化物结合态），通常不能被氢氧化钠或乙酸钙（或乙酸铵）等中性盐所置换，只能被亲和力更强和性质相似的元素所解吸或部分解吸，也可在较低 pH 值条件下解吸。

重金属离子的专性吸附与土壤溶液的 pH 值密切相关。在土壤通常的 pH 值范围内，其

吸附量一般随 pH 值的上升而增加。此外，在多种重金属离子中，以 Pb、Cu 和 Zn 的专性吸附亲和力最强。这些金属离子在土壤溶液中的浓度，在很大程度上受专性吸附所控制。

专性吸附使土壤对某些重金属离子有较大的富集能力，从而影响到它们在土壤中的迁移和在植物体内的累积。专性吸附对土壤溶液中重金属离子浓度的调节和控制甚至强于受溶度积原理的控制。

3. 化学迁移

重金属化合物在土壤中的溶解和沉淀作用是土壤环境中重金属元素化学迁移的重要形式。影响其溶解和沉淀作用的主要因素有土壤的酸碱度（pH 值）、氧化-还原电位（E_h）及土壤中存在的其他物质（能与重金属形成配合物的物质，如 Cl^-、OH^-、富里酸或胡敏酸等）。

（1）土壤酸碱度的影响　土壤的酸度对重金属化合物的溶解与沉淀平衡的影响是比较复杂的。土壤施用石灰等碱性物质后，重金属化合物可与 Ca、Mg、Al 及 Fe 等生成共沉淀。金属氢氧化物的溶解度直接受土壤的酸度所控制。对于 M_mA_n 沉淀，增大土壤溶液的酸度，可以使 A^{m-} 与 H^+ 结合生成相应的共轭酸，降低溶液的酸度，可以使 M^{n+} 发生水解，生成羟基配合物 $M(OH)^{(n-1)+}$。这两种情况都可以导致沉淀溶解度的增大。

一般在土壤溶液 pH＜6 时，迁移能力强的主要是在土壤中以阳离子形式存在的重金属；当 pH＞6 时，由于重金属阳离子可生成氢氧化物沉淀，所以迁移能力强的主要是以阴离子形式存在的重金属。

现以 $Cd(OH)_2$ 为例，根据溶度积 K_{SP} 来计算离子浓度与 pH 值的关系。

$$Cd(OH)_2 \rightleftharpoons Cd^{2+} + 2OH^-$$

$$K_{SP} = 2.0 \times 10^{-14}$$

$$[Cd^{2+}][OH^-]^2 = 2.0 \times 10^{-14}$$

$$[Cd^{2+}] = 2.0 \times 10^{-14} / [OH^-]^2$$

由于 $[H^+][OH^-] = 1.0 \times 10^{-14}$

所以 $[OH^-] = 1.0 \times 10^{-14} / [H^+]$，代入上式得

$$[Cd^{2+}] = 2.0 \times 10^{-14} / (1.0 \times 10^{-14} / [H^+])^2$$

两边取对数，则可得镉离子浓度与 pH 值的关系

$$\lg[Cd^{2+}] = 14.3 - 2pH$$

上述关系式表明，土壤 pH 值越低，重金属离子浓度越高。可根据上述公式计算出不同酸度下，土壤溶液中氢氧化物溶解平衡时某重金属离子的浓度（实际值与此理论计算值有偏差）。

对于具有两性的氢氧化物，开始是随 pH 值的增大其溶解度减小，但达到一定值后，由于羟基配合物的形成，沉淀又开始溶解。

亦可用同样方法，推导出其他金属离子浓度与 pH 值的类似关系式，并分析其溶解状况及可能造成的危害。

（2）土壤氧化-还原电位（E_h）的影响　土壤是一个氧化-还原体系，是一个由众多无机的和有机的单项氧化还原体系组成的复杂体系，E_h 是影响其重金属迁移转化的重要因素之一。

土壤 E_h 的变化可以直接影响到重金属元素的价态变化，并可导致其化合物溶解性的变化。因为在 E_h 较大的土壤里，例如在富含游离态氧的氧化环境下，重金属常以高价形态存

在，其高价金属化合物一般比相应低价化合物容易沉淀，故较难迁移。例如，Fe、Mn 等在氧化环境下，一般呈难溶态存在于土壤中，而当土壤处于还原环境下时，高价态的 Fe、Mn 化合物则可被还原为低价态，溶解性增大。

对于土壤中含硫化合物，当土壤 E_h 很小时，例如土壤处于淹水的还原条件下，土壤中的含硫化合物将转化成 H_2S，并随 E_h 的下降而迅速增加。此时，土壤中的重金属元素大多以难溶性的硫化物沉淀形式存在。相反，在氧化状态下，重金属元素大多以溶解度较大的硫酸盐形式存在，对难溶硫化物而言，可能因为 S^{2-} 被氧化成硫黄而使其溶解度增大。

应该说明的是，土壤 E_h 对重金属的迁移转化影响是一个比较复杂的问题，不同的金属受土壤 E_h 的影响可能不一样。例如在酸性条件下，在强氧化性环境中，钒、铬呈高氧化态，形成可溶性钒酸盐、铬酸盐等，其溶解能力增强。

(3) 配合效应的影响　土壤中各种无机配位体及有机配位体通过与重金属的配合或螯合作用，改变重金属在土壤中的溶解度。

土壤环境中存在的主要无机配位体有 OH^- 和 Cl^-，主要有机配位体有土壤腐殖质，例如富里酸、胡敏酸等。

羟基对重金属的配合作用，实际上就是重金属离子在碱性条件下的水解反应。水解过程中，H^+ 离开水合重金属离子的配位水分子，生成羟基配离子，其反应式为

$$Me(H_2O)_n^{2+} + H_2O \rightleftharpoons Me(H_2O)_{n-1}(OH)^+ + H_3O^+$$

或简写作

$$Me^{2+} + H_2O \rightleftharpoons Me(OH)^+ + H^+$$

羟基与重金属的配合作用可大大提高重金属氢氧化物的溶解度。在碱性条件下，当 pH 值增大到一定值后，金属氢氧化物的溶解度开始增大，其实质就是羟基的配合效应。

氯离子与重金属配合形成的氯配离子主要有 MCl^+、MCl_2^0、MCl_3^- 和 MCl_4^{2-}，其配合的程度主要决定于 Cl^- 的浓度，也决定于重金属离子与 Cl^- 的亲和力。Cl^- 对重金属的配合力的顺序是 $Hg^{2+} > Cd^{2+} > Zn^{2+} > Pb^{2+}$。水溶性氯配离子的生成，可大大提高重金属化合物的溶解度。

土壤腐殖质具有很强的螯合能力，具有与金属离子牢固螯合的配位体，如氨基、亚氨基、酮基、羟基和羧基等基团，它们通过与重金属形成螯合物而改变其溶解度。例如，重金属可与富里酸形成稳定的可溶于水的螯合物，因此富里酸的配合-螯合作用，可大大提高难溶性重金属盐的溶解度，使其随水在土壤中迁移，而胡敏酸与重金属配合形成的稳定螯合物，一般难溶于水。故在土壤重金属化合物的溶解与沉淀平衡中，富里酸和胡敏酸起着重要的作用。

配合效应的影响与配位体的浓度及配合物的稳定性有关。配位体的浓度越大，生成的可溶性配合物或螯合物越稳定。

4. 生物迁移

生物迁移主要是指植物通过根系从土壤中吸收某些化学形态的重金属，并将其在植物体内积累起来的过程。这一方面可以看作是植物对土壤重金属污染的净化；另一方面也可看成是重金属通过土壤对植物的污染。如果这种受污染的植物残体再次进入土壤，则会使土壤表层进一步富集重金属。

除植物的吸收外，土壤微生物的吸收及土壤动物啃食重金属含量较高的表土，也是重金属生物迁移的一种途径。但是，生物残体又可将重金属归还给土壤。

三、主要重金属污染物在土壤中的迁移转化

1. 汞的迁移转化

汞是一种对动植物及人体无生物学作用的有毒元素。

土壤中的汞按其存在的化学形态可分为金属汞、无机化合态汞和有机化合态汞。无机汞化合物的主要存在形式有 HgS、HgO、$HgCO_3$、$HgHPO_4$、$HgSO_4$、$HgCl_2$、$Hg(NO_3)_2$ 和 Hg 等；有机汞化合物主要有甲基汞和有机配合汞等。除甲基汞、$HgCl_2$ 和 $Hg(NO_3)_2$ 外，大多均为难溶化合物。在各种含汞化合物中，甲基汞和乙基汞的毒性最强。土壤中汞的迁移转化比较复杂，主要有如下几种途径。

(1) 土壤中汞的氧化-还原　土壤中的汞有三种价态形式：Hg^0、Hg_2^{2+} 和 Hg^{2+}。在正常的土壤 E_h 和 pH 值范围内，汞能以零价（单质汞）形式存在于土壤中，这是土壤中汞的重要特点。汞的三种价态在一定的条件下可以相互转化，其转化反应如下：

$$Hg^0 \xrightarrow{\text{氧化作用}} Hg_2^{2+}\ (\text{或}\ Hg^{2+})$$

$$Hg_2^{2+} \xrightarrow{\text{歧化作用}} Hg^{2+} + Hg^0$$

$$Hg^{2+} \xrightarrow{\text{土壤微生物作用}} Hg^0$$

当土壤处于还原条件时，二价汞可以被还原为零价的金属汞。而有机汞在有促进还原的有机物的参与下，也能变为金属汞。

土壤中金属汞的含量甚微，但很活泼。它可从土壤中挥发进入大气环境，而且随着土壤温度的增加，其挥发的速度加快。土壤中的金属汞既可被植物的根系吸收，也可被植物的叶片吸收。

在无机化合态汞中，$HgCl_2$ 具有较高的溶解度，它在水中以 $HgCl_2$ 形式存在，是一种较易被植物吸收利用的化合物。植物对于溶解度较低的无机化合态汞较难吸收，但却能吸收有机汞。其中，以甲基汞形式存在的汞易被植物吸收，并通过食物链在生物体内逐级浓集，其毒性大，对生物和人体可造成危害。土壤中的腐殖质与汞结合形成的配合物不易被植物所吸收。

(2) 土壤胶体对汞的吸附　土壤中的各类胶体对汞均有强烈的表面吸附（物理吸附）和离子交换吸附作用。Hg^{2+}、Hg_2^{2+} 可被带负电荷的胶体吸附；$HgCl_3^-$ 等可被带正电荷的胶体吸附。这种吸附作用是使汞及其他许多微量重金属从被污染的水体中转入土壤固相的重要途径之一。已有资料表明，不同的黏土矿物对汞的吸附能力有很大差别。一般蒙脱石、伊利石等对 Hg^{2+} 的吸附能力相对较弱。当土壤溶液中有较高含量的氯离子存在时，由于可形成 $HgCl_2$、$HgCl_3^-$ 等配离子，使得黏土矿物胶体对汞的吸附作用显著减弱。当土壤中铁、锰的水合氧化物含量较高时，则可增强对 $HgCl_3^-$ 等配离子的吸附作用。各种天然和人工吸附剂对$HgCl_2$的吸附能力的强弱顺序为：硫醇（84.2）>伊利石（65.3）>蒙脱石（35.7）>胺类化合物（10.5）>高岭石（9.7）>含羰基的有机化合物（7.3）>细砂（2.9）>中砂（1.7）>粗砂（1.6）[括号内的数字表示 1min 内每克吸附剂所吸附 $HgCl_2$ 的量（μg）]。

此外，土壤对汞的吸附还受 pH 值及汞浓度的影响。当土壤 pH 值在 1～8 的范围内时，其吸附量随着 pH 值的增大而逐渐增大；当 pH>8 时，吸附的汞量基本不变。

土壤胶体对甲基汞的吸附作用与对氯化汞的吸附作用大体相同。但是，其中腐殖质对 CH_3Hg^+ 的吸附能力远比对 Hg^{2+} 的吸附能力弱得多。

(3) 配位体对汞的配合-螯合作用　土壤中配位体与汞的配合-螯合作用对汞的迁移转化有较大的影响。土壤中最常见的汞的无机配离子如下。

$$Hg^{2+} + H_2O \rightleftharpoons HgOH^+ + H^+$$
$$Hg^{2+} + 2H_2O \rightleftharpoons Hg(OH)_2 + 2H^+$$
$$Hg^{2+} + 3H_2O \rightleftharpoons Hg(OH)_3^- + 3H^+$$
$$Hg^{2+} + Cl^- \rightleftharpoons HgCl^+$$
$$Hg^{2+} + 2Cl^- \rightleftharpoons HgCl_2$$

当土壤溶液中 Cl^- 浓度较高时（大于 10^{-2} mol/L），可能有 $HgCl_3^-$ 生成

$$Hg^{2+} + 3Cl^- \rightleftharpoons HgCl_3^-$$

OH^-、Cl^- 对汞的配合作用可大大提高汞化合物的溶解度。为此，一些研究者曾提出应用 $CaCl_2$ 等盐类来消除土壤中汞污染的可能性。

土壤中的腐殖质对汞离子有很强的螯合能力及吸附能力。通过生物小循环及土壤上层腐殖质的形成，并借助腐殖质对汞的螯合及吸附作用，将使土壤中的汞在土壤上层累积。

(4) 汞的甲基化作用　土壤中的无机汞化合物在嫌气细菌的作用下，可转化为甲基汞（CH_3Hg^+）和二甲基汞［$(CH_3)_2Hg$］。其反应式如下。

$$Hg^{2+} + 2RCH_3 \longrightarrow (CH_3)_2Hg \longrightarrow CH_3Hg^+$$

或

$$Hg^{2+} + RCH_3 \longrightarrow CH_3Hg^+ \xrightarrow{RCH_3} (CH_3)_2Hg$$

汞的甲基化作用还可在非生物的因素作用下进行，只要有甲基给予体，汞就可以被甲基化（其转化机理见第五章第四节）。土壤中的无机汞转化为甲基汞后，其随水迁移的可能性将增大。同时，由于二甲基汞（CH_3HgCH_3）的挥发性较强，而被土壤胶体吸附的能力相对较弱，因此二甲基汞较易发生气迁移和水迁移。

2. 镉的迁移转化

镉对于生物体和人体来说是非必需的元素，它在生物圈中的存在，常常只会给生物体带来有害的效应，因而镉是一种污染元素。

镉的污染主要来源于铅、锌、铜的矿山和冶炼厂的废水、尘埃和废渣，电镀、电池、颜料、塑料稳定剂和涂料工业的废水等。农业上，施用磷肥也可能带来镉的污染。

(1) 镉在土壤环境中的存在形态　土壤中镉的存在形态可大致分为水溶性镉和非水溶性镉。水溶性镉常以简单离子或简单配离子的形式存在，如 Cd^{2+}、$CdCl^+$、$CdSO_4$，石灰性土壤中还有 $CdHCO_3^+$，其他形态如 $CdNO_3^+$、$CdOH^+$、$CdHPO_4$ 及镉的有机配合物等则很少。非水溶性镉主要为 CdS、$CdCO_3$ 及胶体吸附态镉等。其中，镉在旱地土壤中以 $CdCO_3$、$Cd_3(PO_4)_2$ 和 $Cd(OH)_2$ 的形态存在，并以 $CdCO_3$ 为主，尤其是在 pH 值大于 7 的石灰性土壤中更以 $CdCO_3$ 居多；而镉在淹水土壤中则多以 CdS 的形态存在。土壤中呈吸附交换态的镉所占比例较大，这是因为土壤对镉的吸附能力很强。但土壤胶体吸附的镉一般随 pH 值的下降其溶出率增加，当 pH=4 时，溶出率超过 50%，而当 pH=7.5 时，交换吸附态的镉则很难被溶出。

(2) 镉的迁移转化　进入土壤中的镉，由于土壤的强吸附作用，很少发生向下的再迁移，因而主要累积于土壤表层。对累积于土壤表层的镉由于降水作用，其可溶态部分随水流动则可能发生水平迁移，因而进入界面土壤和附近的河流或湖泊，造成次生污染。土壤中水溶性镉和非水溶镉在一定的条件下可相互转化，其主要影响因素为土壤的酸碱度、氧化-还原条件和碳酸盐的含量，主要反应如下。

$$CdCO_3 + 2H^+ \rightleftharpoons Cd^{2+} + CO_2 + H_2O$$

$$CdS + 2H^+ \rightleftharpoons Cd^{2+} + H_2S$$

$$Cd^{2+} + CaCO_3 \rightleftharpoons CdCO_3 + Ca^{2+}$$

$$CdS(s) \rightleftharpoons CdS(aq) \rightleftharpoons Cd^{2+} + S^{2-}$$

$$S^{2-} - 2e^- \rightleftharpoons S\downarrow$$

$$H_2S \underset{还原}{\overset{氧化}{\rightleftharpoons}} S \underset{还原}{\overset{氧化}{\rightleftharpoons}} SO_3^{2-} \underset{还原}{\overset{氧化}{\rightleftharpoons}} SO_4^{2-}$$

土壤酸度的增大不仅可增加 $CdCO_3$ 的溶解度，也可增加 CdS 的溶解度，使水溶态镉的含量增大。

当土壤长期处于淹水所形成的还原环境时，土壤的 E_h 下降，土壤中含硫的有机物及施入的含硫肥料等都将产生 H_2S，此时镉多以 CdS 形式沉淀，水溶态镉的含量将降低。相反，当土壤处于氧化环境时，土壤的 E_h 较高，非水溶性的 CdS 可参与氧化还原反应，S^{2-} 被氧化为单质硫，从而使 CdS 的溶解度增大。此外，硫还可以进一步被氧化成硫酸，使土壤酸度增大，也可使 CdS 的溶解度增大。

碳酸盐的含量对土壤中 Cd 的形态转化有显著的作用。研究表明，在不含或少含 $CaCO_3$ 的土壤中，随着 $CaCO_3$ 含量的增加，水溶态镉的含量将降低。当 $CaCO_3$ 含量较高时（大于 4.3%），再增加其含量则对土壤中镉的形态影响就不大了。因此，在不含或少含 $CaCO_3$（小于 4.3%）的土壤中，$CaCO_3$ 可作为土壤中镉的抑制剂及土壤镉污染的改良剂。

（3）镉的生物迁移　土壤中的镉对植物的正常生长无促进作用，但是它非常容易被植物所吸收。只要土壤中镉的含量稍有增加，就会使植物体内镉的含量相应增高。与铅、铜、锌、砷及铬等相比较，土壤镉的环境容量要小得多，这是土壤镉污染的一个重要特点。

进入植物中的镉，主要累积于根部和叶部，很少进入果实和种子中。例如，在被镉污染的水田中种植的水稻其各器官对镉的浓缩系数按根＞杆＞枝＞叶鞘＞叶身＞稻壳＞糙米的顺序递减。镉在植物体内可取代锌，破坏参与呼吸和其他生理过程的含锌酶的功能，从而抑制植物生长并导致其死亡。

土壤中镉污染对动物的影响，主要是通过食用镉污染后的食物或饮用水引起的。镉进入动物体后，一部分与血红蛋白结合，另一部分与低分子金属硫蛋白结合，然后随血液分布到各内脏器官，最终主要蓄积于肾和肝中，还有一部分镉将进入骨质并取代骨质中的部分钙，致使脱钙，引起骨骼软化和变形，严重者可引起自然骨折，甚至死亡。

3. 铅的迁移转化

铅是人体的非必需元素。土壤中铅的污染主要来自大气污染中的铅沉降，如铅冶炼厂含铅烟尘的沉降和含铅汽油燃烧所排放的含铅废气的沉降等。另外，其他铅应用工业的“三废”排放也是污染源之一。

（1）土壤中铅的主要存在形式　土壤中铅主要以二价态的无机化合物形式存在，极少数为四价态。例如 $Pb(OH)_2$、$PbCO_3$、$Pb_3(PO_4)_2$ 和 $PbSO_4$ 等。除无机铅外，土壤中还含有少量可多至 4 个 Pb—C 链的有机铅，这些有机铅主要来自未充分燃烧的汽油添加剂。另外，土壤有机质中的—SH、—NH_2 基团能与 Pb^{2+} 形成稳定的配合物和螯合物。土壤中的铅也可呈离子交换吸附态的形式。

（2）铅的迁移转化　进入土壤中的铅多以 $Pb(OH)_2$、$PbCO_3$ 或 $Pb_3(PO_4)_2$ 等难溶态形式存在，这使得铅的移动性和被作物吸收的作用都大大降低。因此，铅主要积累在土壤表层。土壤中铅的迁移转化作用与土壤 E_h 及土壤酸碱度的变化等有关。

研究结果表明：土壤 E_h 升高，土壤中可溶性铅的含量降低。其原因是在氧化条件下，土壤中的铅与高价铁、锰的氢氧化物结合在一起（专性吸附作用），降低了其可溶性。

可溶性铅在酸性土壤中一般含量较高，这是因为酸性土壤中的 H^+ 可以部分地将已被化学固定的铅重新溶解释放出来。

植物从土壤中吸收铅主要是吸收存在于土壤溶液中的可溶性铅。植物吸收的铅绝大多数积累于根部，而转移到茎叶、种子中的则很少。另外，植物除通过根系吸收土壤中的铅以外，还可以通过叶片上的气孔吸收污染了的空气中的铅。

4. 铬的迁移转化

铬是人类和动物所必需的元素，但其浓度较高时对生物有害。土壤中铬的污染主要来源于某些工业，例如，铁、铬、电镀、金属酸洗、皮革鞣制、耐火材料、铬酸盐和三氧化铬工业的“三废”排放及燃煤、污水灌溉或污泥施用等。

（1）土壤中铬的主要存在形式　铬是一种变价元素，在土壤中铬通常以四种化合形态存在，两种三价铬离子 Cr^{3+} 和 CrO_2^-，两种六价铬阴离子 $Cr_2O_7^{2-}$ 和 CrO_4^{2-}。其中 $Cr(OH)_3$ 的溶解性较小，是铬最稳定的存在形式，而水溶性六价铬的含量一般较低，但六价铬的毒性远大于三价铬的毒性。

（2）铬的迁移转化　土壤中铬的迁移转化主要受土壤 pH 值、有机质及 E_h 值的制约。例如，三价铬的溶解度，当 $pH>4$ 时，其溶解度下降；在 $pH=5.5$ 时则全部沉淀。在强酸性土壤中一般很少存在六价铬化合物，因为六价铬化合物的存在必须具有很高的氧化-还原电位（$pH=4$，$E_h>0.7V$ 时），而土壤中存在这样高的电位一般是不多见的。但在弱酸性和弱碱性土壤中，有六价铬化合物存在。如在 $pH=8$，$E_h=0.4V$ 的荒漠土壤中，曾发现有可溶性的铬钾石（K_2CrO_4）存在。土壤中的有机质如腐殖质具有很强的还原能力，能很快地把六价铬还原为三价铬，一般当土壤有机质含量大于 2%时，六价铬就几乎全部被还原为三价铬。土壤中三价铬和六价铬之间的相互转化可用下式表示。

$$Cr_2O_7^{2-}+H_2O \underset{OH^-}{\overset{H^+}{\rightleftharpoons}} 2CrO_4^{2-}+2H^+$$

$$\text{还原剂}\downarrow \qquad\qquad \uparrow\text{氧化剂}$$

$$Cr^{3+}+3OH^- \rightleftharpoons Cr(OH)_3 \downarrow \underset{H^+}{\overset{OH^-}{\rightleftharpoons}} CrO_2^-+2H_2O$$

土壤胶体对 Cr^{3+} 有较强的吸附能力，黏土矿物晶格中的 Al^{3+} 甚至可以被 Cr^{3+} 交换，土壤胶体的这一作用是使铬（主要是三价铬）在土壤中的迁移能力及其可溶性均降低的原因之一。与三价铬相比，六价铬离子的活性很强，一般不会被土壤强烈吸附，因而在土壤中较易迁移。特别是当土壤溶液中有过量的正磷酸盐存在时，由于磷酸根的吸附交换能力大于 CrO_4^{2-} 和 $Cr_2O_7^{2-}$，从而阻碍了土壤对其的吸收，有利于六价铬的迁移。

由于土壤中的铬多为难溶性化合物，其迁移能力一般较弱，而含铬废水中的铬进入土壤后，也多转变为难溶性铬，故通过污染进入土壤中的铬主要残留积累于土壤表层。

由于铬在土壤中多以难溶性且不能被植物所吸收利用的形式存在，因而铬的生物迁移作用较小，故铬对植物的危害不像 Cd、Hg 等重金属那么严重。有研究结果表明，植物从土壤溶液中吸收的铬，绝大多数保留在根部，而转移到种子或果实中的铬则很少。

5. 砷的迁移转化

砷是类金属元素，不是重金属。但从它的环境污染效应来看，常把它作为重金属来研究。

土壤中砷的污染主要来自化工、冶金、炼焦、火力发电、造纸、玻璃、皮革及电子等工业排放的“三废”。由于使用的矿石原料中普遍含有较高量的砷，所以冶金与化学工业排砷量最高，如硫酸厂、磷肥厂等。另外，含砷农药的使用也是土壤砷污染的来源之一。

（1）土壤中砷的主要存在形式　在一般 pH 值及 E_h 值范围内，砷主要以正三价和正五价存在于土壤环境中。其存在形式可分为水溶性砷，吸附态砷和难溶性砷。水溶性砷主要有 AsO_4^{3-}、$HAsO_4^{2-}$、$H_2AsO_4^-$、AsO_3^{3-} 和 $H_2AsO_3^-$ 等阴离子形式，一般占土壤中全砷的5%～10%。难溶性砷化物主要有黏土矿物晶格中保持的砷及与土壤中铁、铝、钙等离子结合形成的复杂的难溶性砷化物［主要是 $FeAsO_4$、$AlAsO_4$、$Ca_3(AsO_4)_2$ 及砷与铁、铝、钙等的氢氧化物所形成的共沉淀物］。另外，土壤中的砷大部分与土壤胶体相结合，呈吸附态，且吸附作用牢固，这是因为砷酸根或亚砷酸根的相对吸附交换能力较强的缘故。土壤中的有机质对砷无明显的吸附作用，因为有机质带负电。

（2）砷的迁移转化　土壤中水溶性、难溶性及吸附态砷的相对含量与土壤的 E_h 和 pH 值有着密切的关系，三者之间在一定的条件下可以相互转化。随着土壤 pH 值的升高，土壤胶体所带正电荷减少，对砷（主要是带负电荷的酸根离子）的吸附量降低；随着土壤 E_h 的下降，砷酸还原为亚砷酸。

$$H_3AsO_4+2H^++2e^-\rightleftharpoons H_3AsO_3+H_2O$$

由于 AsO_4^{3-} 的吸附交换能力大于 AsO_3^{3-}，所以砷的吸附量减少，水溶性砷的含量相应增高。另外，土壤 E_h 的降低，除直接使五价砷还原为三价砷以外，还会使砷铁酸及以其他形式与砷酸盐相结合的三价铁还原为较易溶解的亚铁形式，因而使水溶性砷的含量亦相应增加。但应该指出的是：当土壤中含硫量较高时，在还原性条件下，可以形成稳定的难溶性 As_2S_3。在土壤嫌气条件下，砷与汞相似，可经微生物的甲基化过程转化为二甲基砷［$(CH_3)_2AsH$］之类的化合物。

由于土壤中砷主要以非水溶性形式存在，因而土壤中的砷，特别是排污进入土壤的砷，主要累积于土壤表层，难于向下移动。

一般认为，砷不是植物、动物和人体的必需元素。但植物对砷有强烈的吸收积累作用，其吸收作用与土壤中砷的含量、植物品种等有关。砷在植物中主要分布在根部。浸水土壤中，土壤的 E_h 值较低，土壤中可溶性砷含量比旱地土壤高，植物比较容易吸收 AsO_3^{3-}，故在浸水土壤中生长的作物，其砷含量也较高。所以，为了有效地防止砷的污染及危害，可采取提高土壤氧化-还原电位的措施，以减少三价亚砷酸盐的形成、降低土壤中砷的活性。

四、土壤主要重金属污染防治简介

土壤重金属污染防治主要包括两方面的任务：防与治。一方面是要采取措施，预防土壤重金属环境污染；另一方面是要对已被重金属污染的土壤进行改造、治理，以消除污染。在污染防治工作中，要坚持“预防为主，防治结合”的环境保护方针。

1. 预防土壤重金属污染的基本原则

（1）切断污染源　切断污染源就是采取有效措施，以削减、控制和消除污染源，尽可能避免工矿企业重金属污染物的任意排放，尽量避免重金属输入土壤环境。切断污染源是土壤重金属污染防治工作中带有战略意义和指导性的基本原则。

（2）提高土壤环境容量　土壤具有一定的自然净化功能，在调控与防治土壤污染时应充分利用这一特点。可采取有效措施，例如，增加土壤有机质含量、砂掺黏改良砂性土壤，调节土壤 pH 值和 E_h 等，以增加和改善土壤胶体的种类和数量，增加土壤对有害物质的吸附能力和吸附量，从而降低污染物在土壤中的活性，增强土壤环境的自净能力，提高土壤环境容量。当输入土壤环境中的重金属污染物的数量和速度不大，或土壤遭受轻度污染时，采取相应措施提高土壤环境容量，对于防止土壤污染的发生或减轻重金属对作物的污染危害是有效的。

(3) 控制或切断重金属进入食物链　采取有效措施控制植物对重金属的吸收，减少重金属在植物体内，特别是在可食部分的累积量，或利用非食用植物如树木、绿化用草等来吸收除去土壤中的重金属，从而达到控制或切断重金属进入食物链的目的。

(4) 避免二次污染　避免二次污染或次生污染是所有环境污染防治措施中必须共同遵守的基本原则。

2. 土壤主要重金属污染治理

治理土壤重金属污染的途径主要有两种：一是改变重金属在土壤中的存在形态，使其固定，降低其在环境中的迁移性和生物可利用性；二是从土壤中去除重金属。围绕这两种治理途径，已提出各自的物理、化学和生物的治理方法。

(1) 汞污染的防治对策　根据汞在土壤中迁移转化的基本规律，汞污染的防治可采取如下主要措施：

① 对土壤进行灌溉和施肥时，要严格控制使用含汞量高的污水和污泥。

② 对已受汞污染的土壤，可施用石灰-硫黄合剂，其中硫是降低汞由土壤向作物迁移的一种有效方法。在施入硫以后，汞即被更牢固地固定在土壤中。

③ 施用石灰以中和土壤的酸性，可降低作物根系对汞的吸收。当土壤 pH 值提高到 6.5 以上时，可能形成碳酸汞、氢氧化汞或水合碳酸汞等汞的难溶化合物。另外，钙离子能与任何微量的汞离子争夺植物根系表面的交换位，从而降低了汞向作物内的迁移。

④ 施入硝酸盐，可使土壤内汞化合物的甲基化过程减弱，因高浓度的硝酸盐能抑制甲基化微生物的生长，从而减少汞向作物体内的迁移及毒害。

⑤ 施用磷肥，由于汞的正磷酸盐较其氢氧化物或碳酸盐的溶解度小，所以施用磷肥也是降低土壤中汞化合物毒害作用的一种有效方法。

(2) 镉污染的防治对策　土壤镉污染的防治对策重点在于防，而不在于治。因为进入土壤中的镉，由于土壤的强吸附作用，常常累积于土壤表层，而很少发生输出迁移，也不可能像有机污染物那样可能发生降解作用。目前，可能应用的主要对策如下。

① 采用客土法或换土法，使高背景或污染区土壤中镉的浓度下降，但这种措施的经济支出太高，故只适用于小面积严重污染土壤的治理。

② 在土壤中加入石灰性物质，提高土壤环境的 pH 值，使镉生成不易被植物吸收的 $Cd(OH)_2$ 或 $CdCO_3$ 沉淀，此法较适合在旱田条件下使用。

③ 在土壤中使用促进还原的有机物，使土壤中的镉与土壤中的硫生成 CdS 沉淀。

④ 于土壤中施加磷酸盐类物质，使之生成磷酸镉沉淀，这在水田条件下更为重要。

⑤ 种植富集镉的植物如苋科植物，以吸收污染土壤中的镉，但此法应注意植物残体的处理。

(3) 铅污染的防治　铅在土壤环境中的迁移性较差，进入土壤中的铅主要累积于土壤表层。土壤中铅的污染主要是通过空气、水等介质形成的二次污染。对于已污染的土壤，应根据污染程度及土地利用类型，采取相应的治理措施。主要措施如下。

① 采取客土法或换土法，有效地改善或消除铅污染。

② 种植某些非食用但可富集铅的植物，例苔藓、木本植物等，以逐渐降低土壤中铅的污染程度。

③ 提高土壤的 pH 值，当 pH>6 时，重金属离子很易被黏土矿物吸附，可有效地阻止植物对铅的吸收。

④ 在铅污染的土壤中施用改良剂，如钙、镁及磷肥等，以降低土壤中铅的活性，减少作物对铅的吸收。

(4) 铬污染的防治对策　根据铬在土壤中迁移转化的规律，防治土壤中铬的污染可采取下列主要措施。

① 在 Cr^{3+} 污染的土壤中，施用石灰石、硅酸钙或磷肥等调节土壤呈微碱性，使铬形成 $Cr(OH)_3$ 状态而加以固定，可减少铬对作物的危害。

② 施用有机肥，使土壤处于还原环境，有效减轻或消除六价铬对植物的危害。另外，有机肥能够通过吸附作用，降低六价铬对植物的毒害。

③ 选择种植非食用植物，利用植物累积铬的作用净化污染的土壤。

④ 实行水旱轮作是轻度铬污染的有效改良措施。水旱轮作使土壤 pH 值增高，E_h 下降，有利于铬的吸附固定，从而降低土壤中铬的含量。

(5) 砷污染的防治对策　防治、减轻土壤中砷的污染一般可采取如下措施。

① 施加砷的吸附剂，提高土壤对砷的吸附能力，降低砷的活性，从而避免砷害。如旱田使用堆肥，桃树果园中施加硫酸铁，都可以提高土壤吸附砷的能力，减少砷的危害。

② 在土壤中施加硫粉，降低土壤 pH 值，加强土壤排水，可提高土壤固砷的能力，降低砷的活性，减少砷害。

③ 在土壤中施加各种铁、铝、钙、镁的化合物，可使砷生成不溶性物质而加以固定，例如，施加 $MgCl_2$ 可使土壤污染性砷形成 $Mg(NH_4)AsO_4$ 沉淀，从而降低砷的活性。

④ 采用客土、深耕，利用增加低砷土壤的手段，稀释砷土壤中的砷含量，降低砷的污染。

第四节　化学农药在土壤中的迁移转化

化学农药主要是指通过化学合成用以防治植物病虫害、消灭杂草和调节植物生长的一类化学药剂。例如各类化学合成杀虫剂、除草剂、杀菌剂，以及动、植物生长调节剂等。化学农药若按其主要化学成分进行分类，可分为有机氯农药、有机磷农药、氨基甲酸酯类农药、拟除虫菊酯类农药等。

施用农药确实能对农作物的增产增收起重要的作用，但由于有些农药因化学性质稳定，存留时间长，大量而持续使用的结果，将使其在土壤中累积，到达一定程度后，便会影响作物的产量和质量，构成环境污染。

一、农药在土壤中迁移转化的一般规律

农药通过各种途径进入土壤后，与土壤中的物质发生一系列化学、物理化学和生物化学的反应，致使其在土壤环境中发生迁移、转化、降解，或残留、累积。

1. 土壤对农药的吸附作用

土壤对农药的吸附作用可分为物理吸附、离子交换吸附和氢键吸附等。

物理吸附的强弱决定于土壤胶体比表面的大小。比表面越大，吸附能力越强。物理吸附是可逆的，提高温度可加速解吸的过程。土壤的质地和土壤有机质含量对农药的吸附具有显著影响。土壤腐殖质对农药马拉硫磷的吸附力较蒙脱石大70倍。腐殖质还能吸附水溶性差的农药如DDT，它能提高DDT的溶解度。DDT在0.5%的腐殖酸钠溶液中的溶解度为在水中的20倍。因此腐殖质含量高的土壤，吸附有机氯农药的能力强。

当吸附质和吸附剂上具有NH、OH或O、N原子时，可产生氢键吸附。农药分子中存在的某些官能团如—OH、$—NH_2$、—NHR、$—CONH_2$、—COOR以及$—R_3N^+$等有助于吸附作用，其中带$—NH_2$的化合物，吸附能力最强。

在同一类型的农药中，农药的分子越大，溶解度越小，被植物吸收的可能性越小，而被土壤吸附的量越多。

离子吸附可分为阳离子吸附和阴离子吸附。离子型农药进入土壤后，一般解离为阳离子，可被带负电荷的有机胶体或矿物胶体吸附，有些农药中的官能团（—OH、$—NH_2$、—NHR、—COOR）解离时产生负电荷成为有机阴离子，则被带正电荷的$Fe_2O_3 \cdot nH_2O$、$Al_2O_3 \cdot nH_2O$胶体吸附。

土壤的pH值对农药的吸附也有一定影响。有些农药在不同的pH值条件下有不同的解离方式，因而有不同的吸附形式。如2,4-D(苯氧羧酸类除草剂）在pH值为3～4的条件下解离成有机阳离子，被带负电的胶体吸附，而在pH值为6～7的条件下解离成有机阴离子，被带正电的胶体吸附。

化学农药被土壤吸附后，由于存在形态的改变，其迁移转化能力和生理毒性也随之而变化。如除草剂、百草枯和杀草快被土壤黏土矿物强烈吸附以后，它们在土壤溶液中的溶解度和生理活性就大大降低。

土壤对化学农药的吸附作用，在某种意义上就是土壤对污染有毒物质的净化和解毒作用。土壤对农药的吸附能力越大，农药在土壤中的有效性越低，土壤对农药的净化效果就越好。但是这种土壤净化作用是相对不稳定的，也是有限度的。当被吸附的化学农药为其他离子所交换回到溶液时仍恢复其原有性质；或当加入化学农药的量超过土壤的吸附能力时，土壤就失去了对农药的净化效果，从而使土壤遭受农药污染。

因此，土壤对化学农药的吸附作用，只是在一定条件下起到净化和解毒作用，其主要的作用还是使化学农药在土壤中积累的过程。

2.农药在土壤中的迁移

进入土壤中的农药，在被土壤固相物质吸附的同时，还通过气体挥发、随水淋溶而在土壤中扩散移动，为生物体吸收或转移出土壤之外，而导致大气、水体和生物污染。

化学农药挥发作用的大小，主要决定于农药本身的蒸气压以及土壤的湿度、温度和影响土壤孔隙状况的质地与结构条件。农药的蒸气压相差很大，有机磷和某些氨基甲酸酯类农药蒸气压相当高，而DDT、狄氏剂、林丹等则较低，因此它们在土壤中挥发快慢不一样。某些土壤熏蒸剂如溴甲烷之所以被选用，是因为它们有很高的蒸气压，因而可渗入土壤孔隙以接触防治对象。施用后须及时覆土或封盖，否则将很快逸散到大气中去。土壤中农药向大气的扩散，是大气农药污染的重要途径。

农药在土壤中的淋溶，则主要决定于它们在水中的溶解度。大部分农药属非极性有机化合物，在水中的溶解度很低，其溶解度介于μg/g和ng/g级的范围内。一些氯化碳氢化合物，如聚氯联苯、狄氏剂或林丹等，在水中的溶解度仅在 ng/g 级范围内。

农药的水迁移方式有两种：一种是直接溶于水中，另一种是被吸附于土壤固体颗粒表面上随水分移动而进行机械迁移。除水溶性大的农药如 2,4-D 等易于淋溶外，由于农药被土壤有机质和黏土矿物强烈吸附，特别是难溶性农药如 DDT 等，一般情况下在土体内不易随水向下淋溶，因而大多累积于土壤表层的 30 cm 土层内。有的研究者指出，农药对地下水污染是不大的，而主要是由于土壤侵蚀，通过地表径流流入地面水体，造成水体污染。

农药的挥发、迁移虽可促使土壤本身净化，但却导致扩大、加深其他环境因素的污染。

3. 化学农药在土壤中的降解

农药在土壤中的降解包括微生物降解、化学降解和光化学降解。三者可同时发生，或单独发生，交互影响。不同结构的农药在土壤中的半衰期是不同的，大多数农药的降解转化要经历若干中间过程。中间产物的组成、结构、化学活性和物理性质与母体有很大差异，土壤的组成和性质，如土壤中微生物群落的种类、分布，有机质、铁铝氧化物的分布，矿物质的类型，土壤表面的电荷，金属离子的种类，都可能对降解过程产生影响。

在农药的化学降解中，水解、氧化、还原、加成及脱卤是常见的反应。土壤中的金属离子、H^+ 和 OH^-、游离态氧等分别能对某些化学反应过程起催化作用，而农药的化学结构、分子大小、官能团类型及结合方式都会影响农药在环境中的降解。

在农药的化学降解中，水解反应是最重要的反应之一。有人研究了有机磷农药的水解反应，认为土壤 pH 值和吸附是影响水解的重要因素。在水溶液中，大多数有机磷农药在 pH＝1～5 之间时稳定，但在碱性溶液中稳定性低得多。例如，在 pH＝7～8 时，水解速率猛升，pH 值每增加一个单位，水解速率几乎增加 10 倍；二嗪农在土壤中具有强的水解作用，而且水解作用受到吸附催化。二嗪农的降解反应如下。

$$(R{-}O)_2P(=S){-}O{-}R' \xrightarrow[H^+ \text{或} OH^-]{H_2O} (R{-}O)_2P(=O){-}OH + HO{-}R'$$

土壤表面因受太阳辐射和紫外线作用而引起的农药分解，称为光化学降解。光化学降解的程度取决于光作用的持续时间、光波长度、化学物质状态、携带物体或溶剂对光的敏感性、溶液的 pH 值和水的有无。由于紫外线的穿透能力较弱，只有残留在土壤表面上的农药产生这种降解反应。农药中的除草剂、DDT 以及某些有机磷农药等都能发生光化学降解作用。例如硫化磷酸酯类农药的光降解反应

$$(C_2H_5O)_2P(=S){-}O{-}C_6H_4{-}NO_2 \xrightarrow{h\nu} (C_2H_5O)_2P(=O){-}O{-}C_6H_4{-}NO_2 + HO{-}C_6H_4{-}NO_2$$

对硫磷（1605）　　对氧磷（1600）

对硫磷经光氧化反应形成对氧磷，毒性增大。

$$(C_2H_5O)_2P(=S){-}O{-}N{=}C(CN){-}C_6H_5 \xrightarrow{h\nu} (C_2H_5O)_2P(=O){-}S{-}N{=}C(CN){-}C_6H_5$$

辛硫磷

辛硫磷经光催化，异构化反应，使其由硫酮式转变为硫醇式，毒性增大。

有机氯农药在紫外光作用下的降解过程，主要有两种类型，一类是脱氯过程，另一类是分子内重排，形成与原化合物相似的同分异构体。

光化学降解作用对于施用在土壤表面上的农药可能是极为重要的。

土壤微生物对农药的降解是土壤对农药最彻底的净化。但各种农药的性质和降解过程是很复杂的。有些剧毒农药，一经降解就失去了毒性，如农药西维因的降解。

$$C_{10}H_7-O-C(=O)-N(H)-CH_3 + H_2O \longrightarrow C_{10}H_7-OH + H_2NCH_3 + CO_2$$

又如对硫磷（1605）在微生物作用下，只需几天时间其毒性就基本消失。其水解反应如下。

$$(C_2H_5O)_2P(=S)-O-C_6H_4-NO_2 + H_2O \xrightarrow{\text{水解}} (C_2H_5O)_2P(=S)-OH + HO-C_6H_4-NO_2$$

许多土壤细菌和真菌都能使芳香环破裂，这是环状有机物在土壤中彻底降解的关键性步骤。如2,4-D在无色杆菌作用下发生苯环破裂。

$$\text{2,4-D}\ (O-CH_2COOH) \longrightarrow \text{2,4-二氯苯酚}\ (OH) \longrightarrow \text{4-氯邻苯二酚}\ (OH, OH) \longrightarrow \text{开环产物}\ (COOH, COOH) \longrightarrow CO_2 + H_2O + Cl^-$$

而另一些农药，虽然自身的毒性不大，但它们的分解产物毒性很大，对硫磷光解产物对氧磷，辛硫磷的光解产物硫代特普毒性都很强；还有些农药，其本身和代谢产物都有较大的毒性。所以在评价一种农药是否对环境有污染时，不仅要看农药本身的毒性，而且还要注意代谢产物是否存在潜在的危害。

土壤中农药在各种因素影响下的迁移转化见图4-3。

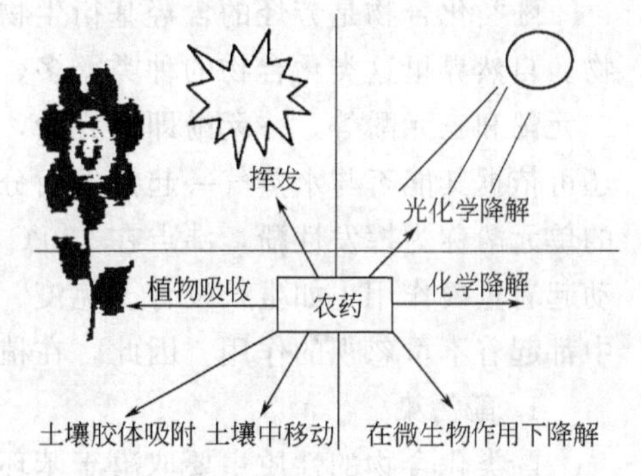

图4-3　土壤中农药在各种因素影响下的迁移转化

二、土壤环境中化学农药污染的防治

土壤环境农药污染的防治，其主要是"防"，即应以"预防为主"。如果土壤已经遭受某种农药的严重污染，则应首先中断污染源，停止使用该种农药。随着时间的推移，土壤中残留的农药总会逐渐降解的，因此，一般可不必采取什么特别的方法进行治理。为了增强土壤环境的自净能力或加速某种农药的降解，一般可采取以下几个方法。

（1）增加土壤中有机、无机胶体的含量，以增加土壤的环境容量；或施入吸附剂以增加土壤对农药的吸收，减轻农药对作物的污染。例如，埋入活性炭可降低磺乐灵或伏草隆在土壤中的活性。施入大量有机肥和植物残茬，可减轻残留农药的毒性。垃圾堆肥和绿肥也有明显的减轻残留农药毒性的作用。利用表面活性剂可以调节农药在土壤剖面中的渗透深度、活性和持留性。

（2）调节土壤水分、土壤pH值、E_h，以增加农药的降解速率。例如，DDT在土壤灌溉水时，分解速率较干旱时为快；又如有些农药在pH值较高时分解速率加快，绝大多数有机磷农药以及DDT、六六六都是如此。而又有些农药在土壤pH值较低时分解速度也加快，如二嗪农在中性范围内最稳定，在pH＝7.4，20℃时在水中的半衰期为155天，当pH＝3.1和pH＝10.4时，半衰期分别为0.5天和6天，说明二嗪农对酸更不稳定。至于调节土壤E_h的问题，需视不同农药的特性采取不同的措施。有的农药降解反应是个氧化反应，或是在好气性微生物作用下发生的，则应当提高土壤的E_h；若农药的降解反应主要过程或关键步骤是个还原反应，且主要是在嫌气性微生物作用下发生的，则应适当降低土壤的E_h。

(3) 某些金属离子或其与某些螯合剂相螯合时，具有催化作用。因此，可采取施加该类催化剂的方法，以提高土壤的催化化学降解作用。例如，二嗪农和毒死蜱通过与Cu^{2+}-蒙脱石接触而迅速分解，在20℃下，它们的半衰期分别为4h和0.9h，又如铜与联吡啶及L-组氨酸的螯合物在pH＝7.6，38℃时，能使丙氟磷水解速率分别增加约600倍及300倍。

(4) 选育活性较高的能够分解某种农药的土壤微生物或土壤动物，以增加土壤的生物降解作用。例如，根固氮菌可将对硫磷迅速地还原为氨基对硫磷。又如，枯草杆菌将杀螟松转化为无毒的代谢物——氨基衍生物和去甲基衍生物，但不能转化为有毒的氧式代谢物。

第五节　其他污染物质在土壤中的迁移转化

一、酚在土壤中的迁移转化

酚类化合物是芳烃的含羟基衍生物，或者说是芳烃中苯环上的氢原子被羟基取代后的产物。自然界里这类化合物的种类繁多，通常依据联在苯环上的羟基数目，将其分为一元酚、二元酚和三元酚等，一元酚即单元酚，含两个以上羟基的酚，又统称为多元酚。酚类化合物还可依据其能否与水蒸气一起挥发而分为挥发性酚和不挥发性酚。一般将沸点在230℃以下的单元酚称为挥发性酚，沸点在230℃以上的酚为不挥发性酚。酚类化合物对植物的生命活动起着重要作用，如生长发育、免疫、抗菌等生理过程中以及光合、呼吸、代谢等生化过程中都起着不可忽视的作用。因此，在植物体内含有丰富的酚类化合物。

1. 酚污染

酚类化合物的性质主要取决于苯环上羟基的位置和数目，同时苯环和羟基在分子中相互影响也很重要。它们之间有许多共同的性质，如呈弱酸性；都可以和三氯化铁反应而呈现不同的颜色；并且在环境中都易被氧化等。就酚类化合物的毒性程度来说，以苯酚的最大，通常含酚废水中又以苯酚和甲酚含量为最高，因此，目前环境监测中往往以苯酚、甲酚等挥发性酚为污染指标。

酚的主要来源是工业废水的排放。来自焦化厂、煤气厂废水（一般含挥发酚40～3000mg/L、非挥发酚10～2000mg/L）、绝缘材料厂、石油化工工业（例如合成苯酚、石油裂解和合成聚酰胺纤维等）、合成染料和制药厂等。这些废水中酚的变化范围可在1～8000mg/L之间。生活污水中也含有酚，这主要来自粪便和含氮有机物的分解。

一般来说含酚废水的排放必然导致水体和土壤的污染，挥发到空间，可使大气受到污染。例如，用含高浓度酚的废水灌溉农田，对作物有直接的毒害作用，主要表现为抑制光合作用和酶的活性，妨碍细胞膜的功能，破坏植物生长素的形式，影响植物对水分的吸收。

2. 酚的迁移转化

自然土壤中，酚主要存在于腐殖质中或施入的有机肥料中，外源酚主要存在于土壤溶液中以极性吸附方式被土壤胶体吸附，也有极少部分与其他化学物质相结合，形成结合酚。因此，进入土壤的酚受土壤微粒的阻滞、吸附而大量留在土层上层，其中大部分经挥发而逸散进入空中，这是土壤外源酚净化的重要途径，其挥发程度与气温成正比。酚的迁移转化还与下列因素有关。

（1）土壤微生物对酚具有分解净化作用　例如，酚细菌、多酚氧化酶和一些分解酶的多种细菌，能迅速分解酚，其净化机制为生物化学分解，分解速度取决于酚化合物的结构、起始浓度、微生物条件、温度等因素。

（2）植物对酚的吸收与同化作用　进入土壤的外源酚，可以通过植物的维管束运输到植物各器官，尤其是生长旺盛的器官。进入植物体内的酚，很少是游离状态存在，大多与其他物质形成复杂的化合物。另外，植株也可以将吸收的苯酚中的一部分转化成二氧化碳放出。

（3）土壤空气中的氧对酚类化合物具有氧化作用　其氧化速率非常缓慢，其最后分解产物为二氧化碳、水和脂肪。

土壤及植物对酚具有一定的净化作用，但当外源酚含量超过其净化能力时，将造成酚在土壤中的积累，并对作物产生毒害。

二、氟在土壤中的迁移与累积

1. 氟污染

氟是一种具有毒性的元素。地方性氟中毒就是由于长期摄入过量的氟化物所造成的，其主要症状表现为氟斑牙和氟骨症。氟也是重要的生命必需微量元素，适量的氟可防止血管钙化，氟不足时常出现佝偻病、骨质松脆和龋齿流行。

氟在自然界的分布主要以萤石（CaF_2）、冰晶石（Na_3AlF_6）和磷灰石［$Ca_5F(PO_4)_3$］等三种矿物形式存在。因此，土壤环境中氟的污染主要来源：一是上述富氟矿物的开采和扩散；二是在生产过程中使用含氟矿物或氟化物为原料的工业，如炼铝厂、炼钢厂、磷肥厂、玻璃厂、砖瓦厂、陶瓷厂和氟化物生产厂（如塑料、农药、制冷剂和灭火剂等）的“三废”排放；三是燃烧高氟原煤所排放到环境中的氟。所以，在这些矿山、工厂和发电厂附近，以及施用含氟磷肥的土壤中容易引起氟污染。此外，引用含氟超标的水源（地表水或地下水）灌溉农田；或因地下水中含氟量较高，当干旱时氟随水分的上升、蒸发而向表层土壤迁移、累积，也可导致土壤环境的氟污染。例如，在我国的西北、东北和华北存在大片干旱的富氟盐渍低洼地区，其表层土壤含氟量可达 2000mg/kg（是一般土壤背景值的 10 倍），它就是由于地下水含氟量较高所致。

2. 土壤中氟的迁移与累积

土壤中的氟，可以各种不同的化合物形态存在，且大部分为不溶性的或难溶性的。

以难溶形态存在的氟不易被植物吸收，对植物是安全的。但是，土壤中的氟化物，可随水分状况以及土壤的 pH 值等条件的改变而发生迁移转化。例如，当土壤的 pH 值小于 5 时，土壤中活性 Al^{3+} 的量增加，F^- 可与 Al^{3+} 形成可溶性配离子 AlF_2^+、AlF^{2+}，而这两种配离子可随水进行迁移且易被植物吸收，并在植物体内累积。但当在酸性土壤中加入石灰时，大量的活性氟将被 Ca^{2+} 牢固地固定下来，从而可大大降低水溶性的氟含量。

在碱性土壤中，因为 Na^+ 含量较高，氟常以 NaF 等可溶盐的形式存在，从而增大了土壤溶液中 F^- 的含量，并可引起地下水源的氟污染。当施入石膏后，可相对降低土壤溶液中 F^- 的含量。

F^-相对交换能力较高，易与土壤中带正电荷的胶体，如含水氧化铝等相结合，甚至可以通过配位基交换生成稳定的配位化合物，或生成难溶性的氟铝硅酸盐、氟磷酸盐，以及氟化钙、氟化镁等，从而在土壤中累积起来。因此，受氟污染的地区，土壤中氟含量可以逐年累积而达到很高值。例如，浙江杭嘉湖平原土壤含氟量平均约 400 mg/kg，高出全国平均含量的1倍。

植物对土壤中氟的迁移与累积有着特殊的作用。土壤中的氟化物通过植物根部的吸收，经茎部积累在叶组织内，最后集积在叶的尖端和边缘部分。植物的叶片也可直接吸收大气中气态的氟化物。植物对氟的吸收，使氟从简单到复杂，从无机向有机转化，从分散到集中，最终以各种形态富集在土壤表层。

阅读材料

绿色食品基础知识

什么是绿色食品？绿色食品是遵循可持续发展原则，按照特定生产方式生产，经专门机构认定，许可使用绿色食品标志商标的无污染的安全、优质、营养类食品。

绿色食品的标志由三部分构成，即上方的太阳，下方的叶片和中心的蓓蕾，象征自然生态；颜色为绿色，象征着生命、农业、环保；图形为正圆形，意为保护、安全。整个图形描绘了一幅阳光照耀下的和谐生机，告诉人们绿色食品是出自纯净、良好生态环境的安全、无污染食品，能给人们带来蓬勃的生命力。绿色食品标志还提醒人们要保护环境和防止污染，通过改善人与环境的关系，创造自然界新的和谐。

绿色食品标志商标作为特定的产品质量证明商标，已由中国绿色食品发展中心在国家工商行政管理局注册，从而使绿色食品标志商标专用权受《中华人民共和国商标法》保护，这样既有利于约束和规范企业的经济行为，又有利于保护广大消费者的利益。绿色食品商标已在国家工商行政管理局注册的有以下四种形式（见图 4-4）。

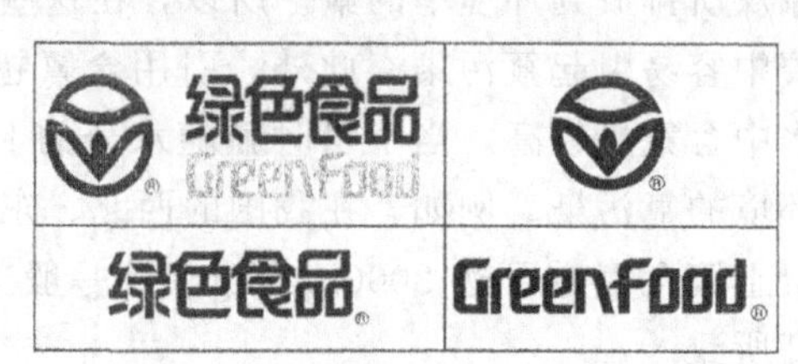

图 4-4　已在国家工商行政管理局注册的绿色食品商标

中国绿色食品发展中心把绿色食品分为两类，即 AA 级和 A 级。AA 级绿色食品标志与字体为绿色，底色为白色，A 级绿色食品标志与字体为白色，底色为绿色。

绿色食品必须具备的条件如下。

① 产品或产品原料产地必须符合绿色食品生态环境质量标准。

② 农作物种植、畜禽饲养、水产养殖及食品加工必须符合绿色食品生产操作规程。

③ 产品必须符合绿色食品产品标准。

④ 产品的包装、贮运必须符合绿色食品包装贮运标准。

A 级绿色食品系指在生态环境质量符合规定标准的产地，生产过程中允许限量使用限定的化学合成物质，按特定的生产操作规程生产、加工，产品质量及包装经检测、检查符合特定标准，并经专门机构认定，许可使用A级绿色食品标志的产品。

AA级绿色食品（等同有机食品）系指在生态环境质量符合规定标准的产地，生产过程中不使用任何有害化学合成物质，按特定的生产操作规程生产、加工，产品质量及包装经检测、检查符合特定标准，并经专门机构认定，许可使用AA级绿色食品标志的产品。

绿色食品标准包括产地环境质量标准、生产技术标准、产品标准、包装标准以及相关的其他标准，构成一个“从土地到餐桌”的全程质量监控标准体系。

绿色食品产地环境质量标准的主要内容是指农业初级产品或食品的主要原料，其生产区域内没有工业企业的直接污染，水域、上风口没有污染源对该区域构成污染威胁，使该区域内的大气、土壤及灌溉用水、养殖用水质量均符合绿色食品的大气、土壤、水质标准。并有一套保证措施，确保该区域在今后的生产过程中环境质量不下降。

绿色食品的技术标准有两项内容：一是生产绿色食品的肥料、农药、兽药、水产养殖用药、食品添加剂、饲料添加剂使用准则；二是依据这些“准则”制定的包括农产品种植、畜禽养殖、水产养殖和食品加工等生产操作规程。

绿色食品产品标准是指绿色食品最终产品必须符合相应的产品标准，这些标准是依据绿色食品卫生标准并参照国家、行业的相关标准及国际标准制定的，通常高于或等同于现行标准，有些还增加了检测项目。绿色食品卫生标准一般分为三部分：农药残留、有害金属和细菌。

绿色食品产品的包装、商品的标签有其特殊规定。

① 产品包装的基本要求：较长的保质期（货架寿命）；不带来二次污染；不损失原有营养及风味；包装成本要低；贮藏运输方便、安全；增加美感引起食欲。

② 除产品包装的基本要求外，在包装装潢上应符合《绿色食品标志设计标准手册》的要求。

③ 商品标签必须标注以下几方面内容：食品名称；产品类型；配料表；净含量及固形物含量；制造者、经销者的名称和地址；日期标志（生产日期、保质期或保存期）；贮藏指南；质量（品质）等级；产品标准号；特殊标注内容。

绿色食品的开发有利于保护农业生态环境，有利于保障人们身体健康，提高了农业和食品加工业的经济效益，增强了产品在国际市场上的竞争力。

绿色食品产业体系包括：①绿色食品农业生产体系；②绿色食品加工制造业体系；③绿色食品专用生产资料制造业体系；④绿色食品商业流通体系；⑤绿色食品科技教育体系；⑥绿色食品技术监督体系；⑦绿色食品管理体系；⑧绿色食品社会团体等方面。

国际上与绿色食品相类似的食品在英语国家多称有机食品，在芬兰、瑞典等非英语国家称生态食品，在日本称自然食品。虽然叫法不同，但基本上都是指限制产品生产过程中化学肥料、农药和其他化学物质使用而生产的食品。

1. 土壤的组成与性质

土壤是裸露在地表的岩石，在各种物理、化学和生物因素的长期作用下，逐渐演变成的具有土壤肥力，人类赖以生存的最重要的自然资源之一。

土壤剖面形态常包含三个层次：A层（淋溶层）、B层（淀积层）和C层（母质层）。相邻土层之间的界线可能是清晰的，也可能是模糊的。

土壤是由固体、液体和气体三相共同组成的疏松多孔体。其主要成分为土壤矿物质、土壤有机质、土壤生物、土壤水分及土壤空气。

土壤性质对污染物在土壤中的迁移转化具有十分重要的作用。其主要性质有：吸附性、酸碱性、氧化还原性及自净作用。

2. 土壤环境污染

土壤环境有其环境背景值和一定的环境容量，当通过各种途径输入的环境污染物，其数量和速度超过土壤自净作用的速度，超出土壤环境容量时，则产生土壤环境污染。

土壤环境污染具有隐蔽性、潜伏性，有些污染甚至还具有不可逆性和长期性的特点。

3. 重金属在土壤中的迁移转化

影响重金属在土壤中迁移转化的因素主要有金属的化学特性、土壤的生物特性、物理特性及环境条件等。

重金属在土壤中的迁移方式主要有物理迁移、物理化学迁移、化学迁移及生物迁移等。

土壤中的汞可以金属汞、无机汞和有机汞三种形态存在，这三种形态的汞在一定条件下可以相互转化。

土壤中的无机汞化合物在嫌气细菌作用下，可以转化为甲基汞。甲基汞是汞的污染物中毒性最大的污染物。

土壤胶体对进入土壤中的镉有较强的吸附作用，因而进入土壤中的镉主要累积于土壤表层。土壤中水溶性镉与非水溶性镉间的转化与土壤的酸碱度、氧化-还原条件及碳酸盐含量有着密切的关系。

水溶性镉易被植物吸收，并可通过食物链进入人体，造成对人体的危害。

进入土壤中的铅主要以难溶态化合物形式存在于土壤表层，但土壤pH值下降将使可溶性铅含量升高。

植物可吸收土壤溶液中的可溶性铅，并主要积累于植物的根部。

土壤中的铬多为难溶性化合物，其迁移转化主要受土壤pH值、有机质及E的制约。

土壤中砷的迁移转化与土壤的E_h、pH值有着密切的关系。

4. 化学农药在土壤中的迁移转化

土壤对农药的吸附作用，可降低农药的迁移性，但农药可通过气体挥发、雨水淋溶或生物吸收等途径发生迁移，通过化学反应、光化学反应或微生物的分解作用而降解。

5. 其他污染物质在土壤中的迁移转化

土壤中酚的挥发作用是酚迁移的一个重要途径，土壤中微生物对酚的降解作用及植物对酚的吸收与同化作用对土壤中酚的净化具有十分重要的意义。

土壤中的氟多以不溶性或难溶性化合物形态存在，其迁移转化过程与土壤水分状况，pH值等条件有关。

适量的氟对人体健康是有利的。

思考与练习

1. 用自己的语言简述土壤的形成，并指出土壤形成的关键步骤及土壤的最本质特征。

2. 土壤有哪些主要成分？有哪些主要性质？

3. 土壤的主要成分对土壤的主要性质有哪些影响？

4. 什么是土壤环境背景值？什么是土壤环境容量？请查出 Hg、Pb、Cd 三种元素的土壤环境质量标准，并通过数据分析指出哪种元素的环境容量最小。

5. 土壤的净化作用对土壤的环境容量有什么影响？

6. 土壤环境污染有何特点，为什么？

7. 土壤环境污染的途径有哪些？

8. 影响重金属在土壤中迁移转化的因素有哪些？重金属的迁移转化途径有哪些？

9. 试对汞污染物在土壤和水体中的迁移行为进行比较。

10. 影响镉在土壤中迁移转化的主要因素是什么？为什么？

11. 土壤中可溶性铅含量与土壤的 E_h 及 pH 值有何关系？

12. 预防土壤重金属污染的基本原则是什么？铅污染防治的常用措施有哪些？

13. 化学农药在土壤中的迁移转化途径有哪些？

14. 试述石灰降低土壤中活性氟的原理。

第五章 污染物在生物体内的迁移转化

学习指南

污染物在生物体内的迁移和转化是影响污染物在环境中的最终归宿的重要因素之一，也是人们所关注的重点。本章从生物的基础知识讲起，重点介绍污染物的生物富集、生物放大、生物积累和污染物的微生物降解过程以及污染物对人体的危害。

第一节 生物污染和生物污染的主要途径

一、生物污染

生物污染本身具有两种含义。其一是指对人和生物有害的微生物、寄生虫等病原体和变应原等污染水体、大气、土壤和食品，影响生物产量和质量，危害人类健康，这种污染称为生物污染。它是根据污染物的性质而进行分类的。其二是指大气、水环境以及土壤环境中各种各样的污染物质，包括施入土壤中的农药等，通过生物的表面附着、根部吸收、叶片气孔的吸收以及表皮的渗透等方式进入生物机体内，并通过食物链最终影响到人体健康。把污染环境的某些物质在生物体内累积至数量超过其正常含量，足以影响人体健康或动植物正常生长发育的现象称为生物污染。第二种含义则是根据被污染对象的类型来进行分类的。本章内容中所指生物污染含义均为后一种。对于生物体来讲，有些物质是有害或有毒的，有些物质则是无害甚至是有益的，但是大多数物质在其被超常量摄入时对生物体都是有害的。

二、植物受污染的主要途径

植物受污染物污染的主要途径有表面附着及植物吸收等，而污染物在植物体内的分布规律则与植物吸收污染物的主要途径、植物的种类及污染物的性质等因素有关。

1. 表面附着

表面附着是指污染物以物理方式黏附在植物表面的现象。例如，散逸到大气中的各种气态污染物、施用的农药、大气中降落的粉尘及含大气污染物的降水等，会有一部分黏附在植物的表面上，造成对植物的污染和危害。表面附着量的大小与植物的表面积大小、表面形状、表面性质及污染物的性质、状态等有关。表面积较大、表面粗糙且有绒毛的植物其附着量较大，黏度较大、呈粉状的污染物在植物上的附着量亦较大。

2. 植物吸收

植物对大气、水体和土壤中污染物的吸收方式可分为主动吸收和被动吸收两种。

主动吸收即代谢吸收，它是指植物细胞利用其特有的代谢作用所产生的能量而进行的吸收作用。细胞通过这种吸收能把浓度差逆向的外界物质引入细胞内。例如，植物叶面的气孔可不断吸收空气中极微量的氟等，吸收的氟随蒸腾转移到叶尖和叶缘，并在那里积累至一定浓度后造成植物组织的坏死。植物通过根系从土壤或水体中吸收营养物质和水分的同时亦吸收污染物，其吸收量的大小与污染物的性质及含量、土壤性质和植物品种等因素有关。例如，用含镉的污水灌溉水稻，镉将被水稻从根部吸收，并在水稻的各个部位积累，造成水稻的镉污染。主动吸收可使污染物在植物体内得以成百倍、上千倍甚至数万倍的浓缩。

被动吸收即物理吸收，这种吸收依靠外液与原生质的浓度差，通过溶质扩散作用实现吸收过程，其吸收量的大小与污染物的性质及其含量大小，植物与污染物接触时间的长短等因素有关。

总之，植物对污染物的吸收是一个复杂的综合过程。其根部对污染物的吸收主要受到土壤 pH 值、污染物浓度以及环境理化性质的影响，而暴露于空气中的植物的地上部分对污染物的摄取，主要取决于污染物的蒸气压。

三、动物受污染的主要途径

环境中的污染物主要通过呼吸道、消化道和皮肤吸收等途径进入动物体内，并通过食物链得到浓缩富集，最终进入人体。

1. 动物吸收

动物在呼吸空气的同时将毫无选择地吸收来自空气中的气态污染物及悬浮颗粒物，在饮水和摄取食物的同时，也将摄入其中的污染物，脂溶性污染物还能通过皮肤的吸收作用进入动物机体。例如，某些气态毒物如氰化氢、砷化氢以及重金属汞等都可经皮肤吸收。当皮肤有病损时，原不能经完整皮肤吸收的物质也可通过有病损的皮肤而进入动物体。

呼吸道吸收的污染物，通过肺泡直接进入动物体内大循环；消化道吸收的污染物通过小肠吸收（吸收的程度与污染物的性质有关），经肝脏再进入大循环；经皮肤吸收的污染物可直接进入血液循环；另外，由呼吸道吸入并沉积在呼吸道表面上的有害物质，也可以咽到消化道，再被吸收进入机体。

污染物质进入人体的主要途径是通过饮食、呼吸和皮肤的吸收作用（见图 5-1）。图中同时还显示了人体对废物的排泄通道。

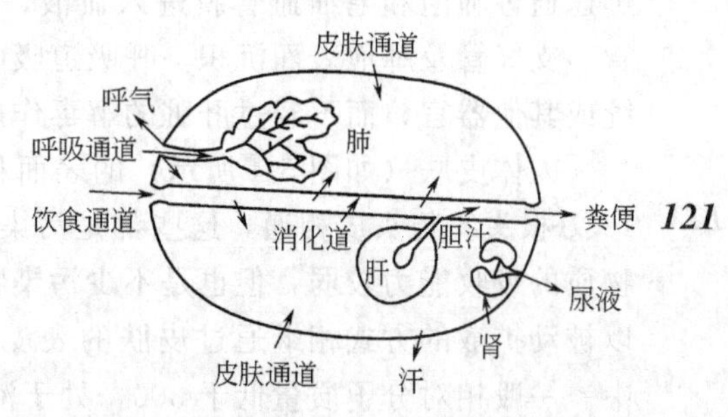

图 5-1 环境毒物进入人体的通道

一个能活到 80 岁的人在其一生中需要2.5～5t 蛋白质，13～17t 的碳水化合物和 70～75t 水。这些物质都是通过饮食逐日进入体内的。“病从口入”是指在进食被农药、重金属或病菌污染的粮食、蔬菜、肉类、禽蛋、水果或饮水的过程中，人体不知不觉中摄入了大量有毒物质和病菌，引发多种疾病。食物和饮水主要是通过消化道进入人体的。从口腔摄入的食物和饮水中的污染物质，主要是被动扩散被消化管吸收，主动转运很少。消化管包括口腔、咽喉、食管、胃、小肠、大肠等部位（如图 5-2 所示），其中主要吸收部位是小肠，其次是胃。成人的小肠全长约 5.5m，是消化道全长约 9m 的 0.6 倍左右。从几何学角度来讲，符合“黄金分割”定律。小肠的吸收总面积约 $200m^2$，血液流速约 1L/s。小肠最内层是黏膜，黏膜向肠腔内形成许多突起，称为小肠绒毛，黏膜内布满毛细血管。进入小肠的污染物质大多数以被动扩散方式通过小肠黏膜再转入血液，因而污染物质的脂溶性越强、在小肠内浓度越高，被小肠吸收越快。此外血液流速也是影响机体对污染物质吸收的因素之一。血液流速越大，则膜两侧污染物质浓度梯度越大，机体对污染物质的吸收速率越大。由于脂溶性污染物质经膜通透性好，因此它被小肠吸收的速率受血液流速的限制。而胃的吸收面积约 $1m^2$，血液流速约为 0.15L/s，同时小肠的 pH 值约等于 6.6，大于胃的 pH 值（约等于 2），因此，小肠的吸收功能远远大于胃的吸收功能。

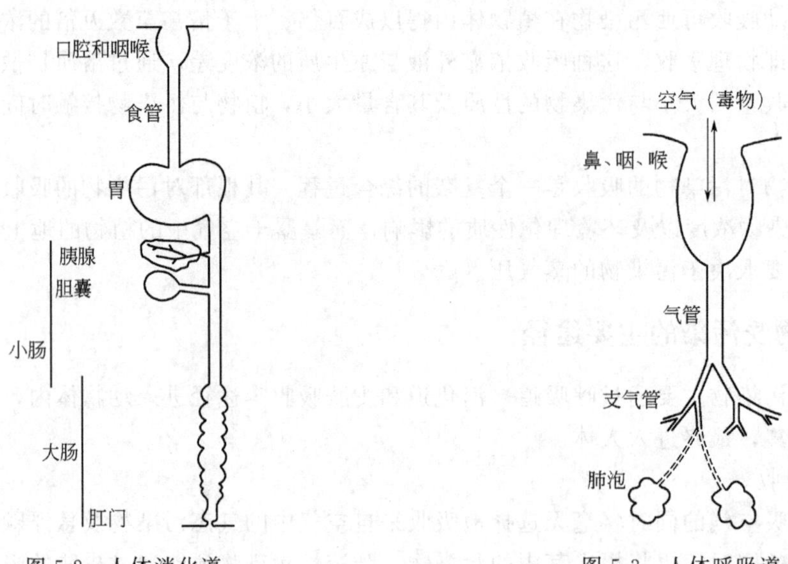

图 5-2　人体消化道　　　图 5-3　人体呼吸道

人的饮食有时有节，但吸入氧气和呼出二氧化碳的呼吸过程却是不能中断的。成年人每天吸入 $10\sim12m^3$ 的空气，而空气中正隐藏着各种各样的污染物质。呼吸道是吸收大气污染物质的主要途径。人的呼吸道主要包括鼻、咽、喉、气管、支气管及肺等部位（如图 5-3 所示）。其主要的吸收部位是肺泡，肺泡的膜很薄，数量众多，表面布满壁膜极薄、结构疏松的毛细血管。因此吸收的气态和液态气溶胶污染物质，可以通过被动扩散和滤过方式，分别迅速通过肺泡和毛细血管膜进入血液。固态气溶胶和粉尘污染物质吸进呼吸道后，可在气管、支气管及肺泡表面沉积。呼吸道吸收的污染物质可以直接进入血液系统并转移至淋巴系统或其他器官，而不经过肝脏的解毒作用，从而产生的毒性更大。

人体皮肤（如图 5-4 所示）的表面积平均约为 $1.8m^2$，同时还有近 10 万个毛细孔和近 10 万根头发与头皮相通，这些都是污染物质进入人体的通道。相比而言，人体皮肤对污染物质的吸收能力较弱，但也是不少污染物质进入人体的重要途径。皮肤接触的污染物质，常以被动扩散的方式相继通过皮肤的表皮及真皮，再滤过真皮中的毛细血管壁膜进入到血液中。一般相对分子质量低于 300，处于液态或溶解态，呈非极性的脂溶性污染物质，最容易被皮肤吸收，如酚、醇和某些有机磷农药等容易通过皮肤，并在动物体内发生转化与排泄

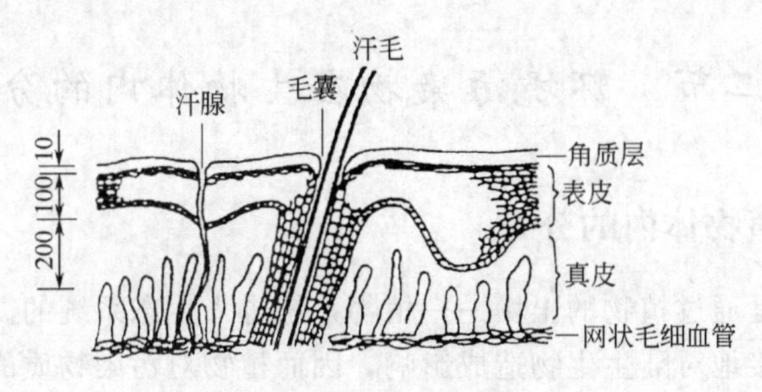

图 5-4　人体皮肤结构

作用。

有机污染物进入动物体后，除很少一部分水溶性强、相对分子质量小的毒物可以原形排出外，绝大部分都要经过某种酶的代谢或转化作用改变其毒性，增强其水溶性而易于排泄。肝脏、肾脏、胃、肠等器官对各种毒物都有生物转化功能，其中尤以肝脏最为重要。

无机污染物（包括金属和非金属污染物）进入动物体后，一部分参与体内生物代谢过程，转化为化学形态和结构不同的物质，如金属的甲基化、脱甲基化、配位反应等；也有一部分直接蓄积于体内各器官。

动物体对污染物的排泄作用主要通过肾脏、消化道和呼吸道，也有少量随汗液、乳汁、唾液等分泌液排出，还有的在皮肤的新陈代谢过程中到达毛发而离开机体。有毒物质在排泄过程中，可在排出器官处造成继发性损害，成为中毒表现的一部分。另外，当有毒物质在体内某器官处的蓄积超过某一限度时，则会给该器官造成损害，出现中毒表现。

2. 食物链作用

生物（包括微生物）能通过食物链传递和富集污染物。

水体中的污染物通过生物、微生物的代谢作用进入生物、微生物体内得到浓缩，其浓缩作用可使污染物在生物体内的含量比在水体中的浓度大得多。例如，进入水体中的污染物，除了由水中生物的吸收作用直接进入生物体外，还有一个重要途径，即食物链。浮游生物是食物链的基础。在水体环境中，常存在如下食物链：虾米吃“细泥”（实质上是浮游生物），小鱼吃虾米，大鱼吃小鱼。污染物在食物链的每次传递中浓度就得到一次浓缩，甚至可以达到产生中毒作用的程度。人处于这一食物链的末端，人若长期食用了污染水体中的鱼类，则可能由于污染物在体内长期富集浓缩，引起慢性中毒。震惊世界的环境公害之一——日本熊本县“水俣病”，就是因为水俣湾当地的居民较长时间内食用了被周围石油化工厂排放的含汞废水污染和富集了甲基汞的鱼、虾、贝类等水生生物，造成大量居民中枢神经中毒，甚至死亡所引起的“疾病”，它是由含汞废水进入“海水-鱼-人”食物链而造成的对人体的严重毒害。

环境污染物不仅可以通过水生生物食物链富集，也可以通过陆生生物链富集。例如，农药、大气污染物，可通过植物的叶片、根系进入植物体内得到富集，而含有污染物的农作物、牧草、饲料等经过牛、羊、猪、鸡等动物进一步富集，最后通过粮食、蔬菜、水果、肉、蛋、奶等食物进入人体中浓缩，危害人体健康。例如，日本的“痛痛病”事件（又称“镉米事件”）就是因为当地居民用被锌、铅冶炼厂等排放的含镉工业废水所污染的河水灌溉农田，使稻米中含有大量的镉（“镉米”），居民食用含镉稻米和饮用含镉的水而引发的镉中毒事件。

第二节　环境污染物在生物体内的分布

一、污染物在植物体内的分布

许多污染物质都是通过植物的土壤——植物系统进入生态系统的。由于污染物质在生物链中的积累直接或间接地对陆生生物造成影响，因而植物对污染物质的吸收被认为是污染物在食物链中的积累并危害陆生动物的第一步。

植物吸收污染物后，其污染物在植物体内的分布与植物种类、吸收污染物的途径等因素有关。

污染物质进入到植物体至少有三种途径：①通过根系的吸收并通过蒸腾作用输送到植物体的各部分；②通过植物叶片的气孔从周围空气中吸收蒸气化的污染物质，并输送到植物体的各个部分；③植物表皮通过渗透作用吸收有机污染物的蒸气。各种途径吸收的污染物总和减去植物代谢过程中消耗或损失的就是污染物质在生物体内的积累。

污染物主要是通过根部吸收进入植物体内的，根部对污染物质的吸收有两种方式：主动吸收和被动吸收。主动吸收需要消耗一定量的能量，而被动吸收主要是通过扩散、吸收和质量流动，不需要消耗能量。

根部吸收主要是物理吸附而不是生物化学行为。而且根部的吸收过程在最初的一个小时之内最快，占48小时过程的50%～70%，起始2～5分钟则占48小时的25%，而这时物质还没有到达茎部和叶部。根部在吸收的过程中污染物质在根部很快达到平衡而且浓度不随时间增加而变化。随后被吸收的污染物质被可逆的释放到不含污染物的溶液中去。

植物吸收的另一个重要途径是通过茎、叶等暴露在空气中的植物地上部分，吸收空气中的蒸气态的污染物质或沉降在颗粒表面的污染物物质。叶子表面有很多气孔，气孔可以随环境条件的变化而有时张开有时关闭，气孔是二氧化碳、氧气和其他气体的进出口，也是蒸腾作用的出口，环境中蒸气态污染物质能直接被气孔吸收而进入植物体内，喷洒或沉降在茎叶表面的污染物质也能通过扩散作用进入气孔。此外，降落在植物表面的污染物质也可通过渗透作用进入植物体内，虽然对于植物的整个吸收过程来讲，这种吸收作用很少，但是对于某些污染物质来说，地上部分的吸收可能比根部的吸收更重要。污染物质在到达植物表皮前一般经历以下两个步骤：首先是挥发过程，污染物质从土壤表层挥发到空气中，其次是沉降过程，空气中的污染物质沉降在植物暴露于空气中茎、叶等地上部分。只有植物表面直接接触的污染物质才能通过渗透作用进入植物体内。污染物质被根部或植物表面吸收后，在蒸腾作用的带动下，随着植物体内的物质循环到达各个部分。

植物从大气中吸收污染物后，污染物在植物体内的残留量常以叶部分布最多。例如，在含氟的大气环境中种植的番茄、茄子、黄瓜、菠菜、青萝卜、胡萝卜等蔬菜体内氟的含量分布符合此规律。

植物从土壤和水体中吸收污染物，其残留量的一般分布规律是：根>茎>叶>穗>壳>种子。例如，在被镉污染的土壤中种植的水稻，其根部的镉含量远大于其他部位。

试验表明，植物的种类不同，对污染物的吸收残留量的分布也有不符合上述规律的。例如，在被镉污染的土壤中种植的萝卜和胡萝卜，其根部的含镉量低于叶部。

二、污染物在动物体内的分布

污染物质在动物体内的分布过程主要包括吸收分布和排泄。下面以人为例介绍污染物质在动物体内的分布过程。这些基本原理适用于哺乳动物以及其他一些动物（如鱼类）。

1. 吸收

吸收是污染物质从有机体外，通过各种途径透过体膜进入血液的过程。污染物质进入人体被吸收后，一般通过血液循环输送到全身。血液循环把污染物质输送到各器官（如肝、肾等），对这些器官产生毒害作用；也有些毒害作用如砷化氢气体引起的溶血作用，在血液中就可以发生。污染物质的分布情况取决于污染物与机体不同的部位的亲和性，以及取决于污染物质通过细胞膜的能力。脂溶性物质易于通过细胞膜，此时，经膜通透性对其分布影响不大，组织血流速度是分布的限制因素。污染物质常与血液中的血浆蛋白质结合，这种结合呈现可逆性，结合与解离处于动态平衡。只有未与蛋白结合的污染物质才能在体内组织进行分布。因此与蛋白结合率不高的污染物，在低浓度下几乎全部与蛋白结合，存留于血浆中。但当其浓度达到一定水平，未被结合的污染物质剧增，快速向机体组织转运，组织中该污染物质明显增加。而与蛋白结合率低的污染物质随浓度增加，血液中未被结合的污染物质也逐渐增加。故对污染物质在体内分布的影响不大。由于亲和力不同，污染物质与血浆蛋白的结合受到其他污染物质及机体内源性代谢物质置换竞争的影响，该影响显著时，会使污染物质在机体内的分布有较大的改变。

在这里，血-脑屏障特别值得一提，因为它是阻止已进入人体的有毒污染物质深入到中枢神经系统的屏障。与一般的器官组织不同，中枢神经系统的毛细血管管壁内皮细胞互相紧密相连、几乎没有空隙。当污染物质由血液进入脑部时，必须穿过这一血-脑屏障。此时污染物质的经膜通透性成为其转运的限速因素。高脂溶性低解离度的污染物质经膜通透性好，容易通过血-脑屏障，由血液进入脑部，而非脂溶性污染物质很难入脑。因此，对于一些损害人体其他部位的有毒害物质，中枢神经系统能够局部地得到特殊的保护。

2. 排泄

排泄是污染物质及其代谢物质向机体外的转运过程。排泄的器官有肾、肝胆、肠、肺、外分泌腺等。对有毒污染物质的排泄的主要途径是肾脏泌尿系统和肝胆系统。肺系统也能排泄气态和挥发性有毒害的污染物质。

肾排泄是使污染物质通过肾随尿而排出的过程。肾小球毛细血管壁有许多较大的膜孔，大部分污染物质都能从肾小球滤过；但是，相对分子质量过大的或与血浆蛋白结合的污染物质，不能滤过，能留在血液中。一般来说，肾排泄是污染物质的一个主要的排泄途径。

污染物质的另一个重要排泄途径，是肝胆系统的胆汁排泄。胆汁排泄是指主要由消化道及其他途径吸收的污染物质，经血液到达肝脏后，以原物或其代谢产物与胆汁一起分泌至十二指肠，经小肠至大肠内，再排出体外的过程。一般，相对分子质量在300以上、分子中具有强极性基团的化合物，即水溶性、脂溶性小的化合物，胆汁排泄良好。

3. 污染物在动物体内的分布

污染物质被动物体吸收后，借助动物体的血液循环和淋巴系统作用在动物体内进行分布，并发生危害。污染物质在动物体内的分布与污染物的性质及进入动物组织的类型有关，其分布大体有以下五种分布规律。

① 能溶解于体液的物质，如钠、钾、锂、氟、氯、溴等离子，在体内分布比较均匀。

② 镧、锑、钍等三价和四价阳离子，水解后生成胶体，主要蓄积于肝和其他网状内皮系统。

③ 与骨骼亲和性较强的物质，如铅、钙、钡、锶、镭、铍等二价阳离子在骨骼中含量极高。

④ 对某种器官具有特殊亲和性的物质，则在该种器官中积累较多。如碘对甲状腺、汞对肾脏有特殊亲和性，故碘在甲状腺中蓄积较多，汞在肾脏中蓄积较多。

⑤ 脂溶性物质，如有机氯化合物（DDT、六六六等），主要积累于动物体内的脂肪中。

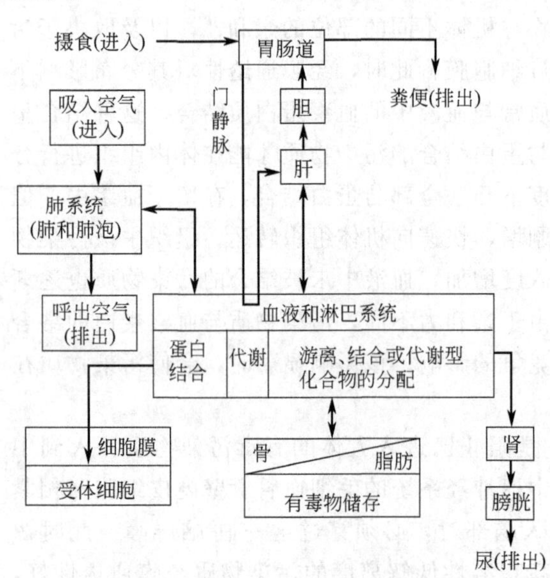

图 5-5 污染物质进入人体的途径以及在体内的分布、代谢、储存和排泄过程

以上五种分布类型之间又是彼此交叉，比较复杂。往往一种污染物对某一种器官有特殊亲和作用，但同时也分布于其他器官。例如，铅离子除分布在骨骼中外，也分布于肝、肾中；砷除分布于肾、肝、骨骼外，也分布于皮肤、毛发、指甲中。另外，同一种元素可能因其价态或存在形态不同而在体内蓄积的部位也有所不同。例如，水溶性汞离子很少进入脑组织，但烷基汞呈脂溶性，能通过脑屏障进入脑组织。再如进入体内的四乙基铅，最初在脑、肝中分布较多，但经分解转变成为无机铅后，则铅主要分布在骨骼、肝、肾中。

总之，污染物质在动物体内的分布是一个复杂的过程，具体的污染物在进入体内的途径以及在体内的分布、代谢、储存和排泄过程见图 5-5。污染物质在动物体内的分布直接影响着污染物质对动物的毒害作用。

4. 生物蓄积

人体长期接触某污染物质，若吸收超过排泄及其代谢转化，则会出现该污染物质在体内逐渐增加的现象，称为生物蓄积。蓄积量是吸收、分布、代谢转化和排泄各量的代数和。人体的某些部位对有毒害的污染物质具有富集和储存作用。肝和肾能富集某些有毒害的污染物质，因为它们参与从体内清除有毒代谢物的代谢过程。脂肪组织能富集许多难溶于水的具有亲脂性的有毒物质。如 DDT（双对氯苯基三氯乙烷、农药）、氯丹（农药）以及多氯联苯等。骨骼能够储存几种无机物，因为它含有无机羟基磷灰石。如离子大小和性质类似的铅和锶等金属元素可以代替其中的钙离子，而且 F^- 可以取代 OH^-。放射性的锶在骨骼中积累能引起骨癌，过多的氟积累在骨骼中会引起氟骨症。机体长期接触某污染物质，若吸收超过排泄及其代谢转化，则会出现该污染物质在体内逐渐增加的现象，称为生物蓄积。人体的主要蓄积部位是血浆蛋白、脂肪组织和骨骼。

有些污染物质的蓄积部位与毒性作用部位相同。如百草枯在肺及一氧化碳在红细胞中血红蛋白的集中就属于这一类型。但是有些污染物质的蓄积部位与毒性作用部位不相一致。如 DDT 在脂肪组织中蓄积，而毒性作用部位是神经系统及其他脏器；铅集中于骨骼，而毒性作用部位在造血系统、神经系统及胃肠道等。

蓄积部位中的污染物质，常同血浆中游离型污染物质保持相对稳定的平衡。当污染物质从体内排出或生物体不与其接触时，血浆中污染物质即减少，蓄积部位就会释放该物质，以维持上述平衡。因此，在污染物质蓄积和毒性作用的部位不相一致时，蓄积部位可成为污染物质在内的二次接触源，有可能引起机体慢性中毒。

第三节　污染物质的生物富集、放大和积累

各种物质进入生物体内，即参加生物的代谢过程，其中生命必需的物质，部分参与了生物体的构成，多余的必需物质和非生命所需的物质中，易分解的经代谢作用很快排出体外，不易分解、脂溶性高、与蛋白质或酶有较高亲和力的，就会长期残留在生物体内。随着摄入量的增大，它在生物体内的浓度也会逐渐增大。污染物质被生物体吸收后，它在生物体内的浓度超过环境中该物质的浓度时，就会发生生物富集、生物放大和生物积累现象，这三个概念既有联系又有区别。

一、生物富集

生物富集是指生物机体或处于同一营养级上的许多生物种群，通过非吞食方式（如植物根部的吸收，气孔的呼吸作用而吸收），从周围环境中蓄积某种元素或难降解的物质，使生物体内该物质的浓度超过环境中浓度的现象，又称为生物学富集或生物浓缩。生物富集用生物浓缩系数表示，即生物机体内某种物质的浓度和环境中该物质浓度的比值。

$$BCF = c_b / c_e \tag{5-1}$$

式中　BCF——生物浓缩系数；

c_b——某种元素或难降解物质在机体中的浓度；

c_e——某种元素或难降解物质在环境中的浓度。

生物浓缩系数可以是个位到万位，甚至更高。影响生物浓缩系数的主要因素是物质本身的性质以及生物和环境等因素。物质性质方面的主要影响因素是降解性、脂溶性和水溶性。一般降解性小、脂溶性高、水溶性低的物质，生物浓缩系数高；反之，则低。如虹鳟对2,2′,4,4′-四氯联苯的浓缩系数为12400，而对四氯化碳的浓缩系数是17.7。在生物特征方面的影响因素有生物种类、大小、性别、器官、生物发育阶段等。如金枪鱼和海绵对铜的浓缩系数，分别是100和1400。在环境条件方面的影响因素包括温度、盐度、水硬度、pH值、氧含量和光照状况等。如翻车鱼对多氯联苯浓缩系数在水温5℃时为6.0×10^3，而在15℃时为5.0×10^4，水温升高，相差显著。一般，重金属元素和许多氯化碳氢化物、稠环、杂环等有机化合物具有很高的生物浓缩系数。

生物富集对于阐明物质或元素在生态系统中的迁移转化规律，评价和预测污染物进入环境后可能造成的危害，以及利用生物对环境进行监测和净化等均有重要的意义。

二、生物放大

生物放大是指在同一食物链上的高营养级生物，通过吞食低营养级生物蓄积某种元素或难降解物质，使其在机体内的浓度随营养级提高而增大的现象。生物放大的程度也用生物浓缩系数表示。生物放大的结果是食物链上高营养级生物体体中这种物质的浓度显著地超过环

境中的浓度，因此生物放大是针对食物链的关系而言的，如果不存在食物链的关系就不能称之为生物放大，而只能称之为生物富集或生物积累。如 1966 年有人报道，美国图尔湖和克拉斯南部自然保护区受到 DDT 对生物群落的污染。DDT 是一种有机氯杀虫剂，易溶解于脂肪而积累于动物脂肪内。在位于食物链顶级，以鱼类为食的水鸟体中的 DDT 的浓度竟然比湖水高出近 76 万多倍（如图 5-6 所示）。北极的陆地生态系统中，在地衣-北美驯鹿-狼的食物链中，也存在着对 ^{137}Cs 生物放大现象。不同生物对物质的生物放大作用也有明显的差别，例如，海洋模式生态系统中研究藤壶、蛤、牡蛎、蓝蟹和沙蚕等五种生物对于铁、钡、锌、锰、镉、铜、硒、砷、铬、汞 10 种元素的生物放大作用，发现藤壶和沙蚕的生物放大能力较大，牡蛎和蛤次之，蓝蟹最小。

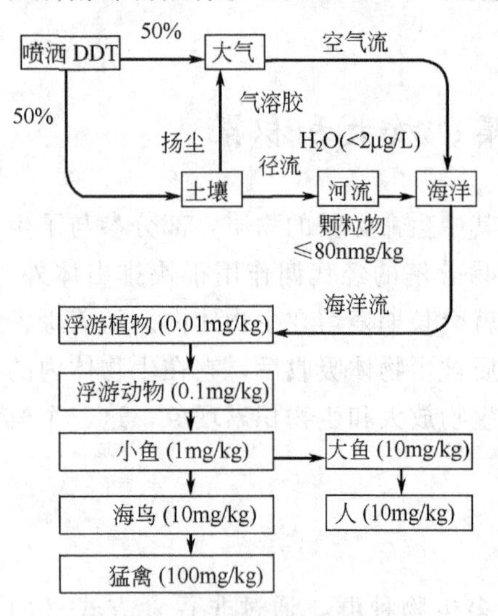

图 5-6　DDT 农药在环境中的迁移和生物放大作用

但是生物放大并不是在所有的条件下都能发生，据文献报道，有些物质只能沿着生物链传递，不能沿食物链放大；有些物质既不能沿食物链传递，也不能沿食物链放大。这是因为影响生物放大的因素是多方面的。如食物链往往都十分复杂，相互交织成网状，同一种生物在发育的不同阶段或相同阶段，有可能隶属于不同营养级具有多种食物来源，这就扰乱了生物放大。不同生物或同一生物在不同的条件下，对物质的吸收和消除等均有可能不同，也会影响生物放大的情况。例如，1971 年，Hame-link 等人通过实验发现，疏水性化合物被鱼体组织的吸收，主要是通过水和血液中脂肪层两相之间的平衡交换进行的。后来，许多学者的研究也证实了这一结论的正确性，他们明确指出，有机化合物的生物积累主要是通过分配作用进入水生有机体的脂肪中，随后的许多实验结果也都支持了这一点，即有机化合物在生物体的积累不是通过食物链迁移产生的生物放大，而是生物脂肪对有机化合物的溶解作用。

三、生物积累

生物积累是生物从周围环境（水、土壤、大气）中和食物链蓄积某种元素或难降解物质，使其在机体中的浓度超过周围环境中浓度的现象。生物放大和生物富集都是生物积累的一种方式。生物积累也用生物浓缩系数来表示。浓缩系数与生物体特性、营养等级、食物类型、发育阶段、接触时间、化合物的性质及浓度有关。通常，化学性质稳定的脂溶性有机污染物如 DDT、PCBs 等很容易在生物体内积累。例如有人研究牡蛎在 50μg/L 氯化汞溶液中对汞的积累。观察 7 天、14 天、19 天和 42 天时，牡蛎体内汞含量的变化，结果发现其浓缩系数分别是 500、700、800 和 1200，表明在代谢活跃期内的生物积累过程中，浓缩系数是不断增加的。因此，任何机体在任何时刻，机体内某种元素或难降解物质的浓度水平取决于摄取和消除这两个相反的过程的速率，当摄取量大于消除量时，就发生生物积累。下面对此以水生生物为例进行研究。

水生生物对某物质的积累微分方程可以表示为

$$\frac{dc_i}{dt}=k_{ai}c_w+a_{i,i-1}W_{i,i-1}c_{i-1}-(k_{ei}+k_{gi})c_i \tag{5-2}$$

式中 c_w——生物生存水中某物质浓度；

c_i——食物链 i 级生物中该物质浓度；

c_{i-1}——食物链 $i-1$ 级生物中该物质浓度；

$W_{i,i-1}$——i 级生物对 $i-1$ 级生物的摄取率；

$a_{i,i-1}$——i 级生物对 $i-1$ 级生物中该物质的同化率；

k_{ai}——i 级生物对该物质的吸收速率常数；

k_{ei}——i 级生物中该物质消除速率常数；

k_{gi}——i 级生物的生长速率常数。

上式表明，食物链上水生生物对某种物质的积累速率等于从水中的吸收速率加上从食物链上的吸收速率减去其本身消除和稀释速率。

生物积累达到平衡时，即 $dc_i/dt=0$，式（5-2）成为

$$c_i=\left(\frac{k_{ai}}{k_{ei}+k_{gi}}\right)c_w+\left(\frac{a_{i,i-1}W_{i,i-1}}{k_{ei}+k_{gi}}\right)c_{i-1} \tag{5-3}$$

从上式可以看出，生物积累的物质浓度中，一项是从水中摄取获得的，另一项是从食物链的传递中获得的。两相进行比较，可以看出生物富集和生物放大对生物积累的贡献。

科学研究还发现环境中物质的浓度对生物积累的影响不大，但在生物积累过程中，不同种生物或同一种生物不同器官和组织，对同一种元素或物质的平衡浓缩系数的数值，以及达到平衡时的时间可以有很大区别。

综上所述，生物积累、生物放大和生物富集可在不同侧面为探讨环境中污染物质的迁移、排放标准和可能造成的危害，以及利用生物对环境进行监测和净化，提供重要的科学依据。

第四节　微生物对环境污染物的降解转化作用

物质在生物作用下经受的化学变化，称为生物转化或代谢。通过生物，特别是微生物的转化，污染物质的毒性也随之改变。微生物大量存在于自然界，生物转化呈多样性，又具有大的表面/体积比，繁殖非常迅速，对环境条件适应性强。因此，了解污染物质的微生物转化，有助于深入认识污染物质在环境中的分布与转化规律，为保护生态提供理论依据；并可有的放矢采取污染控制及治理的措施，开发无污染新工艺，而具有重要实用价值。

一、微生物的生理特征

微生物在环境中普遍存在，它可以通过酶活性催化反应提供能量，使一些原先反应过程很慢的反应，在有生物酶存在时迅速上升。微生物可以催化氧化或降解有机污染物质或转化重金属元素存在形态，这是环境中有机污染物转化的重要过程，同时微生物在重金属的迁移转化过程中也具有很重要的作用。如果没有微生物降解死亡的生物体和排出的废物，那么人们就会淹没在废弃物之中。因此，人们称微生物是生物催化剂，能使许多化学反应过程在环境中发生，同时生物有机体的降解又为其他生物生长提供必要的营养，以补偿和维持生物活性的营养库。下面简单介绍一下微生物的基本特征。

1. 微生物的种类

环境中微生物可以分为三类：细菌、真菌和藻类。细菌和真菌可以认为是还原剂类，能

使化合物分解为更简单的形式，从而维持它们自身的生长和代谢过程所需要的能量。相对于高等生物来讲，细菌和真菌对能量的利用率是很高的。

细菌可以分为自养细菌和异养细菌两大类。细菌的基本形态有杆状、球状和螺旋状三种，属原核微生物。单个细菌的细胞很小，只能在显微镜下看到，大多数细菌的大小在0.5～3.0μm 范围。细菌的代谢活动，常受体积大小的影响。它们的表面积与体积的比值很大，以至细菌细胞的内部可以储存大量的周围环境中的化学物质。

真菌是类似植物但缺乏叶绿素的非光合生物，通常是丝状结构。它对高浓度的金属离子的耐受能力很强，真菌对环境最终的作用是分解植物的纤维素。

藻类是一大类低等植物的统称。藻类体内有叶绿素或其他辅助色素，能进行光合作用。藻类被划分为生产者，因为藻类能把光能转化为化学能储存起来。在有光照时，藻类可以利用光合作用从二氧化碳合成有机物，满足自身生长和代谢的需要。在无光照时，藻类按非光合生物的方式进行有机物质的代谢，利用降解储备的淀粉、脂肪或消耗藻类自身的原生质以满足自身代谢的需要。

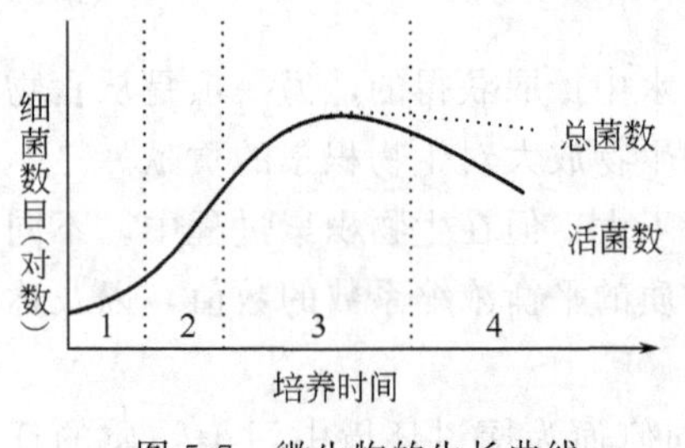

图 5-7　微生物的生长曲线
1—停滞期；2—对数增长期；
3—静止期；4—内源呼吸期

2. 微生物的生长规律

微生物的生长规律可以用生长曲线表现出来。细菌的繁殖一般以裂殖法进行。在增殖培养中，细菌和单细胞藻类个体数的多少，是时间的函数。图 5-7 给出了细菌的生长曲线。它反映了细菌在一个新的环境中生长繁殖直至衰老死亡的过程。

从微生物生长曲线可以看出，随着时间的不同，微生物的繁殖速度也不同。微生物的生长曲线大致可以分为四个阶段，即停滞期、对数增长期、静止期和内源呼吸期。

（1）停滞期　停滞期几乎没有微生物的繁殖症候，是因为微生物必须适应新的环境。在此期间，菌体逐渐增大，不分裂或很少分裂，也有的不适应新的环境而死亡，故微生物的增长速度较慢。

（2）对数增长期　随着微生物对新的环境的适应，且所需营养非常丰富，因此微生物的活力很强，新陈代谢十分旺盛，分裂繁殖速度很快，总菌数以几何级数增加。

（3）静止期　当微生物的生长遇到限制因素时，对数期终止，静止期开始。在静止期，微生物的总数达到最大值，微生物的增殖速率和死亡率达到一个动态平衡。静止期可以持续很长时间，也可以时间很短。

（4）内源呼吸期　这个时期，环境中的食料已经耗尽，代谢产物大量积累，对微生物生长的毒害作用也越来越强，使得微生物的死亡率逐渐大于繁殖率。同时微生物的食料只能依靠菌体内原生质的氧化，来获得生命活动所需的能量，最终导致环境中的微生物总量逐渐减少。

根据微生物的生长繁殖规律可以通过不断补充食料，人为地控制微生物的生长周期。例如，控制微生物在对数增长期，微生物就对环境中的污染物降解速度快，降解能力强。若控制在静止期，则微生物的生长繁殖对营养及氧的需求量低，微生物对环境中污染物降解彻底，去除效率高。

二、生物酶的基础知识

酶是生物催化剂，能使化学反应在生物体温度下迅速进行。因此可以把酶定义为：由细胞制造和分泌的、以蛋白质为主要成分的、具有催化活性的生物催化剂。绝大多数的生物转化是在机体的酶参与和控制下完成的。依靠酶催化反应的物质叫底物。在生物酶作用下，底物发生的转化反应称之为酶促反应。各种酶都有一个活性部位，活性部位的结构决定了该种酶可以和什么样的底物相结合，即对底物具有高度的选择性或专一性，形成酶-底物的复合物。复合物能分解生成一个或多个与起始底物不同的产物，而酶不断地被再生出来，继续参加催化反应。酶催化反应的基本过程如下。

$$\text{酶}+\text{底物} \longleftrightarrow \text{酶-底物复合物} \longleftrightarrow \text{酶}+\text{产物}$$

注意上述反应过程是可逆的。

酶的催化作用的特点在于：第一是专一性，也就是一种酶只能对一种底物或一类底物起催化作用，而促进一定的反应，生成一定的代谢产物。如脲酶仅能催化尿素水解，但对包括结构与尿素非常相似的甲基尿素在内的其他底物均无催化作用。又如蛋白酶只能催化蛋白质水解，但不能催化淀粉水解。第二是酶的催化作用具有高效性。例如蔗糖酶催化蔗糖水解的速率较强酸催化速率高 2×10^{12} 倍；第三是酶具有多样性，酶的多样性是由酶的专一性决定的，因为在生物体内存在各种各样的化学反应，而每一种酶只能催化一种或一类化学反应，这就决定了酶的多样性。第四是生物酶的催化需要温和的外界条件。酶是蛋白质，因此环境条件（诸如强酸、强碱、高温等激烈条件）可以改变蛋白质的结构或化学性质，从而影响酶的活性。酶催化作用一般要求温和的外界条件，如常温、常压、接近中性酸碱度。

有的酶需要辅酶（助催化剂），不同的辅酶由不同的成分构成，包括维生素和金属离子。辅酶起着传递电子、原子或某些化学基团的功能。辅酶与蛋白质成分构成酶的整体。蛋白质成分起着专一性和催化高效率的功能。只有蛋白质成分有机地结合在一起，才会具有酶的催化作用。因此，如果环境因素损坏了辅酶，也会影响酶的正常功能。

酶的种类很多，根据酶的催化反应的类型，可将酶分成氧化还原酶、转移酶、水解酶、裂解酶、异构酶和合成酶；根据起催化作用的场所，酶分为胞外酶和胞内酶；根据成分不同，酶可分为单成分酶和双成分酶。

三、微生物对有机污染物的降解作用

1. 耗氧污染物的微生物降解

耗氧污染物包括糖类、蛋白质、脂肪及其他有机物质（或其降解产物）。在细菌的作用下，耗氧有机物可以在细胞外分解成较简单的化合物。耗氧有机物质通过生物氧化以及其他的生物转化，变成更小、更简单的分子的过程称为耗氧有机物质的生物降解。如果有机物质最终被降解成为二氧化碳、水等无机物质，就称有机物质被完全降解，否则称之为不彻底降解。

(1) 糖类的微生物降解　糖类包括单糖［如已糖（$C_6H_{12}O_6$）——葡萄糖、果糖等和戊糖（$C_5H_{15}O_5$）——木糖、阿拉伯糖等］，二糖［如蔗糖（$C_{12}H_{22}O_{11}$）、乳糖及麦芽糖］和多糖［如淀粉、纤维素等］。糖类是由 C、H、O 三种元素构成。糖是生物活动的能量供应物质。细菌可以利用它作为能量的来源。糖类降解过程如下。

① 多糖水解成单糖　多糖在生物酶的催化下，水解成二糖或单糖，而后才能被微生物摄取进入细胞内。其中的二糖在细胞内继续在生物酶的作用下降解成为单糖。降解产物中最重要的单糖是葡萄糖。

$$(C_6H_{10}O_5)_n+\frac{n}{2}H_2O \longrightarrow \frac{n}{2}C_{12}H_{22}O_{11}$$

$$淀粉 \xrightarrow[水解]{淀粉糖化酶} 乳糖$$

$$纤维素 \xrightarrow[水解]{纤维素水解酶} 纤维二糖$$

$$C_{12}H_{22}O_{11} + H_2O \longrightarrow 2C_6H_{12}O_6$$

$$乳糖 \xrightarrow{水解酶} 葡萄糖$$

$$纤维素 \xrightarrow{水解酶} 葡萄糖$$

② 单糖酵解生成丙酮酸　细胞内的单糖无论是有氧氧化还是无氧氧化，都可经过一系列酶促反应生成丙酮酸，这是糖类化合物降解的中心环节，又称糖降过程，其反应如下

$$C_6H_{12}O_6 \xrightarrow{乳酸菌} 2H_3C—CHOH—COOH$$

$$H_3C—CHOH—COOH \xrightarrow[[O]]{酶和辅酶} CH_3COCOOH + H_2O$$

③ 丙酮酸的转化　在有氧氧化的条件下，丙酮酸在乙酰辅酶A作用下转变为乳酸和乙酸等，最终氧化成二氧化碳和水。

$$CH_3COCOOH + \frac{5}{2}O_2 \xrightarrow[[O]]{乙酰辅酶A} 3CO_2 + 2H_2O$$

在无氧氧化条件下丙酮酸往往不能氧化到底，只氧化成各种酸、醇、酮等。这一过程称为发酵。糖类发酵生成大量有机酸，使pH值下降，从而抑制细菌的生命活动，属于酸性发酵，发酵具体产物决定于产酸菌种类和外界条件。

在无氧氧化条件下，丙酮酸通过酶促反应往往以其本身作受氢体而被还原为乳酸，见下式。

$$CH_3COCOOH + 2[H] \xrightarrow[乳酸菌]{压氧} CH_3CH(OH)COOH$$

或以其转化的中间产物作受氢体，发生不完全氧化生成低级的有机酸、醇及二氧化碳等，见下式。

$$CH_3COCOOH \longrightarrow CO_2 + CH_3CHO$$

$$CH_3CHO + 2[H] \longrightarrow CH_3CH_2OH$$

总反应式　$CH_3COCOOH + 2[H] \xrightarrow[酵母菌]{兼性厌氧} CO_2 + CH_3CH_2OH$

从能量角度来看，糖在有氧条件下分解所释放的能量大大超过无氧条件下发酵分解所产生的能量，由此可见，氧对生物体有效地利用能源是十分重要的。

（2）脂肪和油类的微生物降解　脂肪和油类是由脂肪酸和甘油合成的酯，由C、H、O三种元素组成。脂肪多来自动物，常温下呈固态；而油多来自植物，常温下呈液态。脂肪和油类比糖类难降解。其降解途径如下。

① 脂肪和油类水解成脂肪酸和甘油　脂肪和油类首先在细胞外经水解酶催化水解成脂肪酸和甘油。生成的脂肪酸链长大多为12～20个碳原子，其中以偶碳原子数的饱和酸为主，另外还有含双键的不饱和酸。脂肪酸及甘油能被微生物摄入细胞内继续转化。

$$\begin{array}{l} CH_2OOCR \\ | \\ CHOOCR' \\ | \\ CH_2OOCR'' \end{array} + 3H_2O \Longrightarrow \begin{array}{l} CH_2OH \\ | \\ CHOH \\ | \\ CH_2OH \end{array} + \begin{array}{l} RCOOH \\ R'COOH \\ R''COOH \end{array}$$

式中，R、R′、R″是有机基团，它们可能是很大的碳链。

② 甘油和脂肪酸转化　甘油的降解与单糖降解类似，在有氧或无氧氧化条件下，均能被一系列的酶促反应转变成丙酮酸。丙酮酸经乙酰辅酶A的酶促反应，在有氧的条件下最终生成二氧化碳和水，而在无氧的条件下则转变为简单的有机酸、醇和二氧化碳等。

脂肪酸在有氧氧化条件下，经β-氧化途径（羧酸被氧化，使末端第二个碳键断裂）及乙酰辅酶A的酶促作用最后完全氧化成二氧化碳和水。在无氧的条件下，脂肪酸通过酶促反应，其中间产物不被完全氧化，形成低级的有机酸、醇和二氧化碳。

(3) 蛋白质的微生物降解　蛋白质的主要组成元素是C、H、O和N，有些还含有S、P等元素。微生物降解蛋白质的途径如下。

① 蛋白质水解成氨基酸　蛋白质相对分子质量很大，不能直接进入细胞内。所以，蛋白质由胞外水解酶催化水解成氨基酸，随后再进入细胞内部。

$$H_2N-\underset{R}{\overset{H}{C}}-\overset{O}{\overset{\|}{C}}-\underset{H}{N}-\overset{R'}{C}-COOH+\xrightarrow{\text{水解酶}}R-\underset{NH_2}{CHCOOH}+R'-\underset{NH_2}{CHCOOH}$$

（蛋白质）　　（氨基酸）　　（氨基酸）

② 氨基酸转化成脂肪酸　各种氨基酸在细胞内经酶的作用，通过不同的途径转化成相应的脂肪酸，随后脂肪酸经前面所讲述的过程转化成二氧化碳和水。

$$R-\overset{NH_2}{CH}-COOH+H_2O\longrightarrow R-\overset{OH}{CH}-COOH+NH_3$$

$$R-\overset{NH_2}{CH}-COOH+O_2\longrightarrow R-\overset{OH}{CH}-COOH+NH_3+CO_2$$

$$R-\overset{NH_2}{CH}-COOH+2[H]\longrightarrow R-\overset{OH}{CH}-COOH+NH_3$$

$$RCH_2-\overset{NH_2}{CH}-COOH\longrightarrow RCH=CH-COOH+NH_3$$

总而言之，蛋白质通过微生物的作用，在有氧的条件下可彻底降解成为二氧化碳、水和氨。而在无氧氧化下通常是酸性发酵，生成简单有机酸、醇和二氧化碳等，降解不彻底。

在无氧氧化条件下糖类、脂肪和蛋白质都可借助产酸菌的作用降解成简单的有机酸、醇等化合物。如果条件允许，这些有机化合物在产氢菌和产乙酸菌的作用下，可被转化成乙酸、甲酸、氢气和二氧化碳，进而经产甲烷菌的作用产生甲烷。复杂的有机物质这一降解过程，称为甲烷发酵或沼气发酵。在甲烷发酵中一般以糖类的降解率和降解速率最高，其次是脂肪，最低的是蛋白质。

2. 有毒有机物的生物转化与微生物降解

(1) 石油的微生物降解　石油的微生物降解在消除碳氢化合物环境污染方面，尤其是从水体和土壤中消除石油污染物具有重要的作用。

石油的微生物降解较难，且速度较慢，但比化学氧化作用快10倍左右。其基本规律是，直链烃易于降解，支链烃稍难一些，芳烃更难，环烷烃的生物降解最困难。微生物降解石油污染物的化学过程以甲烷为例，反应如下。

$$CH_4 \xrightarrow{\text{细胞色素酶}} CH_3OH \xrightarrow{\text{脱氢酶}} HCHO \xrightarrow{\text{脱氢酶}} CO_2 + H_2O$$

碳原子数大于1的正烷烃，其最常见降解途径是：通过烷烃的末端氧化，或次末段氧化，或双端氧化，逐步生成醇、醛及脂肪酸。而后再经相应的酶促反应，最终降解成二氧化碳和水。

烯烃的微生物降解途径主要是烯的饱和末端氧化，再经与正烷烃相同的途径成为不饱和脂肪酸。或者是不饱和末端双键氧化成为环氧化合物，然后形成饱和脂肪酸，经相应的酶促反应，最终降解成二氧化碳和水。

芳烃的微生物降解，以苯为例反应如下。

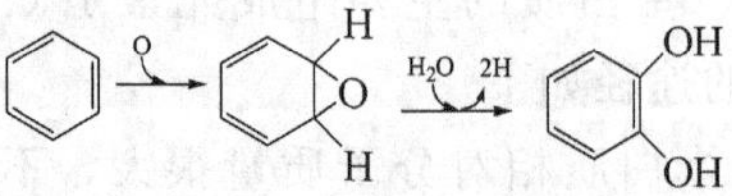

H O H H_2O 2H OH OH

形成的邻苯二酚在氧化酶的作用下，转化为琥珀酸或丙酮酸，最后转化成二氧化碳和水。

（2）农药的生物降解　进入环境中的农药，首先对环境中的微生物有抑制作用，与此同时，环境中微生物也会利用这些有机农药为能源进行降解作用，使各种有机农药彻底分解为二氧化碳而最后消失。农药的生物降解对环境质量的改善十分重要。用于控制植物的除草剂和用于控制昆虫的杀虫剂，通常对微生物没有任何有害影响。然而有效的杀菌剂则必然具有对微生物的毒害作用。环境中微生物的种类繁多，各种农药在不同的条件下，分解形式多种多样。主要有氧化、还原、水解、脱卤及脱烃等作用。现就这些反应逐一加以举例说明。

① 氧化作用　氧化是通过氧化酶的的作用进行的，例如微生物催化转化艾氏剂为狄氏剂就是生成环氧化物的一个例子。

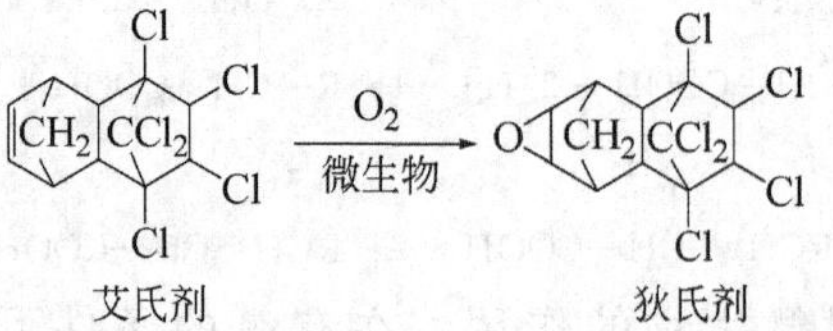

Cl Cl Cl Cl CH_2 CCl_2 $\xrightarrow[\text{微生物}]{O_2}$ O CH_2 CCl_2 Cl Cl Cl Cl

艾氏剂　　狄氏剂

② 还原作用　有些农药在嫌气（厌氧）条件下可以发生还原作用，如氟乐灵分子中的硝基被还原成氨基。

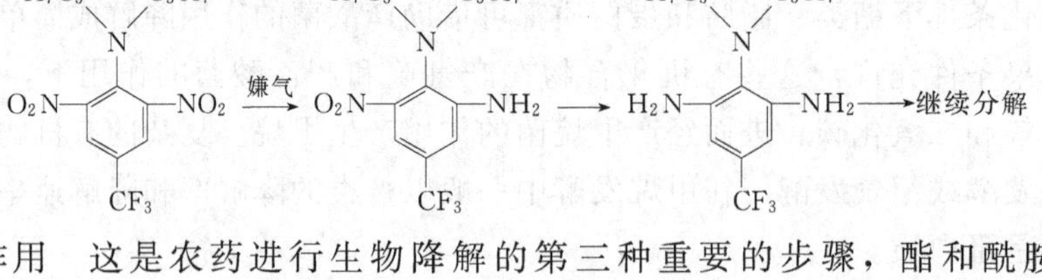

H_7C_3 C_3H_7 N O_2N NO_2 CF_3 $\xrightarrow{\text{嫌气}}$ H_7C_3 C_3H_7 N O_2N NH_2 CF_3 $\longrightarrow$ H_7C_3 C_3H_7 N H_2N NH_2 CF_3 $\longrightarrow$ 继续分解

③ 水解作用　这是农药进行生物降解的第三种重要的步骤，酯和酰胺常发生水解反应。

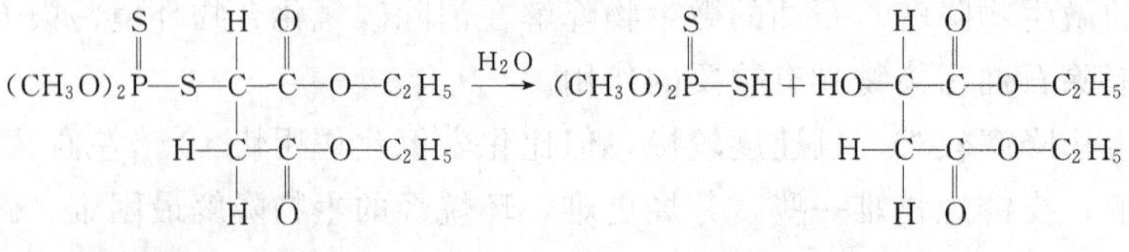

$(CH_3O)_2P(=S)—S—CH(—COOC_2H_5)—CH_2—COOC_2H_5 \xrightarrow{H_2O} (CH_3O)_2P(=S)—SH + HO—CH(—COOC_2H_5)—CH_2—COOC_2H_5$

④ 脱卤作用　主要是一些细菌参与的—OH置换卤素原子的反应。

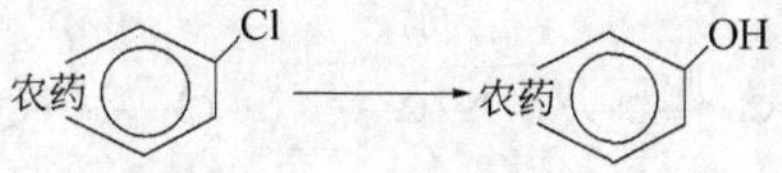

⑤ 脱烃作用　脱烃反应可以去除与氧、硫或氮原子连着的烷基。

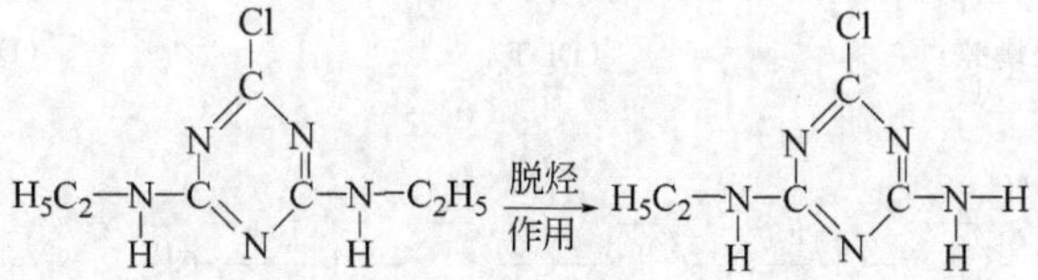

⑥ 环的断裂　首先是在单加氧酶催化作用下加上一个—OH 基，再由二加氧酶的催化作用使环打开，其开环过程实质上是苯环及衍生物的开环过程。它是芳香烃农药最后降解的决定性步骤。

环境中农药的降解是由以上各种途径的一种或多种完成的。现就一些典型的农药降解途径作一具体说明。

① 2,4-D 乙酯的生物降解　苯氧乙酸及其衍生物常作为除草剂使用，其中的 2,4-D 乙酯的生物降解途径如图 5-8 所示。其他此类农药的降解途径与其类同。

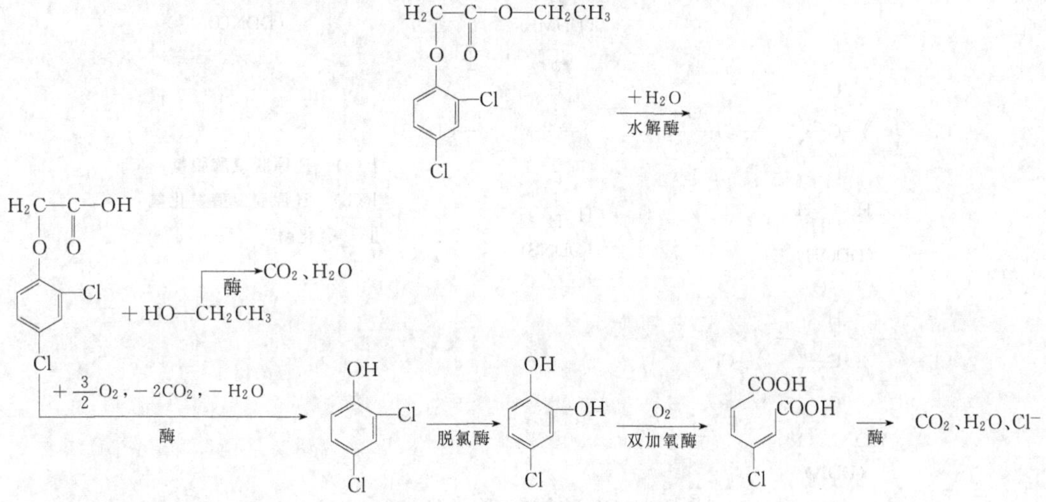

图 5-8　2,4-D 乙酯的生物降解途径

② DDT 农药的生物降解　DDT 是一种人工合成的高效广谱有机氯杀虫剂，广泛用于农业、畜牧业、林业及卫生保健事业。1874 年由德国化学家 O. 蔡德勒首次合成，直到 1939 年才有瑞士人米勒发现其具有杀虫性能。第二次世界大战后，其作为强力杀虫剂在世界范围内广泛地使用，在农业丰产和预防传染疾病等方面做出了重大贡献。

人们一直以为 DDT 之类的有机氯农药是低毒安全的，后来发现它的理化性质稳定，在食品和自然界中可以长期残留，在环境中能通过食物链大大浓集；进入生物体后，因脂溶性强，可长期在脂肪组织中蓄积。因此，对使用有机氯农药所造成的环境污染和对人体健康的潜在危险才日益引起人们的重视和不安。此外，由于长期使用，一些虫类对其产生了耐药性，导致使用剂量越来越大，造成了全球性的环境污染问题。有鉴于此，DDT 已经被包括我国在内的许多国家禁止使用。但由于其不易降解在环境中仍然有大量的残留。

DDT 虽然有较为稳定的理化性质，但在环境中和生物体内仍然可以进行生物降解，其降解途径如图 5-9 所示。

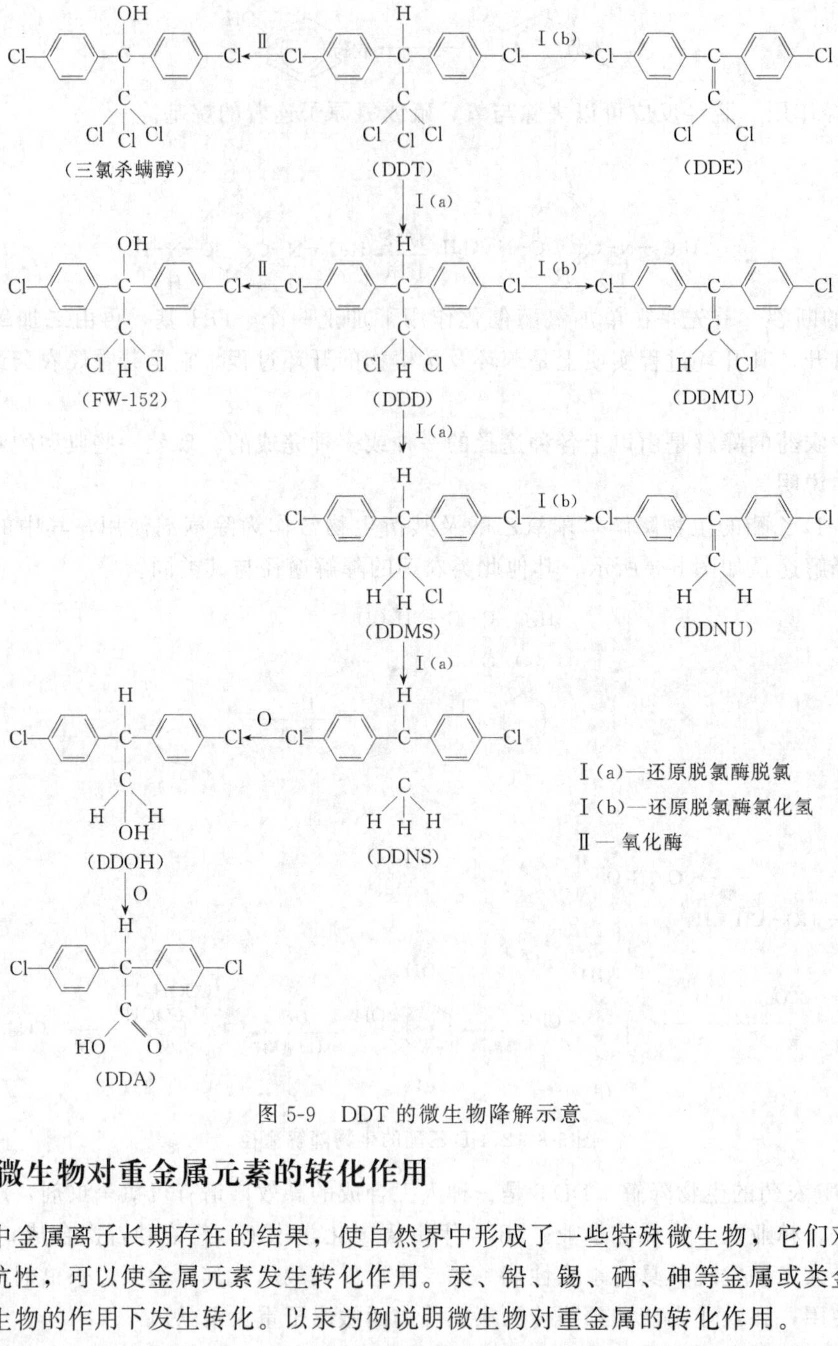

图 5-9　DDT 的微生物降解示意

四、微生物对重金属元素的转化作用

环境中金属离子长期存在的结果，使自然界中形成了一些特殊微生物，它们对有毒金属离子具有抗性，可以使金属元素发生转化作用。汞、铅、锡、硒、砷等金属或类金属离子都能够在微生物的作用下发生转化。以汞为例说明微生物对重金属的转化作用。

汞在环境中的存在形态有金属汞、无机汞和有机汞化合物三种，各形态的汞一般具有毒性。但毒性大小不同，其毒性大小的顺序可以按无机汞、金属汞和有机汞的顺序递增。其中烷基汞是已知的毒性最大的汞化合物，其中甲基汞的毒性最大。甲基汞脂溶性大，化学性质稳定，容易被生物吸收，难以代谢消除，能在食物链中逐级传递放大，最后由鱼类等进入人体。汞的微生物转化主要方式是生物甲基化和还原作用。

1. 汞的甲基化

汞的甲基化产物有一甲基汞和二甲基汞。甲基钴氨素（CH_3CoB_{12}）是金属甲基化过程中甲基基团的重要生物来源。当含汞污水排入水体后，无机汞被颗粒物吸着沉入水底，通过微生物体内的甲基钴氨酸转移酶进行汞的甲基化转变。在微生物的作用下，甲基钴氨酸中的甲基能以 CH_3^- 的形式与 Hg^{2+} 作用生成甲基汞，反应式为

$$CH_3CoB_{12}\text{（甲基钴氨素）}\begin{cases} CH_3^- + Hg^{2+} \longrightarrow CH_3Hg^+ \text{（一甲基汞）} \\ 2CH_3^- + Hg^{2+} \longrightarrow CH_3-Hg-CH_3 \text{（二甲基汞）} \end{cases}$$

以上反应无论在好氧条件下还是在厌氧条件下，只要有甲基钴氨素存在，在微生物作用下反应就能实现。

汞的甲基化既可在厌氧条件下发生，也可在好氧条件下发生。在厌氧条件下，主要转化为二甲基汞。二甲基汞难溶于水，有挥发性，易散逸到大气中，但二甲基汞容易被光解为甲烷、乙烷和汞，故大气中二甲基汞存在量很少。在好氧条件下，主要转化为一甲基汞，在 pH＝4～5 的弱酸性水中，二甲基汞也可以转化为一甲基汞。一甲基汞为水溶性物质，易被生物吸收而进入食物链。

例如，淡水底泥中厌氧转化有两种可能的反应式。

$$Hg^{2+} + R-CH_3 \longrightarrow CH_3-Hg^+ \xrightarrow{R-CH_3} CH_3-Hg-CH_3$$

$$Hg^{2+} + R-CH_3 \longrightarrow (CH_3)_2-Hg \xrightarrow{H^+} CH_3-Hg^+$$

汞甲基化是在微生物存在下完成的。这一过程既可在水体的淤泥中进行，也可在鱼体内进行。Hg^{2+} 还能在乙醛、乙醇和甲醇作用下，经紫外线辐射进行甲基化。这一过程比微生物的甲基化要快得多。但 Cl^- 对光化学过程有抑制作用，故可推知，在海水中上述过程进行缓慢。

自然界的生物是相互作用、相互制约的。受汞污染的底泥中还存在另一种抗汞微生物，它们具有反甲基化作用，能去除甲基汞的毒性。这些微生物能把 $HgCl_2$ 还原成单质汞 Hg，也可使有机汞转化成单质汞及相应的有机物。利用微生物的这种功能可发展生物冶汞技术。此外，二甲基汞还可以通过酸解反应、脱汞反应及蒸发损失，使水体中的有机汞降解成为无机汞，减少其毒性，汞的甲基化及其形态的相互转化过程如图 5-10 所示。

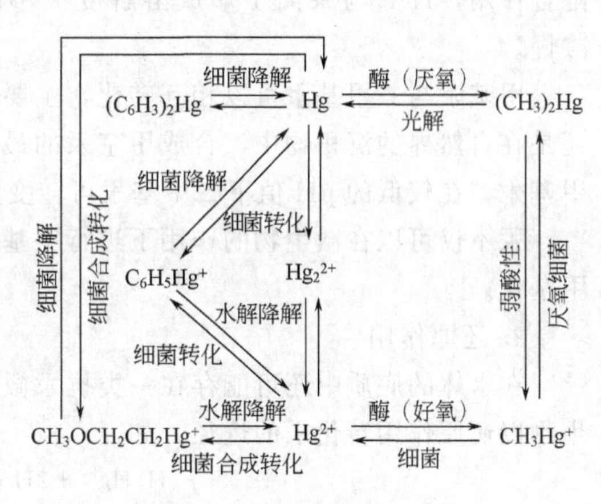

图 5-10　汞的甲基化循环

据研究，一甲基汞的形成速率要比二甲基汞的形成速率大 6000 倍。但是在有 H_2S 存在的条件下，则容易转化为二甲基汞，其反应为

$$2CH_3HgCl + H_2S \longrightarrow (CH_3Hg)_2S + 2HCl$$

$$(CH_3Hg)_2S \longrightarrow (CH_3)_2Hg + HgS$$

这一过程可使不饱和的甲基完全甲基化。例如，能使 $(CH_3)_3Pb^+$ 转化为 $(CH_3)_4Pb$。

一甲基汞可因氯化物浓度和 pH 值不同而形成氯化甲基汞或氢氧化甲基汞。

$$CH_3Hg^+ + Cl^- \longrightarrow CH_3HgCl$$

$$CH_3HgCl + H_2O \longrightarrow CH_3HgOH + HCl$$

在中性和酸性条件下（pH<7），氯化甲基汞是主要形态。影响无机汞甲基化的因素有很多，主要有以下几方面。

(1) 无机汞的形态　研究表明，只有 Hg^{2+} 对甲基化是有效的，Hg^{2+} 浓度越高，对甲基化越有利。排入水体的其他各种形态的汞都要转化为 Hg^{2+} 才能甲基化。单质汞和硫化汞的甲基化过程可表示如下。

$$Hg \xrightleftharpoons{\text{I}} Hg^{2+} \xrightleftharpoons{\text{II}} CH_3Hg^+$$

$$HgS \xrightleftharpoons{\text{I}} Hg^{2+} \xrightleftharpoons{\text{II}} CH_3Hg^+$$

实验结果表明：对单质汞来说，过程Ⅱ是甲基化速度的控制步骤。对硫化汞则由于过程Ⅰ的速度极慢，控制着硫化汞的甲基化速度。据测定单质汞和硫化汞甲基化的速度比为 $1:10^{-3}$。

(2) 微生物的数量和种类　参与发生甲基化过程的微生物越多，甲基汞合成的速度就越快。所以水环境中的甲基化往往在有机沉积物的最上层和悬浮的有机质部分。但是，有些微生物能把甲基汞分解成甲烷和元素汞等（反甲基化作用），反甲基化微生物的数量则影响和控制着甲基汞的分解速度。

(3) 温度、营养物及 pH 值　由于甲基化速度与反甲基化速度都与微生物的活动有关，所以在一定的 pH 值条件下（一般为 pH 值 4.5～6.5），适当地提高温度，增加营养物质，必然促进和增加微生物的活动，因而有利于甲基化或反甲基化作用的进行。

(4) 水体其他物质　如当水体中存在大量 Cl^- 或 H_2S 时，由于 Cl^- 对汞离子有强烈的配合作用，H_2S 与汞离子形成溶解度极小的硫化汞，降低了汞离子浓度而使甲基化速度减慢。

甲基汞与二甲基汞可以相互转化，主要决定于环境的 pH 值。据研究，不论是在实验室还是在自然界的沉积物中，合成甲基汞的最佳 pH 值都是 4.5。在较高的 pH 值下易生成二甲基汞，在较低的 pH 值下二甲基汞可转变为甲基汞。

汞不仅可以在微生物的作用下进行甲基化，而且也能在乙醛、乙醇和甲醇的作用下进行甲基化。

2. 还原作用

在水体的底质中还可能存在一类抗汞微生物，能使甲基汞或无机汞变成金属汞。这是微生物以还原作用转化汞的途径，如

$$H_3Hg^+ + 2H \longrightarrow Hg + CH_4 + H^+$$

$$HgCl_2 + 2H \longrightarrow Hg + 2HCl$$

汞的还原作用反应方向恰好与汞的生物甲基化方向相反，故又称为生物去甲基化。常见的抗汞微生物是假单胞菌属。

第五节　环境污染物对人体健康的影响

一、污染物质的毒性

1. 毒物、毒物剂量和相对毒性

毒物是指进入生物机体后能使其体液和组织发生生物化学反应的变化，干扰或破坏生物机体的正常生理功能，并引起暂时性或持久性的病理损害，甚至危及生命的物质。这一定义受到很多的限制性因素的影响，如进入机体的物质数量、生物种类、生物暴露于毒物的方式

等。例如，钙是人及生物所必需的一种营养元素，但是它在人体血清中的最适宜营养浓度范围是90～95mg/L，如果超出这一范围，便会引起生理病理的反应，当血清中钙的含量过高时，发生钙过多症，主要症状是肾功能失常；而钙在血清中的含量过低时，又会发生钙缺乏症，引起肌肉痉挛、局部麻痹等。其他一些物质或元素也存在同钙一样的情况。不同的毒物或同一种毒物在不同的条件下的毒性是有差别的。影响毒物毒性的因素比较复杂，主要有毒物的化学结构及理化性质、毒物所处的基体因素、机体暴露于毒物的状况、生物因素、生物所处的环境等。其中最重要的是毒物的剂量（深度）。

剂量从理论上来说，应当指有毒物在生物体的作用点上的总量。但实际上，这个“总量”是难以定量求得的。因此，往往采用生物体单位体重暴露的毒物的量表示。毒物对生物的毒性效应差异很大，这些差异包括能观察到的毒性发作的最低水平，有机体对毒物小增量的敏感度，对大多数生物体发生最终效应（特别是死亡）的水平等。生物体内的一些重要物质，如营养性的矿物质过高或过低都可能有害。以上提到的因素可以用剂量-效应关系来描述，该关系是毒物学最重要的概念之一。图5-11给出了一般化的剂量-效应曲线图。

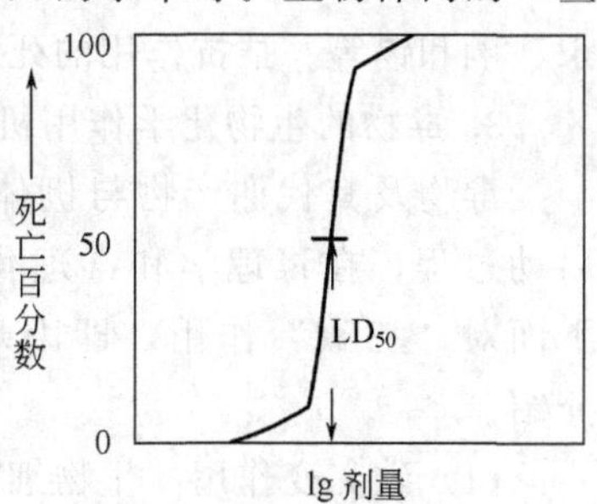

图5-11　剂量-效应曲线

其中效应为死亡，纵坐标为生物体累积死亡的百分数

用相同的方式把某一毒物给同一群实验动物投入不同剂量，用累计死亡的百分数对剂量的常用对数作图，就能得到剂量-效应曲线。效应是暴露某种毒物对有机体的反应。为了定义剂量-效应关系式，需要指定一种特别的效应，如生物体的死亡，还要指定效应被观察的条件，如承受剂量的时间长度。上图中的S形曲线的中间点对应的剂量是杀死50%的目标生物体的统计估计剂量。定义为LD_{50}，称为半数致死剂量。试验生物体死亡5%和95%的估计剂量，通过在曲线上分别读5%（LD_5）和95%（LD_{95}）死亡的剂量水平得到。S形曲线较陡说明LD_5和LD_{95}的差别较小。

根据一个平均大小的人致命剂量，尝试剧毒物质是致命的。而对于毒性很大的物质，一点毒物的量也许有相同的作用。然而，毒性小的物质也许需要很多才能达到相同的效果。当两种物质存在实质性的LD_{50}差异，就说具有较低LD_{50}的物质毒性更大。这样的比较必须假定进行比较的两种物质的剂量-效应曲线具有相似的斜率。到现在为止，毒性被描述为极端作用，即有机体的死亡。但是，大多数情况下，较低的毒害作用表现得更为明显。一种毒物的剂量-效应能被建立，通过逐渐加大剂量，从无作用到有作用、有害，甚至致死量的水平。若该曲线的斜率低则表明该毒物具有较宽的有效剂量范围。

2. 毒物的联合作用

在实际环境中往往同时存在着多种污染物质，这些污染物对有机体同时产生的毒性，可能不同于其中任何一种毒物单独对生物体的毒害作用。两种或两种以上的毒物同时作用于机体所产生的综合毒性称为毒物的联合作用。毒物的联合作用主要包括协同作用、相加作用和拮抗作用。下面以死亡率作为毒性指标分别进行讨论，假设两种毒物单独作用的死亡率分别为M_1和M_2，联合作用的死亡率为M。

（1）协同作用　毒物联合作用的毒性，大于其中各个毒物成分单独作用毒性的总和。在协同作用中，其中某一种毒物成分的存在能使机体对其他毒物成分的吸收加强、降解受阻、排泄延迟、蓄积增加或产生高毒代谢物等，使混合物的毒性增加。如四氯化碳和乙醇、臭氧和硫酸气溶胶等二者混合后，其混合物的毒性增加。协同作用的死亡率为$M>M_1+M_2$。

(2) 相加作用　毒物联合作用的毒性，等于其中各毒物成分单独作用毒性的总和。在相加作用中各毒物成分均可以按比例取代另一种毒物成分，而混合物毒性均无改变。当各毒物的化学结构相近、性质相似、对机体作用的部位及机理相同时，它们的联合作用结果往往呈现毒性相加作用。如丙烯腈和乙腈、稻瘟净和乐果等。相加作用的死亡率为$M=M_1+M_2$。

(3) 拮抗作用　毒物联合作用的毒性低于其中各毒物成分单独作用毒性的总和。在拮抗作用中，其中某一种毒物成分的存在能使机体对其他毒物成分的降解加速、排泄加速、吸收减少或产生低毒代谢物等，使混合物毒性降低。如二氯乙烷和乙醇，亚硝酸和氰化物，硒和汞，硒和镉等。拮抗作用的死亡率为$M<M_1+M_2$。

3. 毒物的生物化学作用机制

毒物及其代谢产物与机体靶器官的受体之间的生物化学反应及其机制，是毒作用的启动过程，在毒理学和毒理化学中占重要的地位。毒作用的生化反应及机制内容很多，下面对“三致”作用，即因环境因素引起的使机体致突变、致畸和致癌作用加以简单介绍。

(1) 致突变作用　生物细胞内DNA发生改变从而引起的遗传特性突变的作用称为致突变作用。具有致突变作用的污染物质称为致突变物。致突变作用使父本或母本配子细胞中的脱氧核糖核酸（DNA）结构发生根本变化，这种突变可遗传给后代。致突变作用分为基因突变和染色体突变两种。突变的结果不是产生了与意图不符的酶，就是导致酶的基本功能完全丧失。突变可以使个体生物之间产生差异，有利于自然选择和最终形成最适宜生存的新物种。然而大多数的突变是有害的，因此可以引起突变的致突变物受到了特殊的关注。

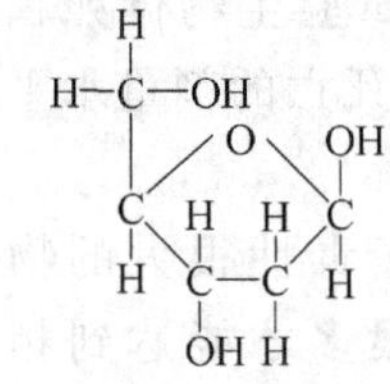

图5-12　脱氧核糖结构

为了了解突变，可先来了解一些关于脱氧核糖核酸（DNA）的知识。DNA是存在于细胞核中的基本遗传物质，DNA分子是由单糖、胺类和磷酸组成的。单糖即脱氧核糖，其结构式如图5-12所示。

DNA包含的四种胺均呈环状，分别为腺嘌呤（用“A”表示）、鸟嘌呤（用“G”表示）、胞嘧啶（用“C”表示）和胸腺嘧啶（用“T”表示），其结构式如图5-13所示。

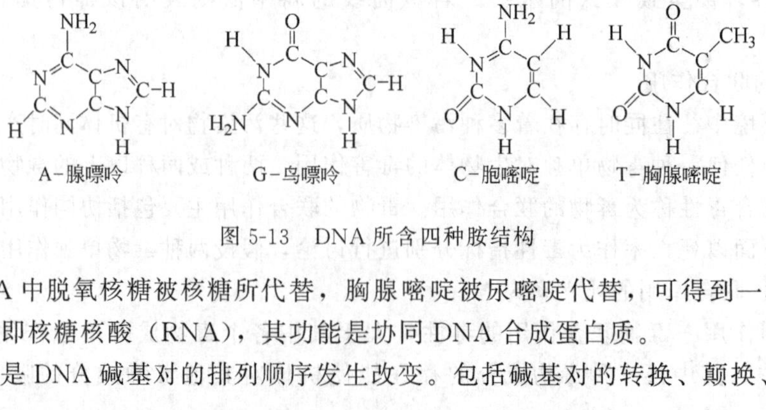

A-腺嘌呤　G-鸟嘌呤　C-胞嘧啶　T-胸腺嘧啶

图5-13　DNA所含四种胺结构

如果DNA中脱氧核糖被核糖所代替，胸腺嘧啶被尿嘧啶代替，可得到一种与DNA密切相关的物质即核糖核酸（RNA），其功能是协同DNA合成蛋白质。

基因突变是DNA碱基对的排列顺序发生改变。包括碱基对的转换、颠换、插入和缺失四种类型。如图 5-14 所示。

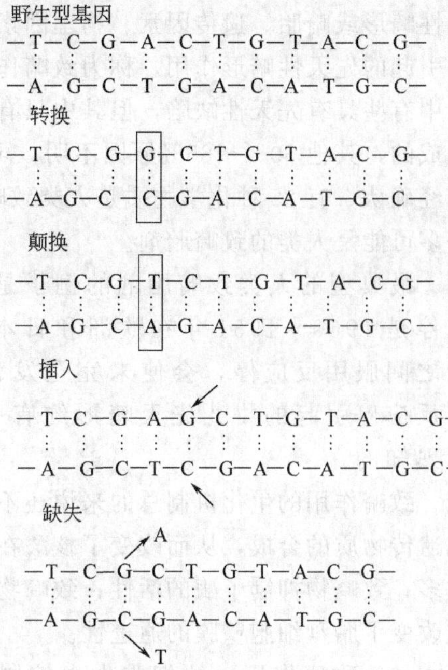

转换是指同种类型的碱基对之间的置换，即一种嘌呤碱被另一种嘌呤碱取代，一种嘧啶碱被另一种嘧啶碱取代。如亚硝酸可以使带氨基的碱基 A、G 和 C 脱氨而变成带酮基的碱基。

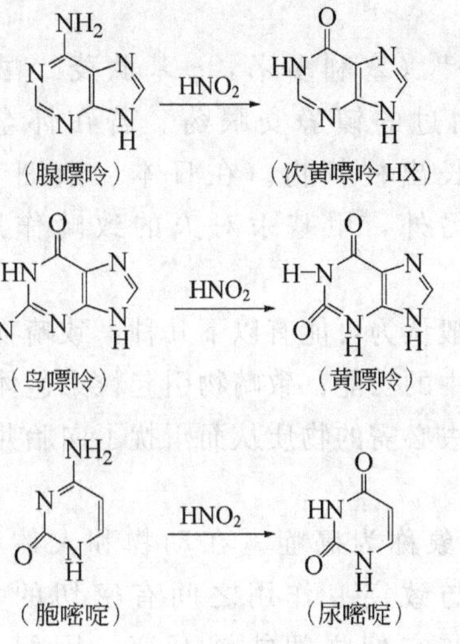

（腺嘌呤） $\xrightarrow{HNO_2}$ （次黄嘌呤 HX）

（鸟嘌呤） $\xrightarrow{HNO_2}$ （黄嘌呤）

（胞嘧啶） $\xrightarrow{HNO_2}$ （尿嘧啶）

野生型基因

—T—C—G—A—C—T—G—T—A—C—G—

—A—G—C—T—G—A—C—A—T—G—C—

转换

—T—C—G—G—C—T—G—T—A—C—G—

—A—G—C—C—G—A—C—A—T—G—C—

颠换

—T—C—G—T—C—T—G—T—A—C—G—

—A—G—C—A—G—A—C—A—T—G—C—

插入

—T—C—G—A—G—C—T—G—T—A—C—G—

—A—G—C—T—C—G—A—C—A—T—G—C—

缺失

—T—C—G—C—T—G—T—A—C—G—

—A—G—C—G—A—C—A—T—G—C—

图 5-14　基因突变的类型

A—腺嘌呤；G—鸟嘌呤；C—胞嘧啶；T—胸腺嘧啶

于是可以引起一种如图 5-15 所示的碱基对转换。

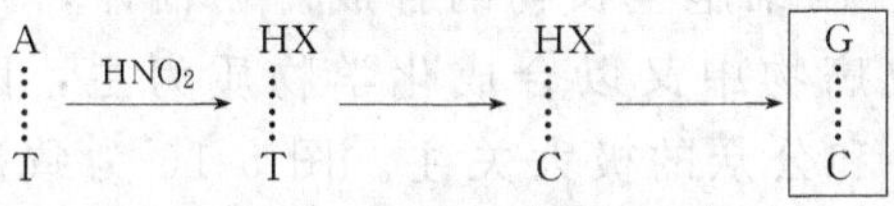

A⋯⋯T $\xrightarrow{HNO_2}$ HX⋯⋯T → HX⋯⋯C → G⋯⋯C

图 5-15　碱基对转换示意

其中，HX 为次黄嘌呤，A、G、T、C 同图 5-14。颠倒是异型碱基之间的置换，就是嘌呤碱基为嘧啶碱基取代或反之。即图 5-14 中，野生型基因的顺数第四对碱基对由 A⋯⋯T转换为 T⋯⋯A 碱基对。颠倒和转换统称为碱基置换。

插入和缺失分别是 DNA 碱基对顺序中增加或减少一对碱基或几对碱基（见图 5-14 中插入和缺失的示意）。插入和缺失作用使遗传代码格式发生改变，并使自该突变点之后的一系列遗传密码都发生错误。插入和缺失突变统称为移码突变。

细胞内染色体是一种复杂的核蛋白结构，主要成分是 DNA。在染色体上排列着很多的基因。如果染色体的结构和数目发生改变，则称之为染色体畸变。

染色体畸变属于细胞水平的变化，这种改变可以用普通的光学显微镜直接观察。基因突变属分子水平的变化，不能用上述方法直接观察，要用其他方法来鉴定。一个常用的鉴定基因突变的实验，是鼠伤寒沙门杆菌-哺乳动物肝微粒体酶试验（艾姆斯试验）。

常见的具有致突变作用的有毒物质包括亚硝胺类、苯并［a］芘、甲醛、苯、砷、铅、烷基汞化物、甲基硫磷、敌敌畏、百草枯和黄曲霉素 B_1 等。

最典型的致突变物质是几年前就进行过大量研究的一种诱变剂“三联体”，它是一种阻燃化学品，过去用于治疗小儿失眠，这个化合物的名称是三磷酸酯，它除能致突变外，还能引起癌变和实验动物不育症。

（2）致畸作用　人或动物胚胎发育过程中由于各种原因所形成的形态结构异常，称为先天性畸形或畸胎。遗传因素、物理因素、化学因素、生物因素，母体营养缺乏或内分泌障碍等引起的先天性畸形作用，称为致畸作用。具有致畸作用的有毒物质称为致畸物。虽然新生儿中有些具有先天性缺陷，但其中只有5%～10%是由致畸胎因素引起，25%左右是由遗传造成的，其他60%～65%原因不明，可能是由遗传因素和环境因素相互作用的结果。目前已经确认，有25种化学物质是人类致畸胎剂。但动物致畸胎剂却有800多种，显然其中有许多可能是人类的致畸胎剂。

最典型的人类致畸胎剂的例子是“反应停”（塞利多米，α-苯肽茂二酰亚胺）。反应停是1960～1961年在欧洲和日本广泛使用过的镇静安眠药。若在怀孕后35～50天之间服用反应停，会使未完全发育的胎儿长出枝状物。在日本、欧洲和其他地方因反应停引起的婴儿先天畸形约有一万例。另外，甲基汞对人的致畸作用也是大家所熟知的。

致畸作用的生化机制总的来说还不清楚，一般认为可能有以下几种：致畸物干扰生殖细胞遗传物质的合成，从而改变了核酸在细胞复制中的功能；致畸物引起粒染色体数目缺少或过多；致畸物抑制了酶的活性；致畸物使胎儿失去必需的物质从而干扰了向胎儿的能量供给或改变了胎盘细胞壁膜的通透性。

(3) 致癌作用　体细胞失去控制的生长现象称为癌症。在动物和人体中能引起癌症的化学物质叫致癌物。通常认为致癌作用与致突变作用之间有密切的关系。实际上，所有的致癌物都是致突变剂，但尚未证实它们之间能够互变。因此，致癌物作用于DNA，并可能组织控制细胞生长物的合成。据估计，人类癌症80%～90%与化学致癌物有关，在化学致癌物中又以合成化学物质为主，因此化学品与人类癌症的关系密切，受到多门学科和公众的极大关注。图5-16为致癌物或其前体物导致癌症的示意图。

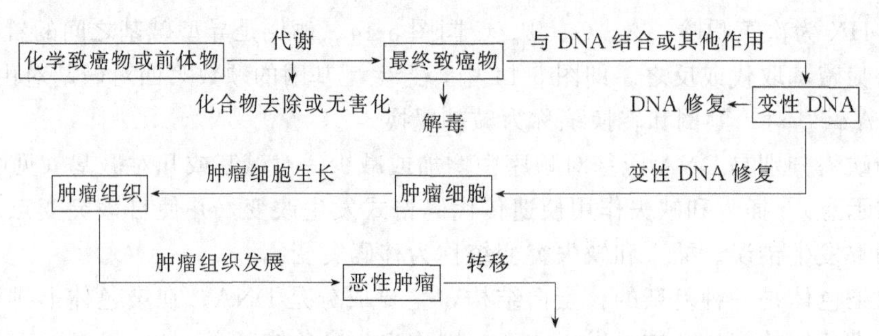

图5-16　致癌物或其前体物导致癌症的过程

致癌物的分类方法很多，根据性质划分可以分为化学（性）致癌物、物理（性）致癌物（如X射线、放射性核素氡）和生物（性）致癌物（如某些致癌病毒）。按照对人和动物致癌作用的不同，可以分为确证致癌物、可疑致癌物和潜在致癌物。

确证致癌物是经人群流行病调查和动物试验均已证实确有致癌作用的化学物质。

可疑致癌物是以确定对实验动物有致癌作用，而对人致癌性证据尚不充分的化学物质。

潜在致癌物是对实验动物致癌，但无任何资料表明对人有致癌作用的化学物质。目前确定为动物致癌的化学物达到3000多种，确认为对人类有致癌作用的化学物有20多种，如苯并[a]芘，二甲基亚硝胺等（见表5-1和表5-2）。

表 5-1　已确定的或高度可疑的人类致癌物

2-乙酰氨基芴	茚并[1,2,3-c,d]芘	煤焦排放物	*N*-亚硝基吡咯烷
丙烯腈	葡聚糖铁	对甲酚定	*N*-亚硝基肌氨酸
黄曲霉毒素	异丙醇生产(强酸过程)	苏铁碱	康复龙
4-氨基联苯	开蓬(kepone)	环磷酰胺	非那西汀
氨三唑(杀草强)	醋酸铅和磷酸铅	2,4-二氨基甲苯	苯基偶氮吡啶二胺盐酸盐
杀螨特	六氯化苯(林丹)等及异构体	二苯并[*a*,*h*]吖啶	苯妥毒素
砷及砷化合物	苯丙氨酸氮芥	二苯并[*a*,*j*]吖啶	多氯联苯
石棉	灭蚁灵	二苯并[*a*,*h*]蒽	原卡巴嗪盐酸盐
金胺及金胺制造	芥子气	7*H*-二苯并[*c*,*g*]芘	*β*-丙内酯
苯并[*a*]蒽	*α*-萘胺	二苯并[*a*,*h*]芘	利血平
苯	镍及某些镍化合物、煤镍作业	二苯并[*a*,*j*]芘	糖精
联苯胺	*N*-亚硝基二乙胺	1,2-二溴-3-氯丙烷	黄樟脑
苯并[*a*]芘	*N*-亚硝基二乙醇胺	1,2-二溴乙烷	煤烟、焦油和煤油
苯并[*a*]荧蒽及苯并[*j*]荧蒽	*N*-亚硝基二丁胺	二氯联苯氨	链脲佐菌素
铍和铍的某些化合物	*N*-亚硝基二甲胺	1,2-二氯乙烷	2,3,7,8 四氯-9,10 二氧杂蒽
N,*N*-双(2-氯乙基)-2-萘胺	*N*-亚硝基二丙胺	乙烯雌酚	二氧化钍
双(氯甲基)醚和工业级氯甲基甲醚	*N*-亚硝基-*N*-二乙基脲	4-二甲胺偶氮苯	邻甲苯胺盐酸盐
镉及某些镉化合物	*N*-亚硝基-*N*-二甲基脲	*N*,*N*-二甲基氨基甲酰基氯	毒杀芬
四氯化碳	*N*-亚硝基甲基乙烯胺	二甲砜	三(1-吖丙啶基)硫化膦
对苯丁酸氮芥	*N*-亚硝基吗啉	1,4-二氧杂环己烷	三(2,3-二溴丙基)磷酸酯
氯仿	*N*-亚硝基降烟碱	甲醛	氯乙烯
铬及铬的某些化合物	*N*-亚硝基哌啶	赤铁矿(地下的赤铁矿藏)	二苯肼

表 5-2　具有流行病学证据的人类致癌物

名　称	用　途	危　害
4-氨基联苯	以前用做橡胶抗氧化剂	与之接触的工人的膀胱癌发生率高
石棉	在 5000 余种制品中使用，如用于绝缘	使接触者易患肺癌、喉癌、胸膜和腹膜间皮瘤
联苯胺	制造染料、橡胶、塑料、印刷油墨、已禁止广泛使用	引起膀胱癌
N,*N*-双(2-氯乙基)-2-萘胺	以前用于治疗白血病和有关癌症	引起膀胱癌
双(氯甲基)醚	塑料和离子交换树脂制造的化学中间体	引起肺癌
对苯丁酸氮芥	用于某些癌症的化疗剂	引起白血病
煤焦排放物	用煤焦的副产物	引起肺癌及泌尿道癌
已烯雌酚	用作牛和羊的生长促进剂，以前曾作为抗流产药物使用	引起女性子宫及阴道癌
2-萘胺	以前用作抗氧化剂及制造染料和彩色胶片，现仅用于科学研究	引起膀胱癌
三氯化钍	核反应堆，汽灯白炽丝罩，曾作为 X 射线成像的射线不透性介质使用(现已不再使用)	引起血管内皮细胞癌症(一种肝癌)
氯乙烯	制造聚氯乙烯	引起血管肉瘤(一种罕见肝癌)

根据化学致癌物的作用机理可以分为遗传性致癌物和非遗传性致癌物。遗传性致癌物可细分为两种。一种是直接致癌物，既能直接与 DNA 反应引起 DNA 基因突变的致癌物，如双氯甲醚。另一种是间接致癌物，又称前致癌症物，它们不能与 DNA 反应，而需要机体代谢活化转变，经过近致癌物至终致癌物，才能与 DNA 反应导致遗传密码的修改。如苯并[*a*]芘、二甲基亚硝胺、砷及其化合物等。

非遗传致癌物不与DNA反应，而是通过其他机制，影响或呈现致癌作用。包括促癌物，可以使已经癌变的细胞不断增殖而形成瘤块，如巴豆油中的巴豆醇二酯、雌性激素已烯雌酚等；助致癌物可以加速细胞癌变和已癌变细胞增殖成瘤块。如二氧化硫、乙醇、十二烷、石棉、塑料、玻璃等。此外还有其他种类的化合物，如铬、镍、砷等若干种金属的单质及其无机化合物对动物是致癌的，有的对人也是致癌的。

化学致癌物的致癌机制非常复杂，仍在研讨之中。关于遗传性致癌物的致癌机制，一般认为有两个阶段：第一是引发阶段，即致癌物与DNA反应，引起基因突变，导致遗传密码改变。第二是促长阶段，主要是突变细胞改变了遗传信息的表达，增值成为肿瘤，其中恶性肿瘤还会向机体其他部位扩展。

二、有毒重金属对人体健康的影响

有毒重金属对人体健康的影响可以通过两种形态：化合态和元素态实现。下面主要讲述一些毒性较大的重金属。

1. 镉（Cd）

镉对几种重要的酶有负面影响；也能导致骨骼软化和肾损害。吸入镉氧化物尘埃或烟雾将导致镉肺炎，特征是水肿和肺上皮组织坏死。

2. 铅（Pb）

铅分布广泛，形态有金属铅、无机化合物和金属有机化合物。铅有多种毒性效应，包括抑制血红素的合成，对中央和外围神经系统以及肾有负面效应，其有效毒效应已被广泛研究。

3. 铍（Be）

铍是一种毒性很强的元素，它最严重的毒性是铍中毒，即肺纤维化和肺炎。这种疾病能潜伏5～20年。铍是一种感光乳剂增感剂，暴露其中将导致皮肤肉芽肿病和皮肤溃烂。

4. 汞（Hg）

汞能通过呼吸道进入体内，通过血液循环进入脑组织渗透血-脑屏障。汞破坏脑代谢过程导致颤动和精神病理特征。如胆怯、失眠、消沉和易怒等。二价汞离子 Hg^{2+} 损害肾脏。有机金属汞化合物如二甲基汞毒性更大。

一种重金属是否会使生物体中毒，与该重金属离子的性质、浓度、摄取方式、生物体的机体种类和健康状况等因素都有关系。

重金属可以通过消化道、呼吸道和皮肤吸收三个途径进入生物体内。当饮用水和食品遭到重金属污染时，可经由消化道进入人体，例如在有汞污染的水体中饲养鱼，鱼体内会富集甲基汞；土壤或灌溉水受到了镉污染，生长的稻米中镉含量会显著升高。对于挥发性较强的重金属化合物，如汞蒸气，容易被人们吸收到体内，由于肺部阻挡金属入侵的机能不如消化道，因此造成的毒害往往更严重。使用含重金属化合物的物品和试剂，也可使重金属沾染到人的皮肤上，通过皮肤吸收到体内。

从分子水平上来概括重金属中毒的机理，主要有三种情况：①重金属妨碍了生物大分子的重要生物机能；②重金属取代了生物大分子中的必要元素；③重金属改变了生物大分子具有活性部位的构象。

无论通过何种方式进入生物体内，重金属都会很快被吸收到血液中，然后运送到各个内脏器官。有些脏器具有封闭金属离子的屏蔽作用，如血-脑屏障、胎盘屏障，可对大脑和胎儿起到保护作用。细胞膜也具有一定的屏障作用。一般来说，重金属无机化合物不易通过这些屏障，而重金属有机化合物的有机基团部分增大了整个分子的脂溶性，使它们很容易穿过上述屏障，并在组织器官中蓄积，造成严重的毒害。迄今为止，在所有遭受重金属毒害的离子中，发生在日本的震惊世界的水俣病和骨痛病事件是最典型和影响最大的。这两次事件分别是由汞和镉两种重金属元素引起的，这两种金属也因此被列在重金属“五毒”之首。

三、有毒有机物对人体健康的影响

1. 烷烃

气态的甲烷、乙烷、丙烷、正丁烷和异丁烷被看成是简单的窒息剂，同空气混合减少了吸入空气中的氧气。与烷烃有关的最常见职业病是皮炎。由皮肤脂肪部分分解引起，表现为发炎、干燥和鳞状皮肤。吸入 5～8 个碳的直链或支链烷烃蒸气会导致中枢神经系统消沉，表现为头昏眼花和失去协调性。暴露在正己烷和环己烷环境中将引起髓磷脂的丧失以及神经细胞轴突的衰退。这导致了神经系统多种失调，包括肌肉虚弱以及手脚感觉功能的削弱。在体内正己烷代谢为 2,5-己二酮。这种第一类反应的氧化产物能在暴露个体的尿液中观察到，被用做暴露正己烷的生物指示。

2. 烯烃和炔烃

乙烯（C_2H_4）是一种广泛使用的气体，无色、略有芳香味，表现为简单窒息剂以及对动物有麻醉和对植物有毒害作用。丙烯（C_3H_6）的毒理性质与乙烯相似。无色无味的 1,3-丁二烯对眼睛和呼吸道黏膜有刺激性；在高浓度情况下，能导致失去知觉甚至死亡。乙炔（C_2H_2）是无色有大蒜味的气体，它表现为窒息作用和致幻作用，导致头疼、头昏眼花以及胃部干扰。在这些效应中，某些可能是因为在商用产品中含有杂质。

3. 苯

吸入体内的苯很容易被血液吸收，脂肪组织从血液中吸收苯的能力很强。苯具有独特的毒性，可能主要是由反应中生成的活泼短寿期的环氧化物引起的。苯的毒性包括对骨髓的损害。苯能刺激皮肤，逐渐的较高浓度地暴露能导致皮肤红斑、水肿和水泡等疾病。在 1h 内吸入含 $7g/m^3$ 苯的空气将导致严重中毒，对中枢神经系统有致幻作用，逐渐表现为激动、消沉、呼吸停止以及死亡。吸入含 $60g/m^3$ 苯空气，几分钟就能致死。长期暴露在低浓度苯环境中导致不规则的症状，包括疲劳、头疼和食欲不振。慢性苯中毒导致血液反常，包括白细胞降低、血液中淋巴细胞反常增加、贫血等，以及损害骨髓。苯还可以导致白血病和癌症的发生。

4. 甲苯

甲苯是无色液体，毒性中等，通过吸入或摄取进入体内；皮肤暴露的毒性低。低剂量的甲苯可引起头疼、恶心、疲乏以及协调性降低。大剂量的暴露能引起致幻效应，从而导致昏迷。

5. 萘

萘与苯的情况类似，萘的暴露能导致贫血，红细胞数、血色素和血细胞显著减少，尤其对于那些有先天遗传的易感人群。萘对皮肤有刺激性，对易感人群会引起严重的皮炎。吸入或摄取萘会引起头疼、意识混淆和呕吐。在严重中毒的情况下，会因肾衰竭而死亡。

6. 多环芳烃

多环芳烃大部分被认为是致癌物质，最典型的多环芳烃是苯并［*a*］芘（其结构式如图 5-17 所示）。

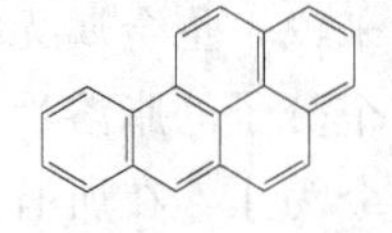

苯并［a］芘

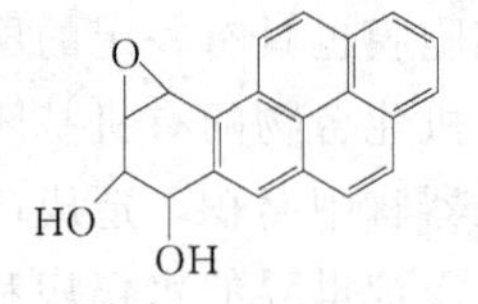

7,8-二醇-9,10环氧化产物

图5-17　苯并［a］芘结构式

7. 醇类

由于工业品和日常消费品的广泛使用，人们暴露于甲醇、乙醇和乙二醇很普遍。甲醇能导致多种中毒效应，发生事故或作为饮料乙醇代用品摄入，在代谢过程中氧化成甲醛和甲酸。除导致酸毒症外，这些产物影响中枢神经系统和视觉神经。急性暴露致命剂量起始表现为轻微醉意，然后是昏迷、心跳减缓、死亡。亚致命暴露能使视觉神经系统和视网膜中心细胞退化从而导致失明。

乙醇通常通过胃和肠摄取，但也易以蒸气形式被肺泡吸收。乙醇在代谢中氧化比甲醇快，先氧化成乙醛，然后是二氧化碳。乙醇有多种急性效应，源于中枢神经系统消沉。乙醇达到一定浓度时会出现昏睡和陶醉，超过一定浓度时将会导致死亡。乙醇也有很多慢性效应，最突出的是酒精上瘾和肝硬化。

乙二醇可以刺激中枢神经系统，使之消沉。还能导致酸血症。

8. 苯酚

苯酚广泛的被用作伤口和外科手术的消毒剂，是一种原形质的毒物，能杀死所有种类的细胞。自从被广泛使用以来已经导致了惊人数目的中毒事件。苯酚的急性中毒主要是对中枢神经系统的作用，暴露1.5h就会致死。苯酚急性中毒能导致严重的肠胃干扰、肾功能障碍、循环系统失调、肺水肿以及痉挛。苯酚的致命剂量可以通过皮肤吸收达到。慢性苯酚暴露损害关键器官包括脾脏、胰腺和肾脏。其他酚类的毒理效应与苯酚类似。

9. 醛和酮

醛和酮是含有羰基（—C═O）的化合物。醛类最重要的是甲醛。甲醛是一种辛辣令人窒息气味的无色气体；常见的是被称为福尔马林的商品，含少量的甲醇。吸入暴露是因为由呼吸道吸入甲醛蒸气。其他暴露通常是因为福尔马林。连续长时间的甲醛暴露能引起过敏。对呼吸道和消化道黏膜有严重的刺激。动物实验发现甲醛可导致肺癌。甲醛的毒性主要是因为其代谢产物甲酸。

酮类比醛类的毒性小。有愉快气味的丙酮是一种致幻剂，可以通过溶解于皮肤的脂肪导致皮炎。甲基乙基酮的毒性效应了解不多，被怀疑是导致鞋厂工人神经失调的原因。

10. 羧酸

甲酸是一种相当强的酸，对组织有腐蚀性。尽管含有4%～6%的乙酸的醋是许多食物的调味品，接触乙酸（冰醋酸）对组织腐蚀性极强。摄入或皮肤接触丙烯酸能使组织严重受损。

11. 醚

一般醚类化合物毒性相对较低，因为含有活性较低的醚键（C—O—C），其中C—O键不易断裂。挥发性的乙醚暴露通常是吸入的，进入体内的乙醚约80%不能代谢而通过肺排出体外。乙醚能使中枢神经消沉，是一种镇静剂，被广泛用作外科手术的麻醉剂，低剂量的乙醚能催眠、发醉和致昏迷，然而高剂量将会导致失去意识和死亡。

12. 硝基化合物

最简单的硝基化合物是硝基甲烷，为油状液体，能导致厌食、腹泻、恶心和呕吐，损害肾脏和肝脏。硝基苯为浅黄色油状液体，能通过各种途径进入体内。其中毒作用与苯胺类似，把血红细胞转换成高血蛋白，使之失去载氧能力。

其他的有机有毒物质例如卤代烷烃、卤代烯烃、有机硫化合物、有机磷化合物等就不在此一一论述。

阅读材料

环境对基因的作用

环境对基因的作用，几乎在《遗传学》教材的每一章中都有涉及，教学中把有关这方面的内容归纳总结为环境对基因效应表现的影响、环境对基因的诱变作用和环境对基因的选择作用三个方面来讨论，能启发学生思索，在全面理解环境与基因关系的同时，进一步理解遗传的相对性、变异的绝对性以及环保的重要性。

基因的复制和表现要经过一系列的过程。对一个基因来说，这个基因的复制和表现过程，既决定于与这个基因组成基因型的其他等位与非等位基因——基因环境，也决定于细胞质与内环境——细胞环境，还决定于外界环境，因为这些环境因素都能影响或改变代谢过程。

1. 环境对基因效应表现的影响

基因的表现不同于表达，表现的一定表达，但表达的不一定能表现。一个基因的效应能否表现出来，首先决定于基因环境。①隐性基因的表现总是受到完全或不完全显性等位基因的影响。如控制豌豆花花色的红花基因C对白花基因c为显性，基因型为Cc时，表型红花。基因型为cc时，c基因的白色效应才表现出来。②等位基因的表现要受到非等位基因的影响，如控制狗毛色的I基因对B基因是上位基因，基因型为B_I_时，只表现I基因控制的白毛效应；基因型为B_II时，才表现B基因控制的黑毛效应。重叠作用、累加作用、互补作用、抑制作用等，也都是非等位基因对基因表现的影响。③基因的表现还受染色体的影响。如控制绵羊角的基因型为XXHh时，表现为h基因的无角效应；基因型为XYHh时，则表现H基因的有角效应。缺失、重复、单体、三体、单倍体、多倍体等染色体结构和数目的变化也对基因的表现效应产生影响。④基因组中的调控成分如操纵子、启动子、转座子等也影响基因效应的表现。所以供体基因在受体细胞中能否表现是基因工程中关键的一步，基因和基因之间的这种作用，是基因效应表现的内因，在受精的瞬间即已决定。

细胞环境对基因效应表现的影响，一是由于基因复制、转录、翻译过程所需的能量、原料、酶、温度等条件由细胞环境提供和维持；二是由于某些性状受细胞质基因的控制如核质杂种总能表现出不同于供核亲本的某些表型。小麦瘿蚊的极细胞质能阻止基因的削减，以保证个体发育过程中的组织特异性；紫茉莉以花斑枝条为母本的杂交后代总有3种表型；酵母菌质型小菌落的线粒体成分能使控制正常菌落的相应核基因表现不出效应；椎实螺的卵细胞质能受核基因决定的壳口螺旋方向；由雌性可育的细胞质基因N和雄性不育的核基因rf组成的基因型N(rfrf)表现为雌性可育。

表型磨写现象是外界环境如温度、湿度、光照、营养等对基因表现效应的影响。

如果蝇的残翅突变型 vgvg 在高温下培养时，表现出野生型的长翅。玉米中 A 是控制叶绿体形成的显性基因，a 是白化隐性致死基因，但在无光的条件下，基因型 AA 和 Aa 也表现为白化苗，而基因型 aa 培养在营养液中也能活下去。P 是表现苯酮尿症的隐性基因，在食物中没有苯丙氨酸时，基因型 pp 表型正常。控制兔皮下脂肪为黄色的隐性基因 y，当食物中没有黄色素时，基因型 yy 皮下脂肪为白色。数量性状会比质量性状更容易受到外界环境的影响。

因而遗传下去的是基因，但遗传下来的并不一定都能表现出来，它涉及基因所处的内外环境。内外环境共同作用的结果，使某一特定基因对它控制的性状在不同的个体中会有不同的表现。所以，人的多指遗传既有表现度又有外显率；致死基因的致死作用可以发生在个体不同的发育阶段，甚至不伴有可见的表现效应；有一因多效也有多因一效；杂种能有优势；显隐性也是相对的；数量性状总是呈现一系列变异。由于环境对基因的表现有影响作用，尝试各种控制基因表现的方法，成为科学研究上的一大课题。

2. 环境对基因的诱变作用

环境对基因的诱变作用发生在遗传物质不断的与外界进行物质交换和能量交换的时候。基因组中含有的专座成分，可以将其复制拷贝插入到基因组中的另外 1 个位点，如果这个位点处于某个基因脱离部，就将引起基因突变。如玉米的 Ds 基因能从 1 个基因位点跳到另一个基因位点，从 1 条染色体跳到另一条染色体，引起供位和受位处染色体的断裂和基因突变，并抑制邻近基因表达。当基因组中含有增变基因时，一些基因的突变频率就会增加，如玉米第 9 染色体上的 Dt 基因，能使第 3 染色体上的 a 基因突变为 A 基因，而改变叶片的颜色。细胞环境中的 pH 值、渗透压、自身代谢产物等对酶活性的影响，会使单核苷酸之间的连接发生故障，也会引起基因内部核苷酸顺序的改变。基因的成分还会由于外来原材料的不纯而掺杂。如 1 个 5-溴尿嘧啶或 2-氨基嘌呤可能置换胸腺嘧啶核苷酸或腺嘌呤核苷酸而引起碱基替代；1 个吖啶类分子也可以嵌入 DNA 的碱基对之间而引起移码突变；亚硝酸、烷化剂等能改变正常核苷酸的结构导致基因突变。外界各种电离辐射和紫外线作用于生物体产生的高能粒子、自由基、胸腺嘧啶二聚体等能直接或间接引起染色体畸变和基因突变。

由于环境对基因的诱变作用，人们用物理的、化学的、生物的方法能进行诱变育种。单基因突变只有少数对个体的生存或对人类有利，在育种中起重要的作用。大多数突变都不利于生物的生长发育，甚至导致个体死亡，因而当前环境污染的致突变、致癌、致畸作用成了危害人及生物的重要作用。

3. 环境对基因的选择作用

每个基因与其基因环境、细胞环境和外界环境相互作用的结果，都制约着生物体的形态结构或生理特性又或多或少的影响着个体的生活力和繁殖力，这是环境的选择作用。选择作用直接作用于表型，间接作用于基因型，最终改变的是基因频率。所以，基因会受到基因环境选择，如 Hb^{s} 是引起镰形细胞贫血症的隐性致死基因，Hb^{A} 是正常的显性基因。基因型 $Hb^{s}Hb^{s}$，表现为镰形细胞贫血致死，选择系数为 1，而基因型 $Hb^{A}Hb^{s}$，其生活力与繁殖力同基因型 $Hb^{A}Hb^{A}$，不受选择的作用。亚麻荠表现为大种子与大果实时的基因组合，繁殖力强适应度大，而表现为大种子小果实时的基因组和繁殖力低适应度小。含致死基因或有害基因的单倍体一般较二倍、多倍体选择系数大。基因也会受到细胞环境的选择。如雄性不育核基因 rf 纯合时，与细胞质基因 S 组成基因型 S (rfrf)，选择系数高，与细胞质基因 N 组成基因型 N (rfrf)，选择系数低。基因更会受到外界环境选择，如在工业区，椒花蛾黑色型个体较浅色个体易躲避天敌捕食，控制黑色型个体的基因频率增加而控制浅色型个体的基因频率减少，非工业区则反之；鸡的翻毛突变基因 F 在正常情况下是个不利于个体生存的显性基因，基因型 FF 和 Ff 较基因型 ff 选择系数大，但温度高时则相反。

由于环境的选择作用，为了保留某些对生物本身不利但对人类有利的基因，可以通过人为控制基因环境、细胞环境或外界环境来进行，如利用平衡致死系保留隐性致死基因；利用保持系保留雄性不育基因；利用补充培养基保留营养缺陷型基因等。也由于环境的选择作用，人类因破坏地球环境导致的生物绝灭、基因库丢失给人类带来了巨大损失。环境在选择有利基因的同时，也选择了有利的基因组合——基因型，并且更重要的是选择了优的基因型，这是自然选择对生物进化的创造性作用。但自然选择保留的有利基因或基因组和永远是在某个环境中的适者，所以基因的有害性与有利性是相对的。

本章主要讲述了污染物质在生物体内的迁移转化过程，包括有关生物学的基础知识，有机污染物质、重金属的生物迁移和转化过程以及有毒物质的作用机理及其危害。

第一节从生物污染的概念讲起，重点介绍了植物及动物受污染的主要途径。

第二节讲述环境污染物在生物体内的分布，重点介绍人体吸收、排泄等生理过程及污染物在动物体内的分布规律。

第三节介绍生物积累、生物放大和生物富集三个重要概念，及生物积累、生物放大和生物富集作用在污染物在生物体内的迁移转化过程中的重要意义。

第四节从介绍微生物的生理特征和生物酶的基础知识入手，重点讲述了微生物对有机污染物的降解作用和以汞为例说明微生物对重金属元素的转化作用。

第五节在介绍了污染物质的毒性，协同作用、相加作用、拮抗作用等毒物的联合作用、“三致”作用的概念基础上，对有毒重金属和有毒有机物对人体健康的影响做了简单介绍。

思考与练习

1. 剂量-效应曲线中 LD_{50} 的含义是什么？
2. 什么是毒物的联合作用，包括哪些？
3. 重金属元素中毒有什么特点？
4. 为什么 Hg^{2+} 和 CH_3Hg^+ 在人体内能长期滞留？举例说明它们可形成哪些化合物。
5. 简述脂肪和油类的微生物降解过程。
6. 酶的哪两个特征既决定酶的功能又易为有毒物质改变？
7. DNA 是什么物质，有毒物质作用于 DNA 会产生什么严重后果？
8. 解释下列名词或概念

生物浓缩倍数　生物积累　生物放大　生物富集　生物蓄积　辅酶　底物　致突变作用　三致作用

第六章 典型污染物的特性及其在环境各圈层中的迁移转化

学习指南

本章重点介绍典型污染物，主要是重金属类污染物（如汞、铅和砷等）、有机污染物（如有机卤代物、多环芳烃和表面活性剂等）的特性及其在环境各圈层中的迁移转化。学习时应注意了解这些典型污染物的来源、基本性质和应用，掌握其迁移转化途径。本章涉及的知识面较广，综合性较强，学习时要注意前面几章已学知识的迁移和运用，抓住重点，明确主要机理，理论联系实际，学以致用。

第一节 重金属类污染物及其迁移转化

在环境污染方面所说的重金属，主要是指对生物有显著毒性和潜在危害的重金属及类金属元素，如汞、镉、铅、铬和砷等。具有一定毒性且在环境中广为分布的锌、铜、钴、镍、锡和钡等金属及其化合物也应包括在内。目前，最引起人们注意和关注的是汞、铅、砷、镉和铬等五种有毒元素。

重金属是具有潜在威胁和危害的重要污染物。重金属污染的特点是不能被或难以被微生物分解。相反，重金属易被生物体吸收并通过食物链累积。因此，生物体可以富集重金属，并且某些重金属还可转化为毒性更强的金属-有机化合物。

重金属污染物在环境中的迁移转化过程相当复杂，可能进行的反应主要有溶解和沉淀、氧化与还原、配合与螯合及吸附和解吸等。这些反应往往与水的酸碱性（pH 值）和氧化-还原条件（E_h）等环境条件密切关系。

限于篇幅，本节仅对汞、铅、砷三种重金属、类金属元素的环境化学行为及迁移转化与循环做简要阐述。

一、汞

1. 环境中汞的来源及分布

汞在自然界的浓度不大，但分布很广。地球岩石圈内汞的丰度（浓度）为 0.03μg/g。汞在自然环境中的本底值不高，在耕作土中约为

0.03～0.07μg/g，在森林土壤中约为0.02～0.10μg/g，水体中汞的浓度更低。例如，天然水中汞的浓度范围为0.03～2.8μg/L，河水中汞的浓度约为1.0μg/L，海水中约为0.3μg/L，雨水中约为0.2μg/L。大气中汞的本底浓度为0.05～0.5$\mu g/m^3$。所以汞在环境各圈层中的储量及其在环境各圈层中的迁移能力都较小。

汞的人为来源也很多。汞化合物的人为源涉及到含汞矿物的开采、冶炼及各种汞化合物的生产和应用领域，例如冶金、化工、化学制药、仪表制造、电气、木材加工、造纸、油漆、颜料、纺织、鞣革和炸药等工业的含汞废水及废物都可能成为环境中汞污染的来源。据统计，目前全世界每年开采应用的汞量约在1×10^4t以上，其中绝大部分最终都以"三废"的形式进入环境。据计算，在氯碱工业中每生产1t氯，要流失100～200g汞，所以氯碱工业排出的废水中，含有较高浓度的汞。生产1t乙醛，需要100～300g汞，等等。

空气中含的汞大部分吸附在颗粒物上，气相汞的最后归趋是进入土壤和海底沉积物。在天然水中，汞主要与水中存在的悬浮微粒相结合，并最终沉降进入水底沉积物。

2. 汞及其化合物的性质

汞有0、+1、+2三种价态，其化合物主要有一价和二价无机汞化合物（如Hg_2Cl_2、HgS）以及二价有机汞化合物（如CH_3Hg^+、$C_6H_5Hg^+$等）。与同族元素相比，汞具有以下的特异性质。

① 汞的氧化-还原电位较高（E_h=0.8～0.851V之间）。

② 易呈现金属状态。汞能以零价形态（Hg^0）存在于大气、土壤和天然水中。原因是汞具有很高的电离势，故其转化为离子的倾向小于其他金属。

③ 汞及其化合物特别易挥发。不管汞以何种形态存在，都具有不同程度的挥发性。无论是可溶还是不可溶的汞化合物，总会有一部分挥发到大气中去。汞的挥发程度与其化合物形态及其在水中的溶解度、表面吸附和大气的相对湿度（RH）等因素密切相关（见表6-1）。一般，有机汞的挥发性大于无机汞，而有机汞中又以甲基汞（CH_3Hg^+）和苯基汞（$C_6H_5Hg^+$）的挥发性最大，无机汞中以碘化汞（HgI_2）挥发性最大，硫化汞（HgS）挥发性最小。另外，在潮湿的空气中汞的挥发性比其在干空气中大得多。由于汞化合物的高度挥发性，所以它可以通过土壤和植物的蒸腾作用而被释放到大气中去，事实上，空气中的汞主要是由汞的化合物挥发产生的。

表6-1　汞化合物的挥发性

化合物	条件	大气中汞浓度/($\mu g/m^3$)
硫化物	干空气中,RH≤1% 湿空气中,RH≤接近饱和	0.1 5.0
氧化物	干空气中,RH≤1%	2.0
碘化物	干空气中,RH≤1%	150
氟化物	干空气中,RH≤1% RH=70%的空气中	8 20
氯化甲基汞(液体)	0.06%的0.1mol/L磷酸盐缓冲液,pH=5	900
双氰胺甲基汞(液体)	0.04%的0.1mol/L磷酸盐缓冲液,pH=5	140
醋酸苯基汞(固体)	干空气中,RH<10% RH=30%的空气中	22 140
硝酸苯基汞(固体)	干空气中,RH≤1% RH=30%的空气中	4 27
半胱氨酸汞配合物(固体)	干空气中,RH≤1% 湿空气中,RH饱和	2 13

④ 单质汞是金属元素中唯一在常温下呈液态的金属。且其具有很大的流动性和溶解多种金属形成汞齐的能力。

⑤ 汞化合物具有较强的共价性，且由于上述较强的挥发性和活动性等因素，使其在自然环境或生物体内具有较大的迁移和分配能力。

⑥ 汞化合物的溶解度差别较大。在25℃的温度下，元素汞在纯水中的溶解度为60μg/L，在缺氧水体中约为25μg/L。水溶性的汞盐有氯化汞、硫酸汞、硝酸汞和氯酸汞等。有机汞化合物中，乙基汞 Hg $(Et)_2$ 和 EtHgCl 不溶于水，乙酸苯基汞 PhHgAc 微溶于水，乙酸汞 $HgAc_2$ 具有最大的溶解度（0.97mol/L）。

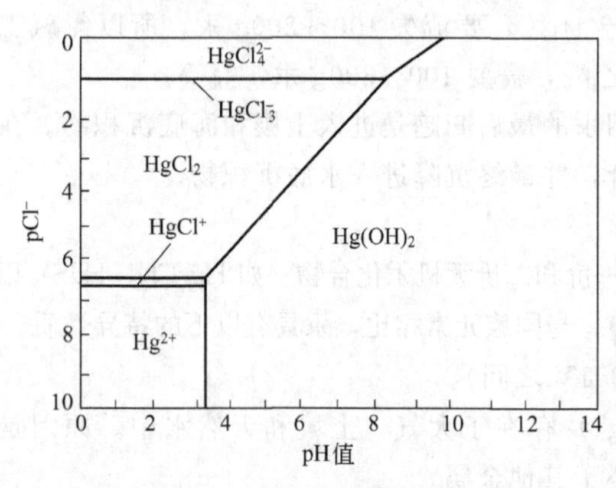

图 6-1 pH 值和 Cl^- 浓度对水体中 Hg 存在形态的影响

⑦ 汞易与配位体形成配合物。Hg^{2+} 易在水体中形成配合物，配位数一般为2和4，Hg_2^{2+} 形成配合物的倾向比 Hg^{2+} 小得多。在一般天然水中，Hg^{2+} 可与 Cl^- 形成相当稳定的配合物（见图6-1）。汞还能与各种有机配位体形成稳定的配合物。例如与含硫配位体的半胱氨酸形成稳定性极强的有机汞配合物，与其他氨基酸及含—OH或—COOH基的配位体形成相当稳定的配合物。此外，汞还能与微生物的生长介质强烈结合，这表明 Hg^{2+} 能进入细菌细胞并生成各种有机配合物。

如果环境中存在着亲和力更强或者浓度很大的配位体，汞的重金属难溶盐就会发生转化，这是一个普遍规律。例如，在 $Hg(OH)_2$ 与 HgS 溶液中，由计算可知，若水体中 Hg 的总浓度为 0.039mg/L，则当环境中 $[Cl^-]=0.001mol/L$ 时，$Hg(OH)_2$ 和 HgS 的溶解度分别增加44倍和408倍；当 $[Cl^-]=1mol/L$ 时，它们的溶解度分别增加 10^5 倍和 10^7 倍。这是由于高浓度的 Cl^- 与 Hg^{2+} 发生了较强的配合作用所致。因此，河流悬浮物中的沉积汞，进入海洋后会发生解吸，使河口沉积物中的汞含量显著减少。

⑧ 汞在环境中的存在和转化与环境中（特别是水环境）的氧化-还原电位 E_h 值和 pH 值有关。从图6-2中可以看出，液态汞和某些无机汞化合物［如 Hg^{2+}、$Hg(OH)_2$ 等］，在较宽的 pH 值和氧化-还原电位条件下是稳定的。有机汞化合物曾作为一种农药，特别是作为杀真菌剂而获得广泛应用。例如，二硫代二甲氨基甲酸苯基汞在造纸工业中用做杀黏菌剂和纸张霉菌抑制剂，氯化乙基汞 C_2H_5HgCl 用做种子杀真菌剂等。

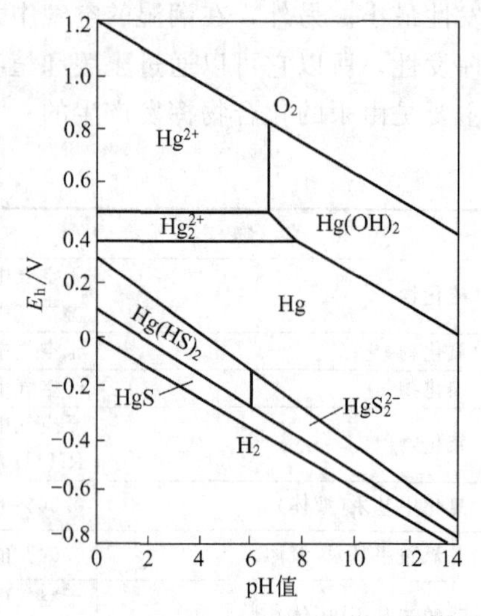

图 6-2 各种形态的汞在水中的稳定范围

（25℃，1.013×10^5Pa，水中含 36μg/L Cl^- 和 96μg/L 呈 SO_4^{2-} 的硫）

3. 汞的迁移转化与循环

(1) 汞的吸附作用　水体中的各种胶体对汞都有强烈的吸附作用。一般，胶体对甲基汞的吸附作用与对氯化汞的吸附作用大致相同。天然水体中的各种胶体相互结合成絮状物，或悬浮于水体或沉积于底泥，沉积物对汞的束缚力与环境条件和沉积物的成分有一定关系。例如，含硫沉淀物在厌氧条件下对汞的亲和力较大，而在好氧条件下对汞的亲和力则比黏土矿物低。当水体中有氯离子存在时，无机胶体对汞的吸附作用显著减弱，但对腐殖酸来说，它对汞的吸附量不随 Cl^- 浓度的改变而改变。

汞的吸附作用和汞化合物的溶解度一般较小（除汞的高氯酸盐、硝酸盐、硫酸盐外）等因素，决定了从各污染源排放出的汞，主要沉积在排污口附近的底泥中。

（2）汞的配合反应　有机汞离子和 Hg^{2+} 可与多种配位体发生配合反应：

$$Hg^{2+}+nX^- \longrightarrow HgX_n^{2-n}$$

$$RHg^+ + X^- \longrightarrow RHgX$$

式中，X^- 为任何可提供电子对的配位基，如 Cl^-、Br^-、OH^-、NH_3、CN^- 或 S^{2-} 等；R 为有机基团，如甲基、苯基等。S^{2-}、HS^-、CN^- 及含有 HS^- 基的有机化合物，对汞离子的亲和力很强，形成的化合物很稳定。

（3）汞的甲基化　汞在水体、沉积物、土壤及生物体中，于特定的条件下可发生汞的甲基化。汞的甲基化反应使汞在环境中的迁移转化变得复杂。

（4）甲基汞脱甲基化与汞离子还原　湖底沉积物中的甲基汞可被某些细菌（如假单胞菌属等）降解而转化为甲烷和汞，它们还可将 Hg^{2+} 还原为金属汞：

$$CH_3Hg^+ + 2H \longrightarrow Hg + CH_4 + H^+$$

$$HgCl_2 + 2H \longrightarrow Hg + 2HCl$$

（5）脱汞反应　在有机汞化合物中脱除汞的反应称脱汞反应，上述脱甲基化反应即是脱汞的途径之一。此外，还可通过酸解、微生物分解等反应脱除有机汞中的汞元素。

例如，有机汞和有机汞盐中碳汞键被一元酸解离的反应如下：

$$R_2Hg + 2HX \longrightarrow 2RH + HgX_2$$

式中，X 为 Cl^-、Br^-、I^-、$ClO_4{}^-$ 或 $NO_3{}^-$；R 为有机基团，如甲基、苯基等。研究表明在天然水环境的正常条件下，酸解反应速度的是很缓慢的。

（6）有机汞的蒸发　许多有机汞化合物具有较高的蒸气压，容易从水相或土壤中蒸发到气相中去。例如，二甲基汞是易挥发的液体（沸点 93～96℃），25℃时在空气和水之间的分配系数为 0.31，0℃时为 0.15。当水体在一定的湍流情况下，由实验得到的数据可估算二甲基汞的蒸发半衰期大约为 12h。因此有机汞的蒸发是影响水环境中汞归宿的重要因素之一。

汞及其化合物在各环境要素中的迁移、转化和循环见图 6-3 和图 6-4。

二、铅

1. 环境中铅的主要来源

金属铅和铅的化合物很早就被人类广泛应用于社会生活的许多方面。铅的污染来自采矿、冶炼、铅的加工和应用过程。由于石油工业的发展，作为汽油防爆剂使用的四乙基铅所耗用的铅已占铅生产总量的十分之一以上。汽车排放废气中的铅含量高达 20～50μg/L，其污染已造成严重公害。空气中的

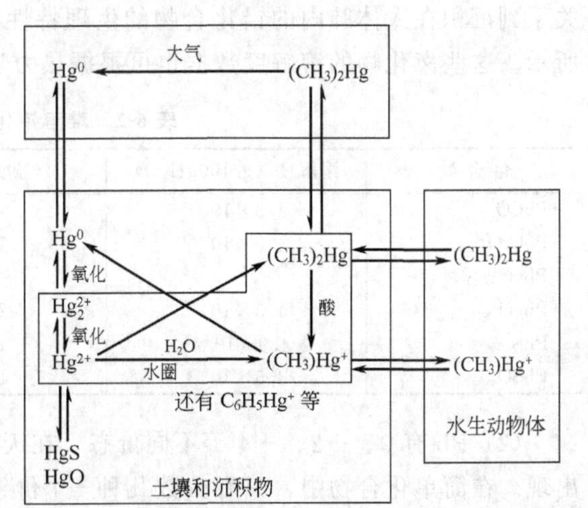

图 6-3　各种化学形态的汞在环境中的存在和迁移

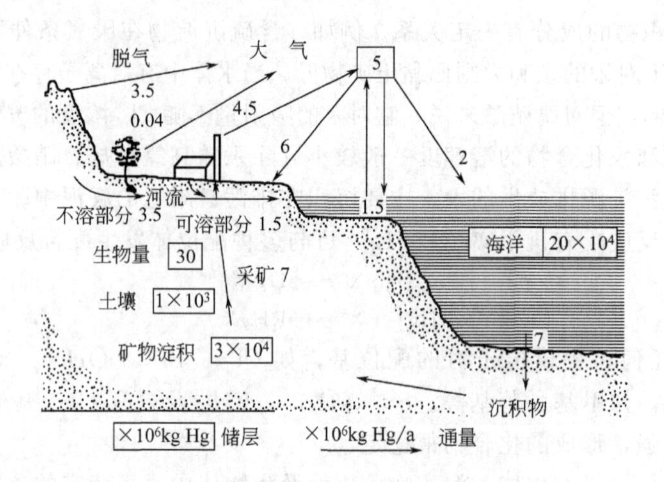

图 6-4　汞的循环

铅浓度较之 300 年前已上升了 100～200 倍。根据对大西洋中海水的分析，其表层海水含铅量达 0.2～0.4μg/L，在 300～800m 深处，铅的浓度急剧降低，至 3000m 深处，含铅重仅为 0.002μg/L。这说明海水表层的铅主要来自空气污染。

2. 铅及其化合物的性质

铅在地球上属分散元素，在地壳中的元素丰度为 13mg/kg，占第 35 位。铅在岩石、土壤、空气、水体和各环境要素中均有微量分布。

(1) 铅的溶解度很小　在大部分天然水中铅的含量在 0.01～0.1μg/L 之间，水中含铅 0.03μg/L。

铅在活泼性顺序中位于氢之上，能缓慢溶解于非氧化性稀酸中；也易溶于稀 HNO_3 中；加热时可溶于 HCl 和 H_2SO_4；有氧存在的条件下，还能溶于乙酸，所以常用乙酸浸取处理含铅矿石。

易溶于水的铅盐有硝酸铅、醋酸铅等。但大多数铅化合物难溶于水，如硫化物、氢氧化物、磷酸盐及硫酸盐等皆为难溶铅盐，它们的溶解度数据如表 6-2 所示。作为汽车排气的一种重要成分，$Pb_xBr_yCl_z$ 在水中有较大的溶解度，而且该溶解度数据是一个十分重要的环境参数，它关系到空气中含铅化合物的湿沉降、土壤中含铅化合物的溶解迁移等环境过程，也关系到沉积在人体肺内的铅化合物的生理特性等。$Pb_xBr_yCl_z$ 在水中的溶解度数据如表 6-3 所示。这些卤化物的溶解度数据也可根据热力学关系式进行计算求得。

表 6-2　难溶铅化合物的溶解度

化 合 物	溶解度/(g/100gH_2O)	温度/℃	溶度积 K_{sp}	温度/℃
$PbCO_3$	4.8×10^{-6}	18	3.3×10^{-14}	18
$PbCrO_4$	4.3×10^{-6}	18	1.8×10^{-14}	18
$Pb(OH)_2$	—	—	2.8×10^{-16}	25
$Pb_3(PO_4)_2$	1.3×10^{-5}	20	1.5×10^{-32}	18
PbS	4.9×10^{-12}	18	3.4×10^{-26}	18
$PbSO_4$	4.5×10^{-3}	18	1.1×10^{-8}	18

(2) Pb 有 0、+2、+4 等不同价态　在天然水和天然环境中，Pb 常以 +2 价的化合物出现。在简单化合物中，只有少数几种 +4 价铅化合物（如 PbO_2）是稳定的。水环境的氧化-还原条件一般不影响 Pb 的价态发生改变。

表 6-3 $Pb_xBr_yCl_z$ 在水中的溶解度

温度/℃	化合物	溶解度/(g/L)	溶解度/(mol/L)
40	$PbCl_2$	14.5	5.21×10^{-2}
	$PbBr_2$	15.3	4.17×10^{-2}
	PbBrCl	9.55	2.96×10^{-2}
20	$PbCl_2$	9.9	3.56×10^{-2}
	$PbBr_2$	8.5	2.31×10^{-2}
	PbBrCl	6.64	2.06×10^{-2}
0	$PbCl_2$	6.73	2.42×10^{-3}
	$PbBr_2$	4.55	1.24×10^{-3}
	PbBrCl	4.38	1.36×10^{-3}

(3) 与同族元素碳、硅相比，铅的金属性较强，共价性则显著降低 在许多碳、硅化合物中，相同原子能联结成键，铅则不能，所以含铅有机化合物的数量不多，且有机铅化合物的稳定性也较差，如烷基铅加热时就能分解，这就证明了 C—Pb 间的键力很弱。各种铅有机化合物的稳定程度由分子中有机基团性质和数目决定，一般芳基铅化合物比烷基铅化合物稳定，且随有机基团数增多，稳定性提高。

(4) 含铅的盐类多能水解 铅的氢氧化物有两性，既能形成含有 PbO_3^{2-} 和 PbO_2^{2-} 的盐，又能形成含有 Pb^{4+} 和 Pb^{2+} 的盐。这两种形式的盐都能水解。由于 H_2PbO_3 和 H_2PbO_2 都是弱酸，所以碱金属铅酸盐在水溶液中呈强碱性，而亚铅酸盐在水溶液中更能发生强烈水解作用。$PbCl_4$ 之类的四价铅盐在水溶液中也可强烈水解而产生 PbO_2。

(5) Pb 能与 OH^-、Cl^- 等配位体配合生成配合物，还能与含硫氢基、氧原子的有机配位体生成中等强度的螯合物。

3. 铅的迁移与转化

大气降尘或降水（含铅量可达 40μg/L）通常是海洋和淡水水系中最重要的铅污染途径。据统计，全世界每年由空气转入海洋的铅量为 40×10^6kg。20 世纪以来，各生产部门向大气中排放的含铅污染物的量急剧增多。在大气中铅的各类人为污染源中，油和汽油燃烧释放出的铅占半数以上。我国已推行无铅汽油，含铅汽油的使用将逐步废止。大气中所含微粒铅的平均滞留时间为 7～30 天。较大颗粒的铅可降落于距污染源不远的地面或水体，但细粒的或水合离子态的铅则可能在大气中飘浮相当长的时间。降落在公路路基近旁的铅污染物很容易流散，它们会经阴沟而流到淡水源中去。这种污染在经过一段干旱期后特别严重，该情况下，铅积累在路基及其近旁，当干旱季节过后，就被降水带到河面。

河水中约有 15%～83%的铅呈与悬浮粒相结合的形态，而其中又有相当数量呈与大分子有机物相结合或被无机水合氧化物（氧化铁等）所吸附的形态。当 pH>6.0，且水体中不存在相当数量的能与 Pb^{2+} 形成可溶性配合物的配位体时，水体中可溶性的铅可能就所存无几了。

当 pH<7 时，铅主要以+2 价的铅离子形态存在。在中性和弱碱性水中，当水体中溶解有 CO_2 时，可以出现 Pb^{2+}、$PbCO_3^0$、$Pb(CO_3)_2^{2-}$、$PbOH^+$ 和 $Pb(OH)_2^0$ 等。海水中同时存在有大量氯离子，因此海水中铅的主要存在形态为：$PbCO_3^0$、$Pb(CO_3)_2^{2-}$、$PbCl^+$、$PbCl_2^0$ 和 $PbCl_6^{4-}$。

国外学者曾对溶解有总无机硫和总无机碳均为 1×10^{-3}mol/L 的体系进行计算，结果指出体系中可能出现 $PbSO_4$、$PbCO_3$、$Pb(OH)_2$、PbS 和 $Pb_3(OH)_2(CO_3)_2$。硫化铅溶解度极小，仅在还原条件下是稳定的，其在氧化条件下将转化为其他四种物质。硫酸铅的溶解度较大，其他三种物质的溶解度均较小。

铅在天然水中的含量和形态明显地受 CO_3^{2-}、SO_4^{2-} 和 OH^- 等的含量的影响。在天然水中，铅化合物和上述离子间存在着沉淀-溶解平衡和配合平衡。

在多数环境中，铅均以稳定的固相氧化态存在。氧化-还原条件和 pH 值条件的变化，只会影响到与其结合的配位基，而不影响铅本身。

Pb^{2+} 与 OH^- 配位体生成 $Pb(OH)^+$ 的能力比其与 Cl^- 配位体配合的能力大得多，甚至在 pH 值 8.1～8.2，$[Cl^-]=20000mg/L$ 的海水中 $Pb(OH)^+$ 的形态还能占据优势；在 pH>6 时，$Pb_3(PO_4)_2$ 和难溶盐也会发生水解生成可溶性 $Pb(OH)^+$；在 pH<10.0 的条件下，不会形成 $Pb(OH)_2$ 沉淀。

某些 Pb^{2+} 化合物（如乙酸铅）在厌氧条件下能生物甲基化而生成 $(CH_3)_4Pb$。

有机铅化合物在水体介质中的溶解度小、稳定性差，尤其在光照下容易分解。但在鱼体中已发现含有占总铅量 10%左右的有机铅化合物，包括烷基铅和芳基铅。

铅同有机物，特别是腐殖质有很强的配合能力。天然水体中的 Pb^{2+} 浓度很低，除因铅的化合物溶解度很低外，还由于水中悬浮物对铅的强烈吸附作用，特别是铁和锰的氢氧化物，与铅的吸附存在着显著的相关性。工业排放的铅大量聚集在排污口附近的底泥及悬浮物中，而铅在水体中的主要迁移形式是随悬浮物被流水搬运迁移。

铅在环境中的循环见图 6-5。

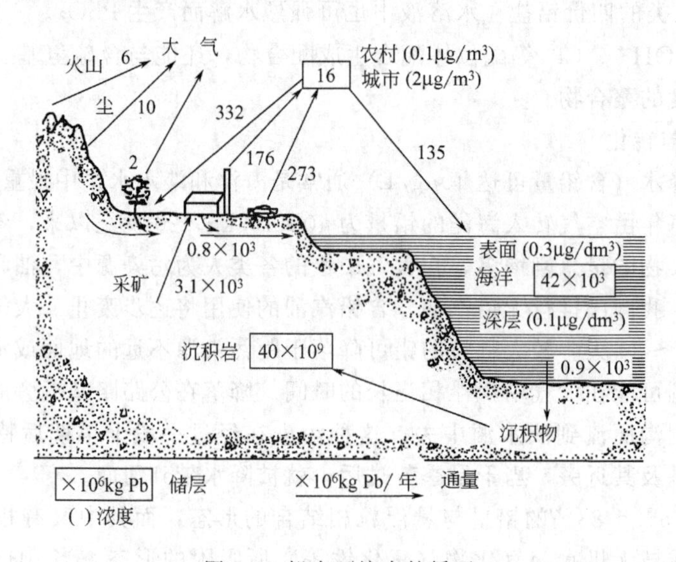

图 6-5　铅在环境中的循环

三、砷

1. 砷在环境中的来源与分布

砷是一种广泛存在并具有金属特性的类金属（或称准金属）元素。砷的常见化合价有－3、＋3 和＋5，元素砷在天然环境中很少存在，其还原态以 AsH_3 (g) 为代表，氧化态以亚砷酸盐和砷酸盐为代表。天然水中的砷主要以＋3 价和＋5 价的形态存在。在自然界中，砷以多种无机砷形态分布于许多矿物中，主要含砷矿物有砷黄铁矿（FeAsS）、雄黄矿（As_4S_4）和雌黄矿（As_2S_3）。地壳中砷的丰度为 1.5～2mg/kg，比其他元素高 20 倍。土壤中砷的本底值为0.2～40mg/kg。因此，环境中砷的最大天然来源是地壳风化，其中大部分经河流汇集到海洋。此外火山活动也能释放出大量的砷以致造成局部地区砷含量提高，某些煤中也含有较高浓度的砷。

空气中砷的天然本底值为$n \times 10^{-3} \mu g/m^3$，其甲基砷含量约占总砷量的20%。

地面水中的砷含量很低，一般小于0.005mg/L。海水中的砷浓度范围为0.01～0.008mg/L，其中主要为砷酸根，但亚砷酸根的量仍占总砷量的1/3。

某些地下水水源的含砷量极高，可达224～280mg/L，且50%为三价砷。地热异常区水源及温泉含砷量也较高，且90%以上为三价砷。

自然生长的植物，其含砷量为0.01～5mg/kg干重。海藻与海草的砷含量相当高，可达10～100mg/kg干重，其浓缩倍数为1500～5000倍。

砷对环境的污染主要来自人类的工农业生产活动。工业上排放砷的部门主要有化工、冶金、炼焦、火力发电、造纸、皮革、玻璃及电子工业等，其中以冶金、化工及半导体工业的排砷量较高（如砷化镓、砷化铜），所以工厂和矿山含砷污水、废渣的排放及燃料燃烧等是造成砷污染的重要来源之一。

农业方面，曾经广泛利用含砷农药作为杀虫剂和土壤消毒剂。其中用量较多的是砷酸钙、砷酸铅、亚砷酸钙、亚砷酸钠及乙酰亚砷酸铜等。还有一些有机砷被用来防治植物病虫害，大量甲胂酸和二甲亚胂酸用作具有选择性的除莠剂或在林业上用作杀虫剂。

土壤易受砷污染，受砷污染的土壤含砷量可高达550mg/kg，在砷污染的土壤中生长的植物可含相当高含量的砷，尤其是其根部。

2. 砷在环境中的迁移与转化

（1）砷的酸碱平衡与氧化-还原平衡　砷在环境中多以氧化物及其含氧酸形式存在，如As_2O_3、As_2O_5、H_3AsO_3、$HAsO_2$及H_3AsO_4等。

As_2O_3在水中溶解可形成亚砷酸。

$$A_2O_3(s) + H_2O = 2HAsO_2 \qquad \lg k = -1.36$$

亚砷酸是两性化合物

$$HAsO_2 = AsO_2^- + H^+ \qquad \lg k = -9.21$$

$$HAsO_2 = AsO^+ + OH^-$$

或
$$AsO^+ + H_2O = HAsO_2 + H^+ \qquad \lg k = -0.34$$

由平衡常数与pH值的对应关系可看出，当pH<0.34时，AsO^+占优势；当pH=0.34～9.21时；$HAsO_2$占优势，当pH>9.21时，AsO_2^-占优势。

As_2O_5溶于水，形成的砷酸是三元酸，在水中可形成三种阴离子。

$$H_3AsO_4 = H_2AsO_4^- + H^+ \qquad \lg k = -3.60$$

$$H_2AsO_4^- = HAsO_4^{2-} + H^+ \qquad \lg k = -7.26$$

$$HAsO_4^{2-} = AsO_4^{3-} + H^+ \qquad \lg k = -12.47$$

哪种形态占优势决定于水体的pH值。当pH<3.6时，主要以H_3AsO_4占优势；当pH值为3.6～7.26时，以$H_2AsO_4^-$占优势；当pH=7.26～12.47时，以$HAsO_4^{2-}$占优势；当pH>12.47时，以AsO_4^{2-}占优势。

由以上两种砷酸的酸碱平衡可以看出，在水体的pH值范围内砷的含氧酸主要以$HAsO_2$、$H_2AsO_4^-$及$HAsO_4^{2-}$三种形态存在。对大部分天然水来说，砷最重要的存在形式是亚砷酸（H_3AsO_3）。对具有弱酸性、中性和弱碱性的环境中的水来说，以砷酸的离子形式（$H_2AsO_4^-$、$HAsO_4^{2-}$）为主，在强酸性条件下（pH＜0.34）可能出现 AsO^+，而在强碱性环境中（pH＞12.5）则呈 AsO_4^{3-} 形式。在正常环境中，很少有后两种天然水，但局部严重污染的地段可能有这种情况。

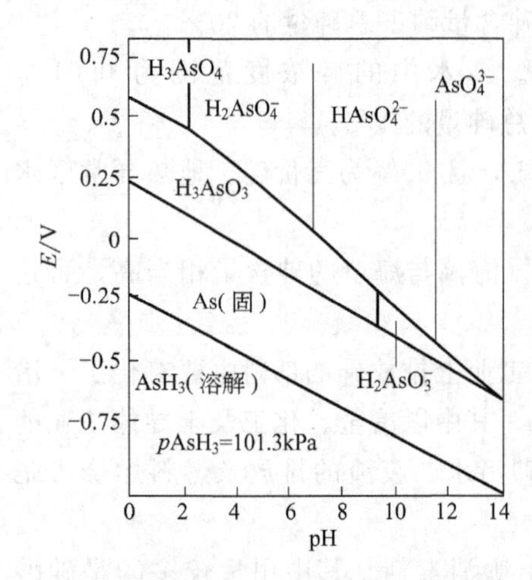

图 6-6　砷-水体系的 E_h-pH 图

由于砷有多种价态，因此水体的氧化-还原条件（E_h）将影响砷在水中的存在形态。

在氧化性水体中，H_3AsO_4 是优势形态。在中等还原条件或低 E_h 的条件下，亚砷酸变得稳定。E_h 较低的情况下，元素砷变得稳定，但在极低的 E_h 时，可以形成 AsH_3，它在水中的溶解度极低，当 AsH_3 的分压为 101.3kPa 时，其溶解度约为 $10^{-5.3}$mol/L。

总的来说，在天然水中，砷的存在形态为 $H_2AsO_4^-$、$HAsO_4^{2-}$、H_3AsO_3 和 $H_2AsO_3^-$。在天然水的表层中，由于溶解氧的浓度高，E_h 值高，pH 值在4～9 之间，所以砷主要以五价的 $H_2AsO_4^-$ 和 $HAsO_4^{2-}$ 的形式存在。在 pH＞12.5 的碱性水环境中，砷主要以 AsO_4^{3-} 的形式存在。在 E_h＜0.2，pH＞4 的水环境中，砷主要以三价的 H_3AsO_3 和 $H_2AsO_3^-$ 的形式存在。以上这些形态的砷都是水溶性的，它们容易随水发生迁移。砷在水体中的存在形态与 pH 值及 E_h 的关系见图 6-6。

在土壤中，砷主要以与铁、铝水合氧化物胶体结合的形态存在，水溶态含量极少。

土壤的氧化-还原电位（E_h）和 pH 值对土壤中砷的溶解度有很大影响。土壤的 E_h 降低，pH 值升高，砷的溶解度增大，这是由于 E_h 降低，AsO_4^{3-} 逐渐被还原为 AsO_3^{3-}，所以溶解度增大。同时 pH 值升高，土壤胶体所带正电荷减少，对砷的吸附能力降低，所以浸水土壤中可溶态砷含量比旱地土壤中高。植物较易吸收 AsO_3^{3-}，在浸水土壤中生长的作物其砷含量也较高。

（2）砷的甲基化反应　砷与汞一样可以甲基化，砷的化合物可在微生物的作用下被还原，然后与甲基($-CH_3$)作用生成有机砷化合物。在甲基化过程中，甲基钴胺素 CH_3CoB_{12} 起甲基供应体的作用。在厌氧菌作用下主要产生二甲基胂，而好氧的甲基化反应则产生三甲基胂：

$$HO-\overset{\overset{\displaystyle CH_3}{|}}{\underset{\underset{\displaystyle O}{\|}}{As^+}}-CH_3 \xrightarrow{4e^-} H_3C-\overset{\overset{\displaystyle CH_3}{|}}{As^{3-}}-H\text{（二甲基胂）}$$

$$HO-\overset{\overset{\displaystyle CH_3}{|}}{\underset{\underset{\displaystyle O}{\|}}{As^+}}-CH_3 \xrightarrow[4e^-]{(CH_3)} H_3C-\overset{\overset{\displaystyle CH_3}{|}}{As^{3-}}-CH_3\text{（三甲基胂）}$$

二甲基胂和三甲基胂易挥发、毒性很大。但二甲基胂在有氧气存在时不稳定，易被氧化成毒性较低的二甲基胂酸。

砷的生物甲基化反应和生物还原反应是它在环境中转化的一个重要过程。因为它们能产生一些可在空气和水中运动并相当稳定的有机金属化合物。但生物甲基化所产生的砷化合物易被氧化和细菌脱甲基化，结果又使它们回到无机砷化合物的形式。砷在环境中的转化模式如下：

$$HAsO_4^{2-} \xrightleftharpoons[+H^+]{-H^+} H_2AsO_4^-\text{（砷酸）} \xrightleftharpoons[+O_2]{\text{生物还原}} HAsO_2\text{（亚砷酸）} \xrightleftharpoons[\text{细菌}]{+CH_3^+} CH_3AsO(OH)_2\text{（甲基胂酸）} \xrightleftharpoons[\text{细菌}]{+CH_3^+}$$

$$H_2AsO_4^- \xrightleftharpoons[+H^+]{-H^+} H_3AsO_4 \qquad HAsO_2 \xrightarrow{\text{还原}} AsH_3 \qquad HAsO_2 \xrightleftharpoons[-H^+]{+H^+} AsO_2^-$$

$$CH_3AsO(OH)_2 \longrightarrow CH_3AsH_2 \qquad CH_3AsO(OH)_2 \xrightleftharpoons[-H^+]{+H^+} H_3C\text{—}As(=O)(OH)O^-$$

$$(CH_3)_2AsO(OH)\text{（二甲基胂酸）} \xrightarrow{+CH_3^+} (CH_3)_3AsO\text{（三甲基胂氧化物）} \xrightleftharpoons[+\frac{1}{2}O_2]{\text{生物还原}} (CH_3)_3As\text{（三甲基胂）}$$

$$(CH_3)_2AsO(OH) \longrightarrow (CH_3)_2AsH \qquad (CH_3)_2AsO(OH) \xrightleftharpoons[+H^+]{-H^+} (CH_3)_2As(=O)\text{—}O^-$$

环境中砷的生物循环见图 6-7。

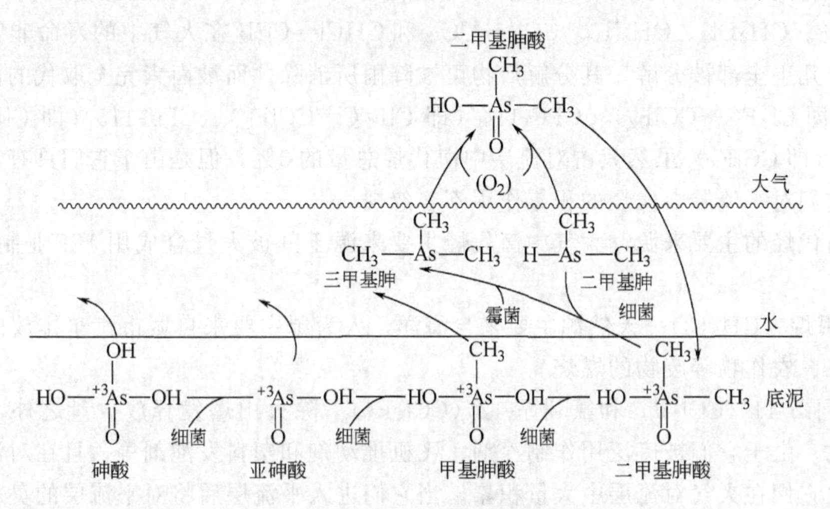

图 6-7 自然界中砷的生物循环

在水溶液中二甲基胂和三甲基胂可以氧化为相应的甲基胂酸。这些化合物与其他较大分子的有机砷化合物，如含砷甜菜碱和含砷胆碱等，都极不容易化学降解。

（3）砷的沉淀与吸附 如前所述砷的氧化物溶解度较高，但有人发现水体中砷的含量不大，水体中的砷大都集中在底泥中。产生这一现象的原因是砷的沉淀与吸附沉降。

在 E_h 较高的水体中，砷以各种形态的砷酸根离子存在，它们与水体中的其他阳离子（如 Fe^{3+}、Fe^{2+}、Ca^{2+} 等）可形成难溶的砷酸盐，如 $FeAsO_4$ 等。甲基胂酸盐和二甲基胂酸盐离子与 Me^{2+}、Me^{3+} 也可形成难溶盐而沉淀于底泥中。在 E_h 较低时，无硫的水体中可能出现砷的固相，有硫的体系中可能出现砷的硫化物固相。

第二节 有机污染物

有机污染物有数万种，其中对生态环境和人类健康影响最大的是有毒有机物和持久性有机物。这类有机物一般难降解，在环境中残留时间长，有蓄积性，能促进慢性中毒，有致癌、致畸和致突变作用等。因此这些有机物在环境中的行为最受人们关注。本节仅对一些典型的有毒有机物和持久性有机物加以简要介绍。

一、有机卤代物

有机卤代物包括卤代烃、多氯联苯、多氯代二噁英和有机氯农药等，这里主要介绍卤代烃和多氯联苯。

1. 卤代烃

卤代烃是大气有机污染物，大量的卤代烃通过天然或人为途径释放到大气中，造成大气污染。由于天然卤代烃的年排放量基本固定不变，所以人为排放是当今大气中卤代烃含量不断增加的原因。

(1) 卤代烃的种类及分布　大气圈对流层中存在的卤代烃主要有 CH_3Cl、CCl_2F_2、CCl_3F、CCl_4、CH_3CCl_3、$CHClF_2$、CF_4、CH_2Cl_2、$CHCl_3$、$Cl_2C{=}CCl_2$、CCl_3CF_3、CH_3Br、$CClF_2CClF_2$、$CHCl{=}CCl_2$、$CClF_2CF_3$、CF_3CF_3、$CClF_3$、CH_3I、$CHCl_2F$ 和 CF_3Br 等。有关分析数据表明，其中前 6 种卤代烃约占大气中卤代烃总量的 88%，其他卤代烃占 12%。CH_2Cl_2、$CHCl_3$、$CCl_2{=}CCl_2$ 和 $CHCl{=}CCl_2$ 在大气中的寿命非常短，它们在对流层中几乎全部被分解，其分解产物可被降雨所消除。而被卤素完全取代的卤代烃，如 CFC-113（即 $Cl_2FC{-}CClF_2$）、CFC-114（即 $ClF_2C{-}CClF_2$）、CFC-115（即 $ClF_2C{-}CF_3$）和 CFC-13（即 $CClF_3$）虽然只占对流层中卤代烃总量的 3%，但是由于它们具有相当长的寿命，所以它们对平流层卤代烃的积累作用不容忽视。

(2) 卤代烃的主要来源　大气中卤代烃主要来源于其被大量合成用于工业制品等过程。现简述如下。

① 氯甲烷（CH_3Cl）　天然源主要来自海洋，人为源主要来自城市汽车排放的废气和聚氯乙烯塑料、农作物等废物的燃烧。

② 氟利昂-11（CCl_3F）和氟利昂-12（CCl_2F_2）　除火山爆发释放少量之外，主要来源于人为排放。由于它们被广泛用作制冷剂、飞机推动剂和塑料发泡剂等，且在对流层中不能被分解，故它们在大气对流层中大量积累。当它们进入平流层后将对平流层的臭氧层产生破坏作用。

③ 四氯化碳（CCl_4）　主要来源于人为排放。它被广泛用做工业溶剂、灭火剂和干洗剂，也是氟利昂的主要原料。

④ 甲基氯仿（CH_3CCl_3）　甲基氯仿没有天然来源。它最初用来作为工业去油剂和干洗剂，从 1950 年以来，排放到大气中的量逐年增加，现在每年的排放速率是 CFC-11 和 CFC-12 的两倍多，平均每年增长 16%。

⑤ CHF_2Cl（CFC-22）　它也是人工合成的卤代烃，是一种主要的工业氟利昂产品，主要用做制冷剂和发泡剂。

(3) 卤代烃在大气中的转化　下面分别介绍卤代烃在对流层及平流层中的转化。

① 对流层中的转化　含氢卤代烃与 HO· 自由基的反应是它们在对流层中被消除的主要途径。卤代烃消除途径的起始反应是脱氢。如氯仿与 HO· 的反应为

$$CHCl_3 + HO\cdot \longrightarrow H_2O + CCl_3\cdot$$

$CCl_3\cdot$ 自由基再与氧气反应生成碳酰氯（光气）和 $ClO\cdot$

$$CCl_3\cdot + O_2 \longrightarrow COCl_2 + ClO\cdot$$

光气在被雨水冲刷或清除之前，将一直完整地保留着。如果清除速度很慢，则大部分的

光气将向上扩散，在平流层下部发生光解；如果冲刷清除速度很快，则光气对平流层的影响就小。ClO·可氧化其他分子并产生氯原子。

$$ClO\cdot + NO \longrightarrow Cl\cdot + NO_2$$

$$3ClO\cdot + H_2O \longrightarrow 3Cl\cdot + 2HO\cdot + O_2$$

多数氯原子迅速和甲烷作用

$$Cl\cdot + CH_4 \longrightarrow HCl + CH_3\cdot$$

氯代乙烯与 HO·反应将打开双键，让氧加成进去。如四氯乙烯可转化成三氯乙酰氯。

$$C_2Cl_4 + [O] \longrightarrow CCl_3COCl$$

② 平流层中的转化　进入平流层的卤代烃污染物，都将受到高能光子的攻击而遭破坏。例如，四氯化碳分子吸收光子后脱去一个氯原子。

$$CCl_4 + h\nu \longrightarrow CCl_3\cdot + Cl\cdot$$

CCl_3·基团与对流层中氯仿的情况相同，被氧化成光气。但随后产生的 Cl·却不直接生成 HCl，而是参与破坏臭氧的链式反应。

$$Cl\cdot + O_3 \longrightarrow ClO\cdot + O_2$$

O_3 吸收高能光子发生光分解反应，生成 O_2 和 O·，O·再与 ClO·反应，将其又转化为 Cl·。

$$O_3 + h\nu \longrightarrow O_2 + O\cdot$$

$$O\cdot + ClO\cdot \longrightarrow Cl\cdot + O_2$$

在上述链式反应中除去了两个臭氧分子后，又再次提供了除去另外两个臭氧分子的氯原子。这种循环将继续下去，直到氯原子与甲烷或某些其他的含氢类化合物反应，全部变成氯化氢为止。

$$Cl\cdot + CH_4 \longrightarrow HCl + CH_3\cdot$$

HCl 可与 HO·自由基反应重新生成 Cl·。

$$HO\cdot + HCl \longrightarrow H_2O + Cl\cdot$$

这个氯原子是游离的，可以再次参与使臭氧破坏的链式反应。在氯原子扩散出平流层之前，它在链式反应中进出的活动将发生 10 次以上。一个氯原子进入链式反应能破坏数以千计的臭氧分子，直至氯化氢到达对流层，并在降雨时被清除。

2. 多氯联苯

(1) 多氯联苯及其结构与性质　多氯联苯（简称 PCBs）是联苯分子中的氢原子被氯原子取代后形成的氯代苯烃类化合物（或异构体混合物）。

联苯和多氯联苯的结构式如下。

3′ 2′ 2 3
4′ 1′ 1 4
5′ 6′ 6 5

联苯

Cl_m　Cl_n

多氯联苯

($1 \leqslant m+n \leqslant 10$)

PCBs 的纯化合物为晶体，混合物则为油状液体，一般工业产品均为混合物。低氯代物呈液态，流动性好，随着氯原子数的增加其黏稠度也相应增大，呈糖浆或树脂状。PCBs 的物理化学性质十分稳定，耐酸、耐碱、耐热、耐腐蚀和抗氧化，对金属无腐蚀，绝缘性能好，加热到 1000～1400℃才完全分解，除一氯、二氯代物外，均为不燃物质。PCBs 难溶于水，如含54%的氯化联苯，在水中的溶解度仅为53μg/L。纯多氯联苯的溶解度，主要取决于分子中取代的氯原子数，随着氯原子数的增加，其溶解度降低（见表6-4）。

表6-4 不同多氯联苯在水中的溶解度（25℃）

多氯联苯	溶解度/(μg/L)	多氯联苯	溶解度/(μg/L)
2,4′-二氯联苯	773	2,4,5,2′,5′-五氯联苯	11.7
2,5,2′-三氯联苯	307	2,4,5,2′,4′,5′-六氯联苯	1.3
2,5,2′5′-四氯联苯	38.5		

常温下PCBs的蒸气压很小，属难挥发物质。但PCBs的蒸气压受温度和时间的影响（见图6-8），另外PCBs的蒸气压还与其分子中氯的含量有关，含氯量越高，蒸气压越小，挥发量越小（见图6-9）。

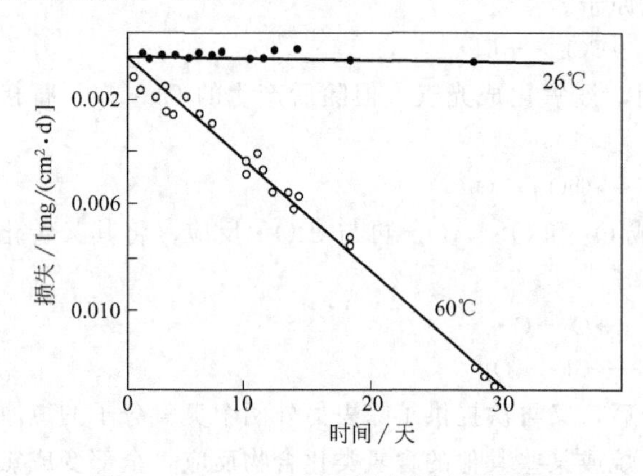

图6-8 PCBs1254挥发损失与时间的关系

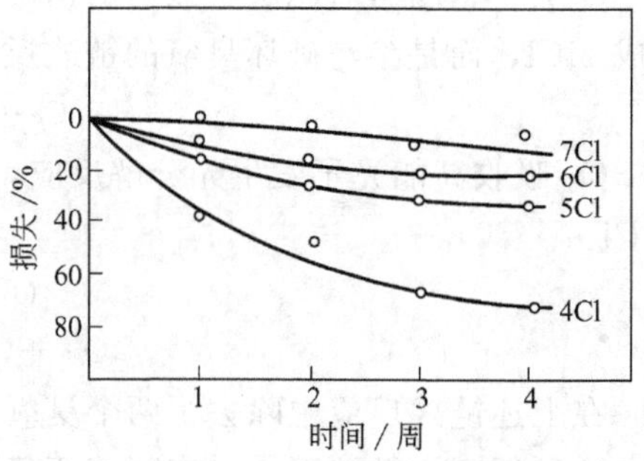

图6-9 不同PCBs挥发损失与时间的关系

（2）多氯联苯的来源与分布 由于多氯联苯具有上述优良性质，因此它被广泛用于工业和商业等方面已有50多年的历史。它可作为变压器和电容器内的绝缘流体和润滑油，在热传导系统和水力系统中作介质，在配制润滑油、切削油、农药、油漆、油墨、复写纸、胶黏剂、封闭剂等中作添加剂，在塑料中作增塑剂等。

由于PCBs的挥发性和在水中的溶解度均较小，故其在大气和水中的含量较少。由于PCBs易被颗粒物所吸附，故在废水流入河口附近的沉积物中PCBs含量可高达2000～5000μg/kg。水生植物通常可从水中快速吸收PCBs，其富集系数为$1\times10^4\sim1\times10^5$。通过食物链的传递，鱼体中PCBs的含量可达1～7mg/kg湿重。PCBs在天然水和生物体内很难溶，是一种很稳定的环境污染物。尽管许多国家已经禁止使用，但以往排放的多氯联苯还将在环境中残留相当长的时间。例如，加拿大的海洋生物体内PCBs的富集情况为

$$\underset{0.14\mu g/g}{紫菜}\longrightarrow\underset{0.62\mu g/g}{鲑鱼肉}\longrightarrow\underset{5.06\mu g/g}{海鸥肉}\longrightarrow\underset{20.0\mu g/g}{海豹脂肪}$$

（3）多氯联苯在环境中的迁移与转化 PCBs主要是在使用和处理过程中，通过挥发进入大气，然后经干、湿沉降转入河流、湖泊和海洋。转入水体的PCBs极易被颗粒物所吸附，沉入沉积物，使PCBs大量存在于沉积物中。虽然近年来PCBs的使用量大大减少，但沉积物中的PCBs仍然是今后若干年内食物链污染的主要来源。

由于多氯联苯的化学惰性而使其成为环境中的持久性污染物。它在环境中的主要转化途径是光化学分解和生物转化。

① 光化学分解 PCBs的光解反应与溶剂有关。如PCBs用甲醇作溶剂光解时，除生成

脱氯产物外，还有氯原子被甲氧基取代的产物生成。而用环己烷作溶剂时，只有脱氯的产物。此外，PCBs光降解时，还发现有氯化氧芴和脱氯偶联产物生成。

② 生物转化　一般来说，从单氯到四氯代联苯均可被微生物降解。高取代的多氯联苯不易被生物降解。多氯联苯的生物降解性能主要决定于化合物中的碳氢键数量，相应未氯化的碳原子数越多，即含氯原子的数量越少，越容易被生物降解。

PCBs除了可在动物体内积累外，还可通过代谢作用发生转化。其转化速率随分子中氯原子的增多而降低。含4个氯以下的低氯代联苯几乎都可被代谢为相应的单酚，其中一部分还可进一步形成二酚。如

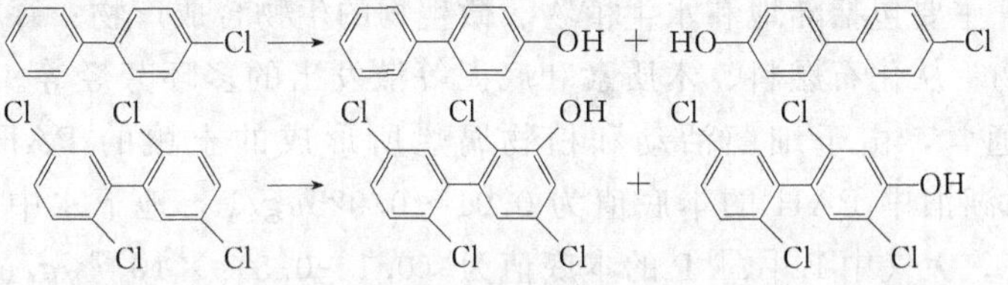

（主）　（次）

含5个氯或6个氯的PCBs同样可被氧化为单酚，但速度相当慢。含7个氯以上的高氯代联苯则几乎不被代谢转化。

(4) 多氯联苯的毒性与生物效应　多氯联苯剧毒，脂溶性大，易被生物吸收。水中PCBs浓度为10～100μg/L时，便会抑制水生植物的生长；浓度为0.1～1.0μg/L时，则会引起光合作用减少；而较低浓度的PCBs就可改变物种的群落结构和自然海藻的总体组成。不同的PCBs对不同物种的毒性不同。如含氯42%的PCBs对水藻类显示出很强的毒性。

鱼类、鸟类及哺乳动物等对PCBs都很敏感，微量即可使其发生生理病变或死亡。

PCBs进入人体后，可引起皮肤溃疡、痤疮、囊肿及肝损伤或白细胞增加等症状，且可以致癌，还可以通过母体转移给胎儿致畸。所以当母体受到亲脂性毒物PCBs污染时，其婴儿比母体遭受的危害更大。

由于PCBs在环境中很难降解，因此，污染控制与治理也很困难。目前唯一的处理方法是焚烧，但由于多氯联苯中常含有杂质——多氯代二苯并二噁英，是目前公认的强致癌物质，而焚烧多氯联苯可以产生多氯代二苯并二噁英，所以应谨慎和合理采用焚烧处理。

二、多环芳烃

1. 多环芳烃及其来源

多环芳烃（简写为PAH）是分子中含有两个或两个以上苯环的碳氢化合物。换言之，多环芳烃（PAH）是指两个以上的苯环连在一起的化合物。两个以上的苯环连在一起的方式可以有两种：一种是非稠环型，即苯环与苯环之间各由一个碳原子相连，如联苯、联三苯等；另一种是稠环型，即两个碳原子为两个苯环所共有，如萘、蒽等。其结构式如下：

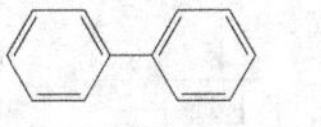

联苯 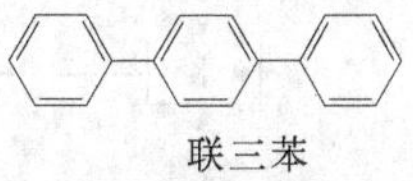　联三苯

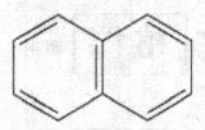

萘 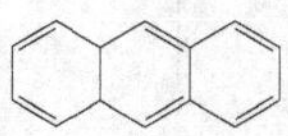　蒽

这类化合物种类很多，其中有几十种有致癌作用，主要是角状多环芳烃，最典型的是苯并［*a*］芘（以B［*a*］P表示）、苯并［*a*］蒽（以B［*a*］A表示）和菲等（见图6-10）。

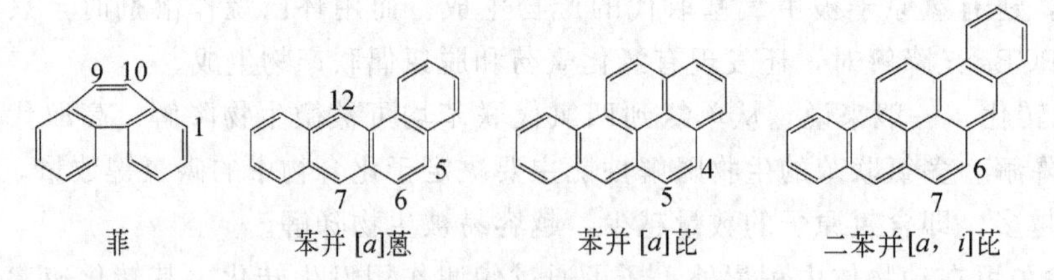

图 6-10 角状多环芳烃

存在于环境中的多环芳烃有天然和人为两种来源。

（1）天然源 主要包括陆地和水生植物、微生物的生物合成产物；森林、草原的天然火灾及火山的喷发物；从化石燃料、木质素和底泥等散发出的多环芳烃等。这些构成了PAH的天然本底值。通常，由于细菌活动和植物腐烂所形成的土壤的PAH本底值为100～1000μg/kg。淡水湖泊中PAH的本底值为0.01～0.025μg/L，地下水中PAH的本底值为0.001～0.01μg/L，大气中B［a］P的本底值为（0.1～0.5）$\times 10^{-3}$μg/m^3。

（2）人为源 多环芳烃的人为污染源很多，主要是由各种矿物燃料（如煤、石油和天然气等）、木材、纸以及其他含碳氢化合物的不完全燃烧或在还原条件下热解形成的；工厂（主要是炼焦、炼油和煤气厂）排出物；特别值得提醒的是从吸烟者喷出的烟气中迄今已检测到150种以上的多环芳烃。燃料在燃烧的过程中产生大量的多环芳烃。水体中多环芳烃的重要来源是大气中的煤烟随雨水降落及煤气发生站、焦化厂或炼油厂等排放的含多环芳烃的污水进入水体。

2. 多环芳烃在环境中的迁移及转化

PAH主要来源于各种矿物燃料及其他有机物的不完全燃烧和热解过程，这些高温过程（包括天然的燃烧、火山爆发）形成的PAH随着烟尘、废气被排放到大气中。释放到大气中的PAH，总是和各种类型的固体颗粒物及气溶胶结合在一起。因此，大气中PAH的分布、滞留时间、迁移、转化和进行干、湿沉降等都受其粒径大小、大气物理和气象条件的支配。在较低层的大气中直径小于1μm的粒子可以滞留几天到几周，而直径为1～10μm的粒子则最多只能滞留几天，大气中的PAH通过干、湿沉降进入土壤和水体以及沉积物中，并进入生物圈，见图6-11。

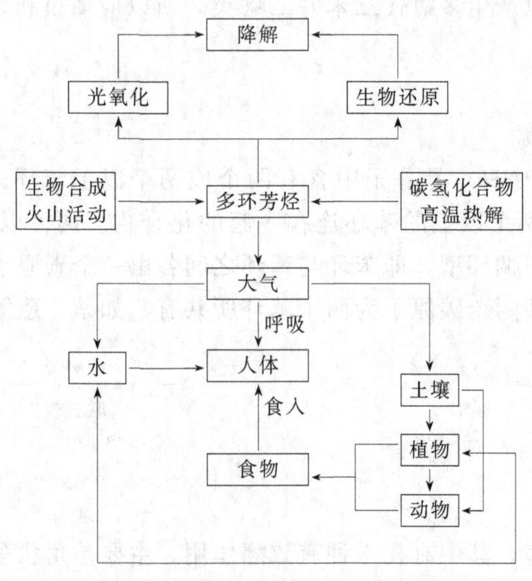

图 6-11 多环芳烃在环境中的迁移及转化

多环芳烃在紫外光（300nm）照射下很易光解和氧化，如苯并［*a*］芘在光和氧的作用下，可在大气中形成1,6-醌苯并芘、3,6-醌苯并芘和6,12-醌苯并芘：

苯并[*a*]芘 $\xrightarrow[\text{[O]}]{h\nu}$ 1,6-醌苯并芘 + 3,6-醌苯并芘 + 6,12-醌苯并芘

多环芳烃也可以被微生物降解。例如，苯并［*a*］芘被微生物氧化可以生成7,8-二羟基-7,8-二氢-苯并［*a*］芘及9,10-二羟基-9,10-二氢-苯并［*a*］芘。多环芳烃在沉积物中的消除途径主要靠微生物降解。微生物的生长速度与多环芳烃的溶解度密切相关。

多环芳烃在水中的溶解度很低，约为0.01μg/L。但它可在洗涤剂作用下分散于水中，所以水体中的多环芳烃可能呈现三种状态，即吸附于悬浮性固体上、溶解于水中或呈乳化状态。多环芳烃是一类不易分解且比较稳定的有机物。水生生物对其能进行某些生物降解，也可通过食物链富集浓缩，在浮游生物体内可富集数千倍。多环芳烃化合物具有大的相对分子质量和低的极性，所以大多是水溶性很小的物质，但当水中存在阴离子型洗涤剂时，其溶解度可提高10^4倍。此外，PAH还可与水中存在的胶体形成缔合物，并以此形式在整个天然水中迁移。

含2～3个环且相对分子质量较低的PHA（萘、芴、菲、蒽）具有较大的挥发性，对水生生物有较大毒性；含4～7个环且相对分子质量高的PAH化合物，大多具有致癌性。

三、表面活性剂

表面活性剂是分子中同时具有亲水性基团和疏水性基团的物质。它能显著改变液体的表面张力或两相间界面的张力，具有良好的润湿和渗透性质、乳化性质、分散性质、发泡性质和增加溶解力的性质等。

1. 表面活性剂的分类、性质及其来源

表面活性剂的疏水基团主要是含碳氢键的直链烷基、支链烷基、烷基苯基以及烷基萘基等，其性能差别较小，但其亲水基团部分差别较大。表面活性剂按其亲水基团结构和类型可分为四种：即阴离子表面活性剂、阳离子表面活性剂、两性表面活性剂和非离子表面活性剂。

（1）阴离子表面活性剂　溶于水时，与疏水基相连的亲水基是阴离子，其类型为

羧酸盐：如肥皂　RCOONa

磺酸盐：如烷基苯磺酸钠　$R-C_6H_4-SO_3Na$

硫酸酯盐：如硫酸月桂酯钠　$C_{12}H_{25}OSO_3Na$

磷酸酯盐：如烷基磷酸钠　$RO-P(=O)(ONa)_2$

（2）阳离子表面活性剂　溶于水时，与疏水基相连的亲水基是阳离子，其主要类型是有机胺的衍生物，常用的有季铵盐，如十六烷基三甲基溴化铵$C_{16}H_{33}N^+(CH_3)_3Br^-$。阳离子表面活性剂有一个与众不同的特点，即它的水溶液具有很强的杀菌能力，因此常用做消毒

灭菌剂。

(3) 两性表面活性剂　指由阴、阳两种离子组成的表面活性剂，其分子结构和氨基酸相似，在分子内部易形成内盐。其典型的化合物如 $RN^+H_2CH_2CH_2COO^-$，$RN^+(CH_3)_2CH_2COO^-$ 等。它们在水溶液中的性质随溶液 pH 值的改变而改变。

(4) 非离子表面活性剂　其亲水基团为醚基和羟基。主要类型如下：

脂肪醇聚氧乙烯醚：如 $R—O—(C_2H_4O)_nH$

脂肪醇聚氧乙烯酯：如 $RCOO—(C_2CH_2O)_nH$

聚氧乙烯烷基酰胺：如 $RCONH—(C_2H_4O)_nH$

聚氧乙烯烷基胺：如 $R_2N—(C_2H_4O)_nH$（两个 R 连于 N）

多醇表面活性剂：如 $C_{11}H_{23}COOCH_2—CH(OH)CH_2OCH_2CH(OH)CH_2OH$

烷基苯酚聚氧乙烯醚：如 $R—C_6H_4—O—(C_2H_4O)_nH$

表面活性剂的性质依赖于它的化学结构，即依赖于表面活性剂分子中亲水基团的性质及其在分子中的相对位置，分子中亲油基团（即疏水基团）的性质等对其化学性质也有显著影响。

由于表面活性剂具有显著改变液体和固体表面各种性质的能力，因而被广泛用于纤维、造纸、塑料、日用化工、医药、金属加工、选矿、石油和煤炭等行业。仅合成洗涤剂一项，年产量已超过 150×10^4 t。表面活性剂主要通过各种废水进入水体，是造成水体污染的最普遍、最大量的污染物之一。

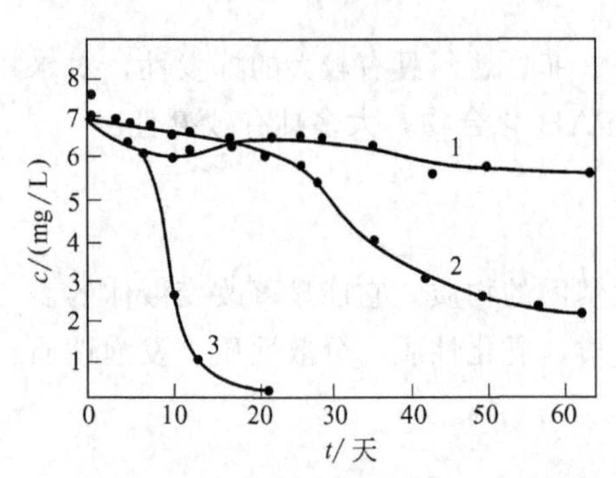

图 6-12　三种 ABS 的降解性（河水）

1—$(CH_3)_3CCH_2(CH_2)_7C_6H_4SO_3Na$；

2—$(CH_3)_2CH(CH_2CH(CH_3))_3C_6H_4SO_3Na$；

3—$CH_3(CH_2)_{11}C_6H_4SO_3Na$

2. 表面活性剂的迁移转化与降解

表面活性剂含有很强的亲水基团，它不仅本身亲水，也使其他不溶于水的物质长期分散于水体中，且随水流迁移，只有当它与水体悬浮物结合凝聚时才沉入水底。

表面活性剂进入水体后，主要靠微生物降解来消除。但是表面活性剂的结构对生物降解有很大影响。

(1) 阴离子表面活性剂　疏水基结构不同的烷基苯磺酸钠（即 ABS）微生物对其降解性不同（见图 6-12）。其降解顺序为：直链烷烃＞端基有支链取代的＞三甲基的。

(2) 非离子表面活性剂　非离子型表面活性剂可分为很硬、硬、软及很软四类。带有支链和直链的烷基酚乙氧基化合物属于很硬和硬两类，而仲醇乙氧基化合物和伯醇乙氧基化合物则属于软和很软两类。生物降解试验表明：直链伯、仲醇乙氧基化合物在活性污泥中的微生物作用下能有效地进行代谢。

(3) 阳离子和两性表面活性剂　由于阳离子表面活性剂具有杀菌能力，所以在研究这类表面活性剂的微生物降解时必须注意负荷量和微生物的驯化。据研究，十四烷基二甲基苄基氯化铵（TDBA）驯化后的平均降解率为 73%，TDBA 对未驯化污泥中的微生物的生长抑制作用很大，降解率很低，而对驯化的污泥中的微生物的生长抑制较小，说明驯化的作用是很明显的。除季铵类表面活性剂对微生物降解有明显影响外，其他胺类表面活性剂均未发现有明显影响。

表面活性剂的生物降解机理主要是烷基链上的甲基氧化（ω氧化）、β氧化、芳香环的氧化降解和脱磺化。

① 甲基氧化　表面活性剂的甲基氧化，主要是疏水基团末端的甲基氧化为羧基的过程：

$$RCH_2CH_2CH_3 \longrightarrow RCH_2CH_2CH_2OH \longrightarrow RCH_2CH_2CHO \longrightarrow RCH_2CH_2\overset{O}{\overset{\|}{C}}—OH$$

② β氧化　表面活性剂的β氧化是其分子中的羧基在HSCoA作用下被氧化，使末端第二个碳键断裂的过程：

$$RCH_2(CH_2)_2CH_2\overset{O}{\overset{\|}{C}}—OH \xrightarrow{HSCoA(辅酶A)} \cdots\cdots \longrightarrow RCH_2CH_2\overset{O}{\overset{\|}{C}}—SCoA + CH_3—\overset{O}{\overset{\|}{C}}—SCoA$$

3. 表面活性剂对环境的污染与生物效应

表面活性剂是合成洗涤剂的主要原料，特别是早期使用最多的烷基苯磺酸钠（ABS），由于它在水环境中难以降解，发泡问题十分突出，故造成地表水的严重污染。

① 表面活性剂使水的感观状况受到影响。据调查研究，当水体中洗涤剂浓度达到0.7～1.0mg/L时，就可能出现持久性泡沫。洗涤剂污染水源后用一般方法不易清除，所以在水源受到洗涤剂严重污染的地方，自来水中也会出现大量泡沫。

② 由于洗涤剂中含有大量的聚磷酸盐作为增净剂，因此使污水中含有大量的磷，这是造成水体富营养化的重要原因。据估计，工业发达国家的天然水体中总磷含量的16％～35％是来自合成洗涤剂。

③ 表面活性剂可以促进水体中石油和多氯联苯等不溶性有机物的乳化与分散，增加污水处理的难度。

④ 由于阳离子表面活性剂具有一定的杀菌能力，在其浓度较高时，可能破坏水体的微生物群落。据试验，烷基二甲基苄基氯化铵对鼷鼠一次经口的致死量为340mg，而人经24小时后和7天后的致死量分别为640mg和550mg。由两年的慢性中毒试验表明，即使饮料中仅有0.063％的烷基二甲基苄基氯化铵也能抑制发育；当其浓度为0.5％时，出现食欲不振，并且有死亡事例发生，但只限于最初的10周以内，10周以后未再出现。相同病理现象是下痢、腹部浮肿、消化道有褐色黏性物、盲肠充盈或胃出血性坏死等。

直链烷基苯磺酸钠（LAS）的生物降解速度虽不能与肥皂相比，但与其同类物质烷基苯磺酸钠（ABS）相比，还是相当快的。在LAS的生物降解过程中，既不产生有毒的中间产物，也无蓄积的倾向。当分子通过降解变小后就很难再与鱼体中的鳃蛋白形成复合体，对鱼类的不良作用也就逐渐减弱了。

经常与合成洗涤剂接触的皮肤会引起皮肤炎，不久后还会诱发湿疹并发生继发性霉菌感染等。使用合成洗涤剂后的手感与肥皂的情况略有不同，它产生一种涩感，这是由于RSO_3Na类合成洗涤剂与手的皮肤蛋白形成了复合物所致。一般认为，家用合成洗涤剂在日常生活中，只要正确使用，是不会对人体有毒害作用的。

洗涤剂对油性物质有很强的溶解能力，能使鱼的味觉器官遭到破坏，使鱼类丧失避开毒物和觅食的能力。据报道，水中洗涤剂的浓度超过10mg/L时，鱼类就难以生存了。

四、亚硝胺

自从马吉（Magee）和巴恩斯（Barnes）发现二甲基亚硝胺能使动物产生肝癌以来，N-亚硝基化合物（主要是亚硝胺）日益成为人们十分重视的致癌物。目前已发现的N-亚硝胺基化合物有120多种，其中80%具有较强的致癌性。

硝酸盐和亚硝酸盐是生成亚硝胺的前提物，它们都广泛分布于自然界，能在微生物或催化剂的作用下，与二级胺作用生成种类繁多的N-亚硝基化合物。

在亚硝胺类化合物（见图6-13）中，最简单而又常见的是二甲基亚硝胺（a）和二乙基亚硝胺（b），其次是吡咯烷亚硝酸（c），二丙基亚硝胺（d），甲基戊基亚硝胺（e）和N-亚硝基联苯胺或称二苯基亚硝胺（f）。

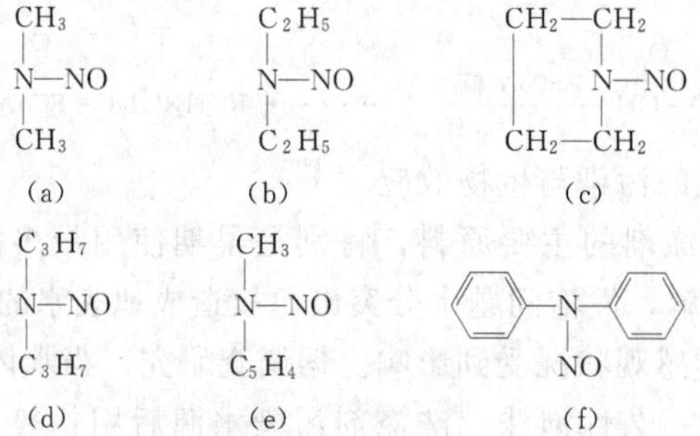

(a) $(CH_3)_2N-NO$　(b) $(C_2H_5)_2N-NO$　(c) 吡咯烷环（CH_2-CH_2 / CH_2-CH_2）$N-NO$

(d) $(C_3H_7)_2N-NO$　(e) $CH_3(C_5H_4)N-NO$　(f) $(C_6H_5)_2N-NO$

图6-13　亚硝胺类化合物

这类化合物的特点是都具有 R_1R_2N-NO 结构，因此 $>N-NO$ 也被认为是致癌母体的一种。随取代基R_1和R_2的不同，基致癌表现也不同。

凡脂肪烃、芳香烃的碳原子上直接连接亚硝基的化合物，都比直接连接硝基的化合物毒性大。若亚硝基直接连接在N原子上，不仅毒性更大，而且它们多数具有致癌性和致突变性。下面是几种亚硝基化合物的毒性比较：

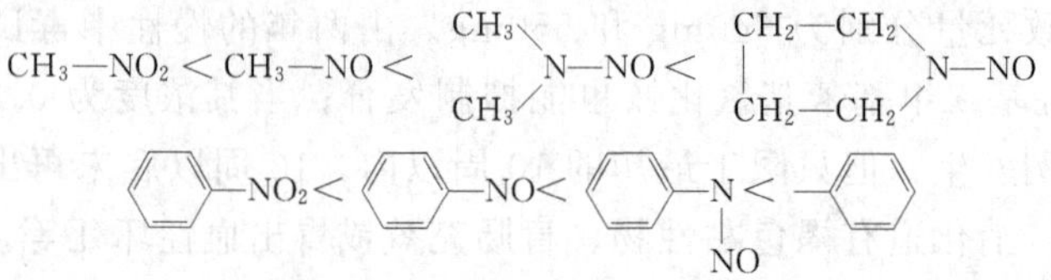

$$CH_3-NO_2 < CH_3-NO < (CH_3)_2N-NO < (CH_2CH_2)_2N-NO$$

$$C_6H_5-NO_2 < C_6H_5-NO < (C_6H_5)_2N-NO$$

亚硝胺的形成有许多途径。主要是由仲胺、叔胺和季铵盐在酸性条件下与亚硝酸反应而成。胺盐和亚硝酸盐是两个前提物。亚硝酸盐又可从环境中的NO_x和硝酸盐转化而来。亚硝化反应除与反应物浓度有关外，在酸性条件下比较容易发生。所以胺的碱性愈强，反应愈慢。弱碱性的二苯胺比胺比强碱性的二甲胺的亚硝化速度约快1000倍。亚硝化反应可表示为：

$$2HNO_2 \rightleftharpoons N_2O_3+H_2O$$

$$R_2-NH(R_1)+N_2O_3 \rightleftharpoons R_2-N(R_1)-NO+HNO_2$$

有一些物质能促进亚硝化反应，如硫脲、卤素离子、SCN^-等，它们的作用强度顺序为

$$硫脲 \gg I^- > SCN^- > Br^- \gg Cl^- > SO_4^{2-}$$

值得注意的是，正常人的唾液和尿中，都含有SCN^-，特别是吸烟者，他们的尿中SCN^-

的含量比正常人高3倍左右，唾液中约高8倍。从这一点看，吸烟具有更大的危险性。

阅读材料

环境与人体健康

人类生活在自然环境中，是靠吸收自然环境中的物质和能量而得以生存和发展的。所以，人类的生存和发展与自然环境密切联系，离开了自然环境，人类就无法生存，人类也是自然环境长期演化的结果。

人体通过新陈代谢与周围环境进行物质和能量的交换。人类从赖以生存的环境中获得生长、发育及新陈代谢所必需的化学元素（组分），人与环境间维持着一定的动态化学平衡。人体内各种化学元素的平均含量与地壳中各种化学元素的含量相适应。根据英国地球化学家埃利克·汉尔顿（E. L. Hamilton）等1991年对地壳和人体血液中60种元素的研究发现，人体血液中的60多种化学元素的含量和岩石中这些元素的含量有明显的相关性。自然界不断地变化，人体总是从内部调节自己的适应性，与不断变化的地壳物质保持动态平衡关系。这就意味着自然环境中某些元素含量过多或缺乏时将会导致器官组织病变的可能，即居住在不同自然环境中的人从饮用水和食粮中摄取过多的化学元素进入体内，可长期累积，引起中毒性疾病；摄入元素缺乏或不足时可引起生理病变而致病。

如果地壳表面的元素分布在局部地区呈异常现象，如某些元素过多或过少等，可导致地方病的发生。地方病是发生在某一特定地区、同一定的自然环境有密切关系的地方性疾病。主要有：

(1) 地方性甲状腺肿　地方性甲状腺肿主要是由于机体长期缺碘所造成的甲状腺代偿性增长肥大，是一种流行广泛的地方病。其致病原因主要是自然环境（岩石、土壤和水等）中缺碘，导致粮食、蔬菜和饮水中碘含量少而发病（饮水中碘含量小于10mg/L就可致病）。全世界患地方性甲状腺肿的患者有2亿人，我国除上海外，全国30个省（区、市）约2400个县均有不同程度的流行，约有4.25亿人生活在碘缺乏病区，患病人口约3500万人。如果严重缺碘（日摄取量低于25μg），易发生克汀病（呆小病）。

(2) 地方性氟病　如果自然环境中岩石、土壤含氟量高，造成饮水和食物中含氟量也高，可导致地方性氟病，轻者为氟斑牙，重者为氟骨症。据调查，全国受威胁的病区人口有800万左右，氟斑牙患者212万，氟骨症患者104万。通常，饮水中氟含量大于1.0mg/L即可导致氟斑牙，大于4.0mg/L则出现氟骨症（骨关节疼痛，畸形等）。相反，如果饮水中氟含量低于0.5mg/L，会出现龋齿。例如，贵州省有1000万氟斑牙患者，64万氟骨病人，氟病约占贵州人的一半。

(3) 大骨节病　大骨节病是一种骨关节肿痛、弯曲或畸形的地方性疾病，主要是自然环境和饮水中腐殖酸含量高（水中腐殖酸含量大于0.05mg/L）、环境低硒所致，儿童和少年是最为敏感的人群，我国大约有200万大骨节病患者。

(4) 克山病　克山病是一种地方性的心肌病，因1935年首先在我国黑龙江省克山县发病，故名克山病。病区的水、土及粮中硒低，环境中富含腐殖质，水中腐殖酸含量高，且多受有机污染。目前已查明我国15个省（区）的325个县有克山病流行，其中黑龙江、吉林和陕西省的克山病分布范围广且病性严重。

(5) 某些癌症　某些癌症（肝癌、食管癌等）也有地域性，与自然环境及饮水有关，多为水受有机污染，水中 NO_2^- 含量高所致。一般认为，癌症的发生90%以上与环境有关，且有明显的聚集性。比如肺癌、乳腺癌、结肠癌和白血病等恶性肿瘤相对高发于我国东南沿海、长江中下游地区等，胃癌、食管癌等则相对高发于我国中西部地区和沿海山区。

通常，由于水中元素易于被人体吸收，所以水质与人类健康的关系最为密切，饮水中某些生物必需元素（Fe、Zn、Se、F、Si、I、Co、Cu、Mo、Cr、Mn、Ni、Sn、Ca 和 Mg 等）的余缺可直接影响人体健康。

当环境受到污染，使某些化学物质突然增多，甚至出现了原来环境中不曾有的合成化学物质时，人与环境之间的平衡就受到了破坏，它将引起机体疾病，甚至中毒死亡。全球每年有530万人死于废弃物引发的疾病，其中400多万人是5岁以下的儿童。

在正常情况下，环境中的物质与人体之间保持有一种动态平衡，使得人类能正常地生长、发育，从事劳动，并能在劳动之后休养解除疲劳，激发人的智慧和创造力。相反，环境中的“三废”常影响人的健康，使人患病中毒。环境中的噪声，影响到人体的血液和激素系统的功能，噪声还能使液体产生运动，形成神经冲动，使人感到烦恼，易于疲劳和激动。

大气、水、土壤和生物是环境中的四大要素，它们是人类和各种生物不可缺少的物质。环境污染首先影响这些要素，并直接或间接地造成对人体健康的危害（包括急性危害、慢性危害和潜在危害）。

人体各系统的生理功能在某种程度上对环境的变化是适应的，它除了能吸收、消化各种有益物质外，还有解毒和代谢功能，从而使人体和环境达到和谐统一。但是人体对污染物的解毒和代谢功能是有限的，若污染物进入了环境，并通过各种途径侵入人体，一旦超过了人体所能忍受的限度，就会引起中毒，并导致疾病或死亡。因此，人与环境之间存在有一种相互依存、相互制约和相互作用的对立统一关系。所以我们必须树立科学发展观，建立人与环境友好型社会。

本章小结

本章主要讲述了典型重金属类污染物和有机污染物的特性及其在环境各圈层中的迁移转化和循环。本章的重要内容及要求掌握的内容概括为如下两方面：

(1) 重金属类污染物　主要是汞（Hg）、铅（Pb）、砷（As）等重金属类污染物的基本性质及来源与分布、迁移与转化等。

(2) 有机污染物　主要是有机卤代物（卤代烃、多氯联苯 PCBs 等）、多环芳烃（PAH）、表面活性剂和亚硝胺等的性质、种类、来源和其在环境中的迁移转化、生物降解、毒性与生物效应等。

本章内容理论性和综合性均较强，通过本章知识的学习要注意灵活应用。

思考与练习

1. 为什么汞在环境中能以零价形态（Hg^0）存在于环境中？

2. 为什么有机汞的毒性通常大于无机汞的毒性？

3. 什么是金属的甲基化作用？它有什么意义？
4. 氧化-还原条件（E_h）和酸碱条件（pH 值）对汞的迁移转化有什么影响？
5. 铅及其化合物有什么性质？
6. 铅有几种价态？常以什么价态存在？
7. 铅的迁移转化与环境条件有什么关系？
8. 砷在环境中存在的主要化学形态有哪些？其主要转化途径有哪些？
9. 试述砷的甲基化反应。
10. 环境条件（E_h、pH 值）对砷的迁移转化有何影响？
11. 有机卤代物是一类什么样的有机物？其有何特点？
12. 试述卤代烃的来源及其在大气中的转化。
13. 简述多氯联苯 PCBs 在环境中的主要分布、迁移与转化规律。
14. 试述多环芳烃 PAH 的特点及其来源。
15. 多环芳烃 PAH 在环境中是如何迁移转化的？
16. 表面活性剂有哪些种类？它们对环境和人体健康有哪些危害？
17. 简述表面活性剂的迁移转化与降解规律。
18. 试述亚硝胺的特点 R 形成途径。

第七章 环境化学研究方法与实验

学习指南

本章主要介绍环境化学研究方法（主要是实验室研究方法、图示法及同位素示踪法等）和环境化学实验。环境化学研究方法综合性、实用性较强，应着重理解掌握其方法原理并灵活应用。环境化学实验技能性较强，重在强化动手能力，实验时要认真、周密、细致地做好每一个步骤，树立实事求是的科学作风，如实写出实验报告。通过本章的学习，力求做到提高专业综合技能和分析问题、解决问题的能力。

第一节　环境化学的研究方法

一、环境化学实验室模拟方法

一般来说，野外现场调查是区域环境化学研究中最基本和最重要的工作。但是，也必须指出，通过现场调查，只能了解该区域环境中各种物理、化学和生物化学作用的结果，而不能确切地了解这些反应发生的过程。由于发生在自然界中的过程十分复杂，受控于多方面的因素，且多种作用交织在一起进行，因此，在较深入的环境化学研究中，单一的现场调查是远远不够的，必须在现场或实验室内辅以简单的或复杂的模拟实验，才能揭示其内在的规律性。

在环境化学工作中，人们十分重视模拟实验。模拟实验就是在现场模拟观测某一过程，或在实验室内模仿建造某种特定的经过简化的自然环境，并在人工控制的条件下，通过改变某些环境参数，理想地再现自然界中某些变化的过程，从而得以研究环境因素间的相互作用及其定量关系。

环境化学研究中的模拟实验，按进行实验的场合可分为“现场实验模拟”与“实验室实验模拟”；按所研究问题的性质可分为“过程模拟”、“影响因素模拟”、“形态分布模拟”、“动力学模拟”及“生态影响模拟”等；按模拟的精确性可分为“比例性模拟”和“形态分布模拟”；按实验的规模和复杂程度可分为“简单模拟”和“复杂模拟”（或称“综合模拟”)；还可以作出其他一些划分。模拟实验研究在推动科学发展和揭示客观世界规律性方面有巨大的作用。

1. 模拟实验研究的设计及条件控制

模拟实验研究能否获得良好的结果与模拟研究的设计是否合理密切相关。经验表明，合理周密的设计应为研究目的服务。下面举一简单实例予以说明。

一些学者做了酚、氰污水自净机制的模拟实验研究。在进行模拟研究之前，通过现场调查（河道水团追踪测量），查明某焦化厂排出的酚、氰污水在河道中有很强的自净能力，且自净过程符合负指数函数关系：

$$c_B = c_A e^{-kt} \quad 或 \quad c_B = c_A e^{-kd} \tag{7-1}$$

式中 c_A——某水团在 A 点的酚（或氰）浓度；

c_B——水团流到 B 点的酚（或氰）的浓度；

t——水团自 A 点流至 B 点的时间；

d——A、B 两点间的距离；

k——自净系数。

按一般原理分析，含酚废水的自净途径可能有微生物分解、化学氧化、挥发作用及底泥吸附等。鉴于所研究河段终年排放同类污水，且无其他污水或河流支流汇入，故假定底泥已经对酚饱和吸附。

实验的目的在于查明微生物分解、化学氧化和挥发作用在不同条件下所进行的强度，即明确这三种机制的净化量在总净化量中所占的比例。实验设计必须为这个目的服务。

这一实验装置中的关键问题是能否保证分别测量出通过这三种机制各自净化掉的酚的量。采用图 7-1 所示实验装置进行实验。

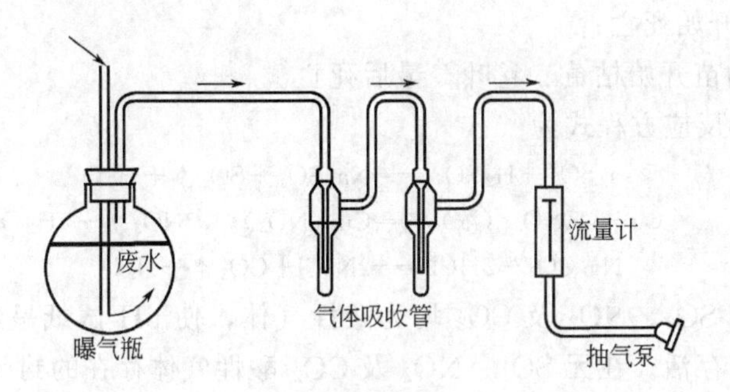

图 7-1 含酚废水降解曝气实验装置示意

将从焦化厂排水口取回的含酚废水分别置入两套实验装置中的曝气瓶中，一组加入 $HgCl_2$ 进行灭菌，另一组保持原废水中的微生物。然后在接近河流温度的条件下，按照一定的气流量（模拟水流过程中与空气接触）进行曝气实验。

按照一定的时间间隔分别取曝气瓶中的水测定其酚的减少量。

在曝气过程中挥发出的酚可用一定浓度的 Na_2CO_3 溶液吸收，然后按照相同的时间间隔测定 Na_2CO_3 溶液所吸收的酚的量。

在这一实验装置和实验步骤中，经一定时间的曝气作用以后，未灭菌曝气瓶废水中酚的减少量减去灭菌曝气瓶废水中酚的减少量即可视为是由微生物分解引起的酚的自净量。这部分酚的自净量约占未灭菌废水（原废水）中酚的自净量的 60%。

吸收于 Na_2CO_3 溶液中的酚量可视为是由挥发作用引起的酚的自净量。这部分酚的自净量占未灭菌废水中酚减少量的40%，几乎占灭菌废水中酚减少量的100%。灭菌废水中酚的减少量减去吸收于 Na_2CO_3 溶液中的酚量可视为是由化学氧化作用引起的酚的自净量。这部分酚的自净量接近于零。本模拟实验充分说明在酚的自净过程中单纯的化学氧化作用十分微弱；而生物化学氧化过程和挥发作用在酚的自净过程中具有十分重要的意义。

2. 酸雨的形成及危害模拟实验

（1）实验目的　了解酸性大气污染和酸雨的形成及它们的危害。

（2）实验用品　玻璃水槽、玻璃钟罩、喷头、小型水泵、小烧杯、胶头滴管、浓硫酸、浓硝酸、亚硫酸钠、稀盐酸、碳酸钠、铜片、昆虫、绿色植物、小草鱼和 pH 试纸。

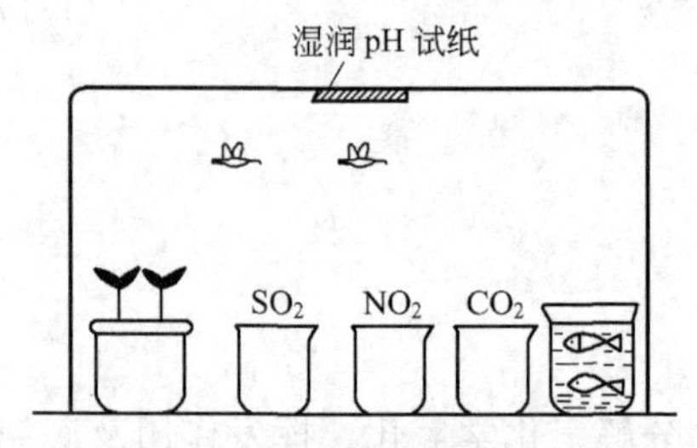

图 7-2　大气污染模拟实验封闭气室装置

（3）酸性大气污染的形成及危害模拟实验步骤

按图 7-2 所示做成封闭气室。

① 取少量 Na_2SO_3 于杯 1 中，加 2 滴水，加 1mL 浓 H_2SO_4。

② 取少量铜片于杯 2 中，加 1mL 浓 HNO_3。

③ 取少量 Na_2CO_3 粉末于杯 3 中，加 2mL 稀盐酸。

④ 迅速将贴有湿润 pH 试纸的玻璃水槽罩在反应器上，做成封闭气室。观察气室中动、植物的变化。

⑤ 实验完毕后，用吸有 NaOH 溶液的棉花处理余气。

⑥ 利用上述动、植物在无污染的封闭气室中做相同的对比观察实验。

（4）观察现象及解释

① 湿润的 pH 试纸变红，pH=4；

② 10min 后，小昆虫落地，死亡；

③ 3h 后，小鱼开始死亡；

④ 2 天后，植物苗开始枯黄、卷叶，最后死亡。

以上现象的化学反应方程式为

$$Na_2SO_3 + H_2SO_4 = Na_2SO_4 + SO_2\uparrow + H_2O$$

$$Cu + 4HNO_3(浓) = Cu(NO_3)_2 + 2NO_2\uparrow + 2H_2O$$

$$Na_2CO_3 + 2HCl = 2NaCl + CO_2\uparrow + H_2O$$

以上反应产生的 SO_2、NO_2 及 CO_2 均为酸性气体，使 pH 试纸呈红色。在受污染的环境中，动、植物难以存活。在无 SO_2、NO_2 及 CO_2 酸性气体存在的封闭气室的对照实验中，同样的动、植物一星期后仍存活。

（5）酸雨及危害模拟实验步骤与现象解释

① 实验步骤（见图 7-3）　在小烧杯中放入少量 Na_2SO_3，滴加一滴水后，加入 2mL 浓 H_2SO_4，立即罩上玻璃钟罩，同时罩住植物苗和小鱼（底部一瓷盘内）。少许几分钟后，经钟罩顶端加水使形成喷淋状，观察现象，最后测水、土的 pH 值。

② 现象及解释

a. 酸雨过后，约 1h 小鱼死亡；

b. 植物苗经酸雨淋后 3 天死亡，水 pH=4；土壤 pH=4。

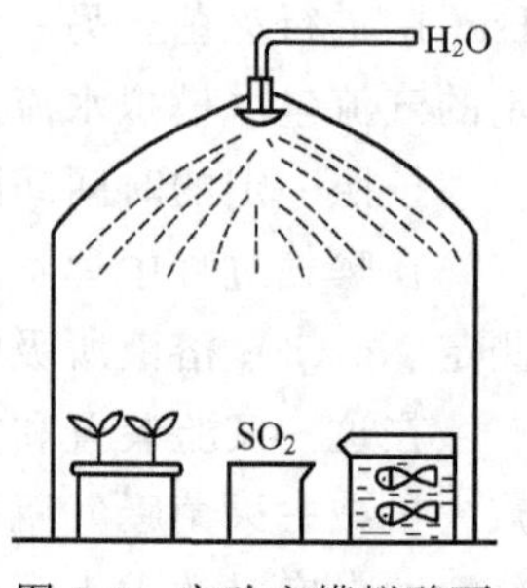

图 7-3　实验室模拟酸雨及其危害实验装置

以上现象的化学反应方程式为：

$$Na_2SO_3 + H_2SO_4 = Na_2SO_4 + SO_2\uparrow + H_2O$$

玻璃钟罩内的SO_2气体经降水形成酸雨使动、植物受到危害。表明酸雨使水、土壤酸化，危害生态环境。

在无酸雨的对照实验环境中生长的动、植物一星期后仍存活。

3. 同位素示踪技术在模拟实验中的应用

在环境化学模拟实验研究中，经常采用同位素示踪技术。因为此项技术可以确切地表明某元素或某污染物在环境各部分之间的具体迁移过程和归宿。

例如，国外学者应用此技术研究了汞、镉、硒由陆地向水生生态系统的迁移过程。该实验是在模拟实验装置中进行的，实验装置由一内垫有薄塑料板的金属池子（0.3m×0.3m×0.3m）构成。实验装置内包括陆生生态系统和水生生态系统两部分，前者为模拟的河滩地，由土壤、枯枝落叶层、高等植物和苔藓组成；后者为模拟的河流，由水(60L)、沉积物和水生生物（鱼、蜗牛、水芹）构成。河滩地上接受的降水可以径流的方式汇入河流。在模拟实验装置内保持一定的光照（长日照），温度为18～21℃，湿度为70%～100%。

使用1.05×10^6Bq［Bq（贝可）为放射性同位素衰变过程中放射性强弱的单位，每秒内有1个原子核发生衰变为1Bq］的^{115}Cd、含4.07×10^6Bq的^{203}Hg的煤烟尘和3.7×10^6Bq的^{75}Se作示踪剂，将其配于人工降水中。模拟降水的速度为2.5cm/周。

此实验的持续时间为：^{115}Cd的实验3周，在3周中，每周采集土壤、植物、水和鱼的样品各2次，供分析用；^{203}Hg的实验139天，前5周，每周取样1次，以后每月取样1次；^{75}Se的实验56天，取样安排与^{203}Hg的实验相同。

实验结束后用物质平衡法计算这3种示踪剂在陆生生态系统和水生生态系统中各部分的分布。

实验结果表明，这3种元素在生态系统中的迁移和分布是有区别的。^{115}Cd的绝大部分(94%～96%）残留于陆生生态系统中，其中70%的^{115}Cd存在于土壤中。^{115}Cd在植物中的积累是缓慢的。降水中的^{115}Cd有4%经陆地转移到水生生态系统中，其中3%的^{115}Cd保留在沉积物中。^{115}Cd进入鱼体比进入蜗牛慢得多。

实验证明，煤烟尘中的^{203}Hg是能被淋溶的，对生物群落有影响。^{203}Hg总量的50%左右被淋溶到水生生态系统中，而进入水生生态系统中的99%的^{203}Hg则保留在沉积物中。^{203}Hg在鱼体中的积累比在蜗牛中的积累要高。

^{75}Se的行为更接近于^{115}Cd，加入的^{75}Se有75%残留在土壤中，9%保留在沉积物中(占进入水生生态系统的绝大部分)。^{75}Se从陆生生态系统转入水生生态系统的速率与^{115}Cd相似，比^{203}Hg慢一些。

二、环境化学的化学分析和仪器分析研究方法

化学分析和仪器分析是研究环境化学的重要方法，是进行环境化学监测的重要手段，随着分析精度的提高和分析技术的现代化，这两种方法的作用越来越大。

1. 化学分析研究

化学分析的对象是水、气、土壤、生物等各环境要素，化学元素及污染物的分析是环境化学研究的基础。工作目的与要求不同，分析项目与精度也不相同。在一般环境化学调查中，区分为简分析和全分析，为了配合专门任务，则进行专项分析或细菌分析，下面以水为例进行简要说明。

（1）简分析　简分析用于了解区域环境化学成分的概貌。例如，水质分析，可在野外利用专门的水质分析箱就地进行。简分析项目少，精度要求低，简便快速，成本不高，技术上容易掌握。分析项目除物理性质（温度、颜色、透明度、臭味、味道等）外，还应定量分析以下各项：HCO_3^-、SO_4^{2-}、Cl^-、Ca^{2+}、总硬度、pH 值等。通过计算可求得各主要离子含量及溶解性总固体（总矿化度）。定性分析的项目则不固定，较经常的有 NO_3^-、NO_2^-、NH_4^+、Fe^{2+}、Fe^{3+}、H_2S、耗氧量等。分析这些项目是为了初步了解水质是否适于饮用。

（2）全分析　全分析项目较多，要求精度高。通常在简分析的基础上选择有代表性的水样进行全分析，比较全面地了解水化学成分，并对简分析结果进行检验，全分析并非分析水中的全部成分，一般定量分析以下各项：HCO_3^-、SO_4^{2-}、Cl^-、CO_3^{2-}、NO_2^-、NO_3^-、Ca^{2+}、Mg^{2+}、K^+、Na^+、NH_4^+、Fe^{2+}、Fe^{3+}、H_2S、CO_2、耗氧量、pH 值及干涸残余物等。

（3）专项分析　根据专门的目的任务，针对性的分析环境中的某些组分。例如，在水质分析中，分析水中重金属离子（Hg、Pb、Cr、Cd 和 As 等的离子），以确定水的污染状况。

（4）细菌分析　为了解水的污染状况及水质是否符合饮用水标准，一般需进行细菌分析。通常主要分析细菌总数和大肠杆菌。

在进行环境化学分析时，对环境要素取样必须有代表性。例如，在进行水质分析时，必须注意对地表水和地下水取样分析。因为地表水体可能是地下水的补给来源，或者是排泄去路。前一种情况下，地表水的成分将影响地下水。后一种情况下，地表水反映了地下水化学变化的最终结果。对于作为地下水主要补给来源的大气降水的化学成分，至今一直很少注意，原因是它所含物质数量很少。但是，必须看到，在某些情况下，不考虑大气降水的成分，就不能正确地阐明水化学成分的形成。因此要注意“三水”（地表水、地下水、大气降水）的分析研究。

化学分析一般包括滴定分析和称量分析两大类，这里不再赘述。

2. 仪器分析研究

仪器分析是根据物质的物理性质或物质的物理化学性质来测定物质的组成及相对含量。仪器分析需要精密仪器来完成最后的测定，它具有快速、灵敏、准确的特点。一般认为，化学分析是基础，仪器分析是目前的发展方向。目前，分析仪器开始进入微机化和自动化，能自动扫描，自动处理数据，自动、快速、准确打印分析结果，且新的先进仪器、新的仪器分析方法不断涌现。

根据测定的方法原理不同，仪器分析方法可分为光化学分析法、电化学分析法，色谱法及其他分析方法等。

（1）光化学分析法　光化学分析法包括吸收光谱、发射光谱两类。它是基于物质对光的选择性吸收或被测物质能激发产生一定波长的光谱线来进行定性、定量分析。主要包括以下方法：

① 比色法　比较溶液颜色深浅来确定物质含量的分析方法。主要有目视比色法、光电比色法。

② 分光光度法　又称吸光光度法。它是基于物质的分子或原子对光产生选择性吸收，根据对光的吸收程度来确定物质的含量的方法。主要有紫外可见分光光度法，红外分光光度法，原子吸收分光光度法等。

③ 原子发射光谱法　即物质中的原子能被激发产生特征光谱，根据光谱的波长及强度进行定性定量分析。

(2) 电化学分析法　即根据物质的电化学性质，产生的物理量与浓度关系来测定被测物质的含量，主要包括：

① 电位分析法　直接电位法，电位滴定法。

② 电导分析法　直接电导法，电导滴定法。

③ 库仑分析法　库仑滴定法，控制电位库仑法。

④ 极谱分析法　经典极谱法，示波极谱法，溶出伏安法。

(3) 色谱分析法　根据物质在两相中分配系数不同而将混合物分离，然后用各种检测器测定各组分含量的分析方法。目前应用最广泛的方法有以下四种。

① 气相色谱分析　流动相为气体，固定相为固体或液体者。

② 高效液相色谱法　流动相为液体，固定相为固体或液体者。

③ 薄层色谱法　将载体均匀涂在一块玻璃板上形成薄层，被测组分在此板上进行色谱分离，用双波长薄层扫描仪自动扫描测定其含量。

④ 纸色谱　以色谱纸作载体，以水或有机溶剂浸析点在纸上的被测样品，达到被测组分与其他组分彼此分离。

以上三种方法是目前最常见的分析方法。

(4) 其他分析法　如差热分析法、质谱分析法、放射分析法、核磁共振波谱法、X射线荧光分析法等。

实际工作中，化学分析和仪器分析各有优缺点，应取长补短，合理应用。在环境化学监测中，仪器分析主要用于分析水、空气中的有毒物质、土壤中的金属及有机氯农药含量、农作物中的农药残毒等。

对不同类型的环境要素，化学分析和仪器分析的内容和方法不尽相同。例如，地表水水质指标及选配分析方法见表7-1。一般而言，金属类化合物，通常用比色法（或称分光光度法，下同）、原子吸收分光光度法；非金属类化合物，常用比色法、离子选择电极法、容量法；有机化合物一般用比色法、容量法等。

三、环境化学图示研究方法

环境化学的图示法（图形表示法）就是根据化学分析结果和有关资料把化学成分和有关内容用图示、图解的方法表现出来。这种方法有助于对分析结果进行比较，表示其规律性，并发现异同点，更好地显示各种环境要素的化学特性，具有直观性、简明性。图示与文字配合能很好地说明问题。一般来说，大多数图示法是为了同步（或同时）地表示溶质总浓度或某个环境化学样品分析结果中每个离子所占的比例或随时空的变化规律。下面对几种比较常用的方法进行简要的阐述。

1. 曲线图

曲线图是比较简单、常用的一种图示。它以直角坐标为基础，用纵、横两个坐标轴，表示两相关事物的关系。即将研究的两种组分或两个因素或两项内容分别以纵、横坐标表示，作出关系曲线，如污染物浓度随时间变化曲线（见图7-4），矿化度-离子含量关系曲线，离子含量-深度关系曲线等。还可以对某一河流在各个地段某些水质指标用图示法表示，横坐标可以表示流域中各采集水的地点距源头的距离，纵坐标表示某水质指标的数值。例如，

表 7-1 地表水水质指标及选配分析方法

序号	参数	测定方法	检测范围/(mg/L)
1	水温	水温计法	−6～41①
2	pH 值	玻璃电极法	1～14②
3	硫酸盐	硫酸钡重量法	10 以上
		铬酸钠比色法	5～200
		硫酸钡比浊法	1～40
4	氯化物	硝酸银容量法	10 以上
		硝酸汞容量法	可测至 10 以下
5	总铁	邻二氮杂菲比色法	检出下限 0.05
		原子吸收分光光度法	检出下限 0.3
6	总锰	过硫酸铵比色法	检出下限 0.05
		原子吸收分光光度法	0.1
7	总铜	原子吸收分光光度法 直接法	0.05～5
		原子吸收分光光度法 螯合萃取法	0.001～0.05
		二乙基二硫化氨基甲酸钠（铜试剂）分光光度法	检出下限 0.003(3cm 比色皿）0.02～0.7(1cm 比色皿）
		2,9-二甲基-1,10-二氮杂菲（新铜试剂）分光光度法	0.006～3
8	硒（四价）	二氨基联苯胺比色法	检出下限 0.01
		荧光分光光度法	检出下限 0.001
9	总砷	二乙基二硫代氨基甲酸银分光光度法	0.007～0.5
10	总汞	冷原子吸收分光光度法 高锰酸钾-过硫酸钾消解法；溴酸钾-溴化钾消解法	检出下限 0.0001（最佳条件 0.00005）
		高锰酸钾-过硫酸钾消解-双硫腙比色法	0.002～0.04
11	总镉	原子吸收分光光度法（螯合萃取法）	0.001～0.05
		双硫腙分光光度法	0.001～0.05
12	铬（六价）	二苯碳酰二肼分光光度法	0.004～1
13	总 锌	双硫腙分光光度法	0.005～0.05

序号	参数	测定方法	检测范围/(mg/L)
14	硝酸盐	酚二磺酸分光光度法	0.02～1
15	亚硝酸盐	分子吸收分光光度法	0.003～0.20
16	非离子氮(NH_3)	纳氏试剂比色法	0.05～2（分光光度法）0.02～2（目视法）
		水杨酸分光光度法	0.01～1
17	凯氏氮	纳氏试剂比色法	0.05～2（分光光度法）0.02～2（目视法）
18	总 磷	钼蓝比色法	0.025～0.6
19	高锰酸盐指数	酸性高锰酸钾法	0.5～4.5
		碱性高锰酸钾法	0.5～4.5
20	溶解氧	碘量法	0.02～20
21	化学需氧量(COD)	重铬酸盐法	10～800
22	生化需氧量(BOD)	稀释与接种法	3 以上
23	氟化物	氟试剂比色法	0.05～1.8
		茜素磺酸锆目视比色法	0.05～2.5
		离子选择电极法	0.05～1900
24	总铅	原子吸收分光光度法 直接法	0.2～10
		原子吸收分光光度法 螯合萃取法	0.01～0.2
		双硫腙分光光度法	0.01～0.3
25	总氰化物	异烟酸-吡唑啉酮比色法	0.004～0.25
		吡啶-巴比妥酸比色法	0.002～0.45
26	挥发酚	蒸馏后 4-氨基安替比林分光光度法（氯仿萃取法）	0.002～6
27	石油类	紫外分光光度法	0.05～50
28	阴离子表面活性剂	亚甲基蓝分光光度法	0.05～2
29	总大肠菌群	多管发酵法	
		滤膜法	
30	苯并[a]芘	纸色谱-荧光分光光度法	2.5μg/L

① 数值单位为℃。

② 无单位。

黄河沿程含砷量与含砂量变化示意图，见图 7-5。还可以对同一采样点各水质指标含量作图。通过绘制曲线图，可以寻找化学成分变化的规律性。

2. 直方图

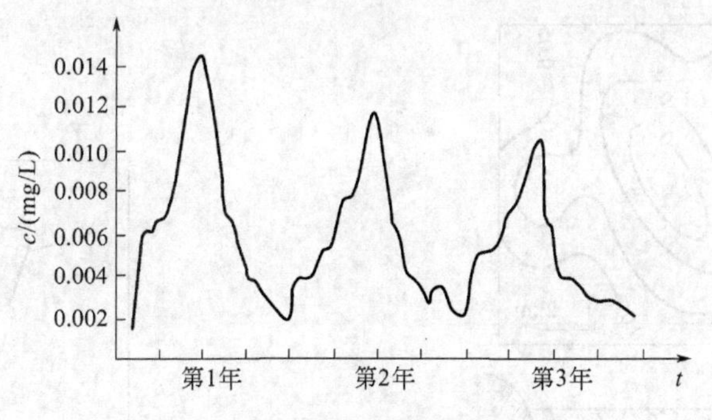

图 7-4　某水域酚浓度变化曲线

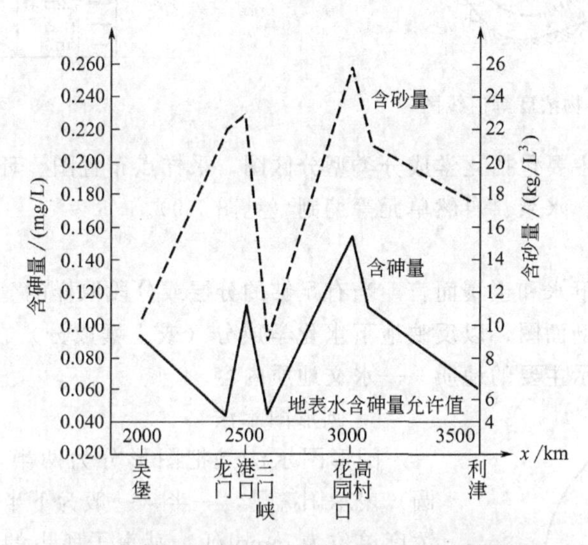

图 7-5　黄河沿程河水含砷量与含砂量变化示意

直方图是用一组直方柱表示某环境要素中污染物含量（浓度）或其他指标在时间或空间上的差异和变化规律（见图 7-6、图 7-7）。

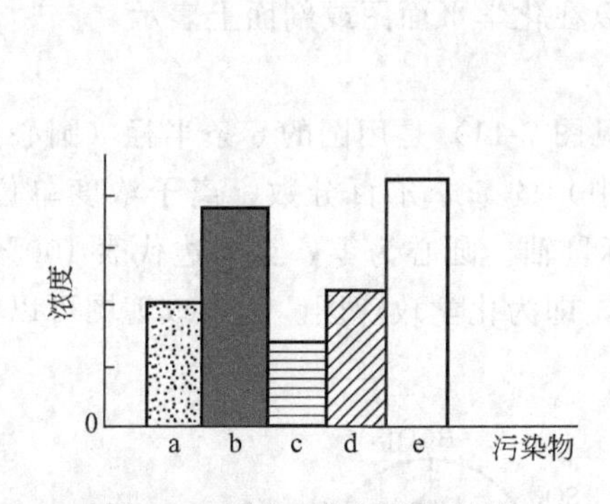

图 7-6　测点上各污染物浓度

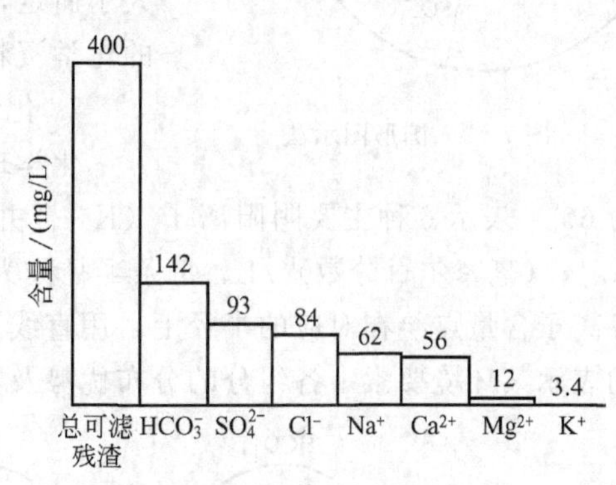

图 7-7　某观测站水质指标数值大小顺序

3. 等值线图

等值线图是利用一定密度的观测点资料，用一定方法内插出等值线（即浓度相等点的连线），以表示水质、大气、土壤或污染物在空间上的变化规律（见图 7-8）。

4. 平面图

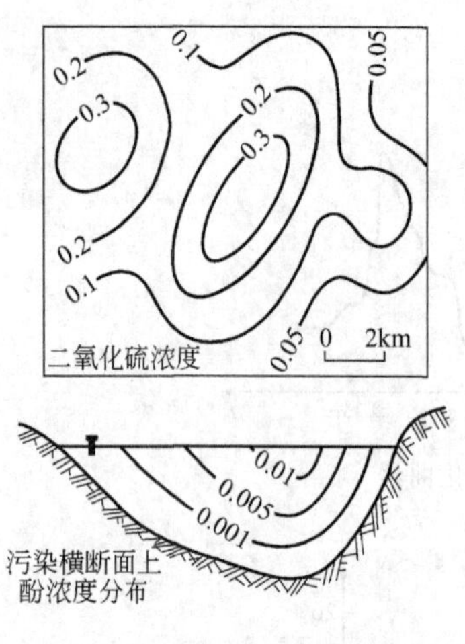

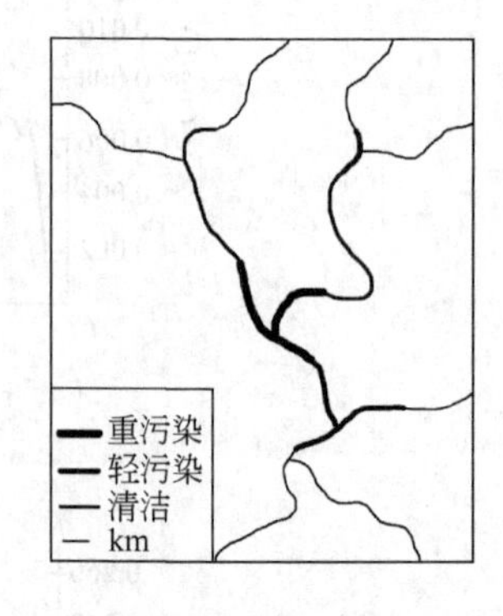

图 7-8 污染物浓度等值线图

图 7-9 河流水质图

环境化学平面图主要包括化学成分类型分区图，采样点布置图、环境质量评价图等，这些图件可按行政区划、水系、自然单元等编制（见图 7-9）。

5. 剖面图

剖面图主要对地下水和土壤而言。当有足够的分层或分段取样的分析资料时，可编制地下水（或土壤）化学剖面图，以反映地下水化学成分（或土壤成分）在垂向上的变化规律。剖面图上一般还应表示主要的地质——水文地质内容。

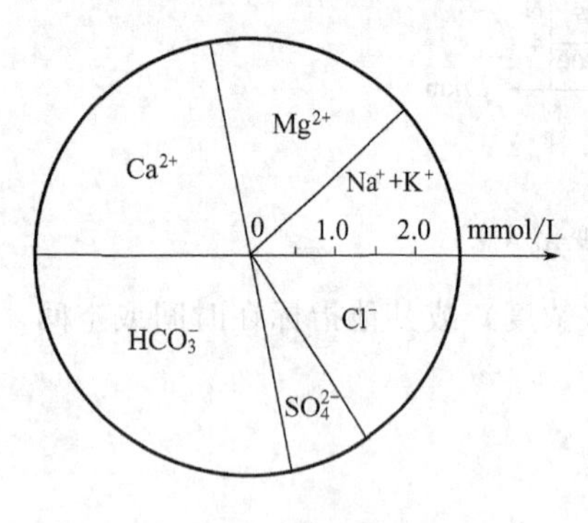

图 7-10 圆形图示法

6. 圆形图示法

圆形图示法是把图形分为两半，一半（一般为上半圆）表示阳离子，一半（一般为下半圆）表示阴离子，其浓度单位为 mmol/L。某离子所占的图形大小，按该离子物质的量（mmol）占阴离子或阳离子物质的量（mmol）的比例而定。圆的大小按阴、阳离子总物质的量（mmol）大小而定，见图 7-10。这种图示法可以用于表示一个水点的化学资料，也可以在化学平面图或剖面上表示。

7. 化学玫瑰图

化学玫瑰图（见图 7-11）是用圆的 6 条半径（圆心角均为 60°）表示 6 种主要阴阳离子（K^+ 合并到 Na^+ 中）的毫摩尔百分数，离子浓度单位：mmol%（毫摩尔百分数）/L。每条半径称为离子的标量轴，圆心为零，至周边代表 100%。把各离子含量点绘在对应的半径上，用直线连接各点，即为化学玫瑰图。化学玫瑰图可以清晰的表示某环境要素中各组分的分布优势及其关系。

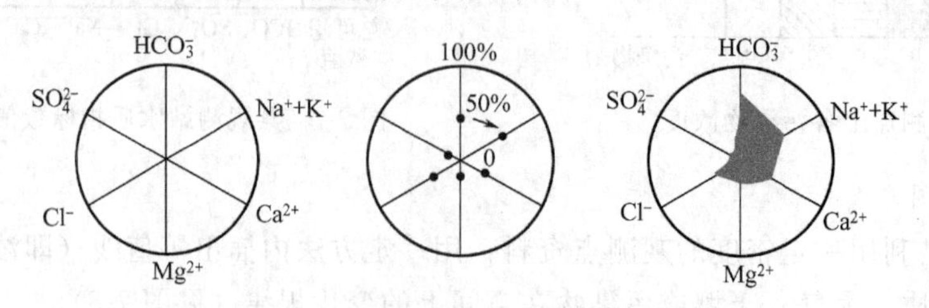

图 7-11 水化学玫瑰图画法的三个步骤

第二节 环境化学实验

实验一 硫酸盐化速率的测定（碱片-重量法）

大气中含硫污染物（二氧化硫、硫化氢、硫酸等）经过一系列的氧化演变过程，生成对人类更为有害的硫酸雾和硫酸盐雾的演变过程称为硫酸盐化速率。硫酸盐化速率是大气监测常规分析项目，是一项反映大气硫污染的有用指标。采用碱片-重量法进行测定不需采样动力，简单易行。由于采样时间长，测定结果能较好地反映空气中含硫污染物（主要是SO_2）的污染状况和污染趋势。

一、实验目的

（1）掌握碱片-重量法测定硫酸盐化速率的原理。

（2）学习重量法的一般操作程序和方法。

二、原理

碳酸钾溶液浸渍过的玻璃纤维滤膜暴露于空气中，与空气中的二氧化硫、硫酸雾、硫化氢等发生反应，生成硫酸盐。测定生成的硫酸盐含量，计算硫酸盐化速率。其结果以每日在100cm^2 碱片面积上所含三氧化硫的质量（mg）表示。反应式如下：

$$2K_2CO_3 + 2SO_2 + O_2 \longrightarrow 2K_2SO_4 + 2CO_2$$

方法检出限为0.05mg SO_3（100cm^2 碱片·d）。

三、仪器

（1）塑料皿 内径72mm，高10mm（可采用普通玻璃罐头瓶塑料盖）。

（2）塑料垫圈 厚1～2mm，内径50mm，外径72mm，能与塑料皿紧密配合。

（3）塑料皿支架 将两块120mm×120mm聚氯乙烯硬塑料板成90°角焊接，下面再焊接一个高30mm、内径为78～80mm的聚氯乙烯短管，短管上钻三个螺栓眼，互成120°，各眼距塑料板面15mm。使用时，将塑料皿倒装在支架的聚氯乙烯短管内，用三个铜螺栓固定塑料皿（见图7-12）。

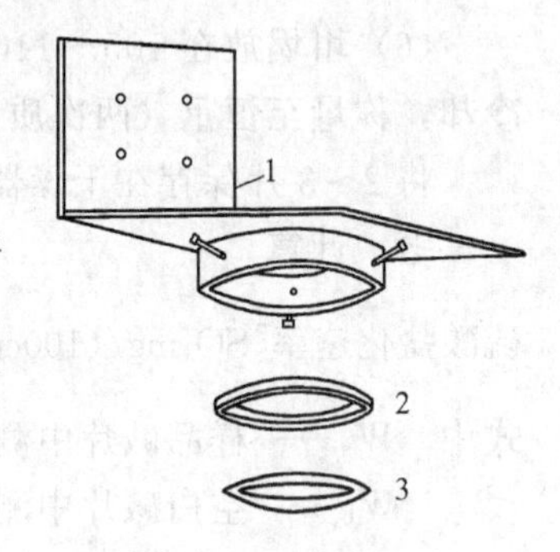

图7-12 碱片采样架

1—塑料皿支架；2—塑料皿；3—塑料垫圈

（4）分析天平 感量0.1mg。

（5）玻璃砂芯坩埚G_4。

四、试剂

（1）30%（质量分数）碳酸钾溶液 称取75g无水碳酸钾，溶解于水，加甘油7.0mL，用水稀释至250mL，贮于具橡皮塞的细口瓶中。

（2）盐酸溶液$c(HCl)=0.40mol/L$ 量取浓盐酸33mL，用水稀释至100mL。

（3）10%（质量分数） 氯化钡溶液。

（4）1.0%（质量分数） 硝酸银溶液。

（5）EDTA-氨溶液 称取7.0g EDTA-2Na，溶解于水，加氨水5.0mL，稀释至1000mL。

（6）（1）＋（4）盐酸溶液。

五、采样

（1）碱片的制备　将玻璃纤维滤膜剪成直径 7.0cm 的圆片，毛面向上，平放在 150mL 烧杯口上。用刻度吸管均匀滴加 30%碳酸钾溶液 1.0mL 于每片滤膜上，使溶液在滤膜上扩散直径 5cm。滤膜在 60℃烘干，贮于干燥器内备用。

（2）放样　将碱片毛面向外放入塑料皿，用塑料垫圈压好边缘，装在塑料袋中携至采样现场，使滤膜面向下固定在塑料皿支架上。

六、步骤

（1）沿塑料垫圈内缘，用锋利小刀刻下直径为 5.0cm 的样品膜，置于 150mL 烧杯中，斜靠在玻璃棒上，盖上表面皿，小心地从烧杯嘴处滴加 0.40mol/L 盐酸溶液约 20mL。待二氧化碳完全逸出后，将碱片捣碎，加热至近沸 2～3min。

（2）用少量水冲洗表面皿。用中速定量滤纸将样品溶液滤入 150mL 烧杯中。过滤时只倾出上层清液，尽量不让碎碱片进入漏斗。用温水以倾注法洗涤碱片残渣数次。滤液和洗涤液共 60～100mL。

（3）将滤液加热（不得沸腾）浓缩至 40mL（采暖期二氧化硫浓度高时，体积可为 60～80mL）。

（4）在加热条件下，搅拌并逐滴加入 10%氯化钡溶液 1mL（18～20 滴）开始时要快搅慢滴，以获得颗粒粗大的硫酸钡沉淀。待硫酸钡沉降后，在上层清液中加 1～2 滴氯化钡溶液，检查沉淀是否完全。

加热陈化 30min，搅拌数次，冷却，放置 2h（或过夜）后过滤。

（5）将硫酸钡沉淀滤入已恒重的 G_4 玻璃砂芯坩埚中，抽气过滤，用温水洗涤并将沉淀转入坩埚，最后用沉淀帚擦下杯壁上的沉淀并洗入坩埚。用温水洗涤坩埚中的沉淀直至滤液中不含氯离子为止（用 1.0%硝酸银溶液检查）。洗涤液总体积控制 60～80mL，避免沉淀溶解损失。

（6）坩埚放在 105～110℃烘箱中烘 1.5h，在干燥器中冷却 40min，称量，再烘 0.5h，冷却，称量至恒重（两次质量之差不超过 0.4mg）。

将 2～3 片保存在干燥器中的空白碱片按同法操作，测出空白值（mg）。

七、计算

$$硫酸盐化速率[SO_3\,mg/(100cm^2\ 碱片\cdot d)]=\frac{W_s-W_b}{Sn}\times\frac{SO_3}{BaSO_4}\times100=\frac{W_s-W_b}{Sn}\times34.3 \quad (7\text{-}2)$$

式中　W_s——样品碱片中测得的硫酸钡质量，mg；

W_b——空白碱片中测得的硫酸钡质量，mg；

S——样品碱片有效采样面积，cm^2；

n——碱片采样放置天数，准确至 0.1d。

八、说明

（1）制备碱片时，滴加碳酸钾溶液应保证滤膜浸渍均匀，不得出现空白。

（2）坩埚恒重时各次称量、冷却时间及坩埚排列顺序要保持一致，避免因条件不一致造成误差。

（3）用过的玻璃砂坩埚应及时用水冲出其中的沉淀，用温热的 EDTA-氨溶液浸洗后，再用（1）＋（4）盐酸溶液浸洗，用水抽滤，仔细洗净，烘干备用。

（4）采样支架及设备，在保证基本尺寸合乎要求的条件下，固定塑料皿的方法可根据具体情况自行设计和加工。

(5) 收集全班的实验数据，用直方图、等值线图法表现实验测试区大气中含硫污染物（主要是 SO_2）的污染状况和污染趋势。

实验二 碳酸种类与 pH 值关系的测定

一、实验目的

通过实验测得在同一 pH 值溶液中，$[H_2CO_3^*]$、$[HCO_3^-]$ 和 $[CO_3^{2-}]$ 的分配系数（即在水溶液中所占总碳酸的百分比）与根据理论数据进行计算的结果相等或近似，从而加深理解碳酸平衡中三类碳酸的分配系数随 pH 值变化而变化的规律性。即 $H_2CO_3^*$ 的分配系数（α_0）随 pH 值增加而减小；HCO_3^- 的分配系数（α_1）随 pH 值增加而由小变大后再变小；CO_3^{2-} 的分配系数（α_2）随 pH 值增大而变大。

二、实验原理

水中 H^+、CO_2（$H_2CO_3^*$）、HCO_3^- 及 CO_3^{2-} 四者之间存在着以下的动态平衡

$$CO_2+H_2O \xrightleftharpoons{K_0} H_2CO_3 \xrightleftharpoons{K_1} H^+ + HCO_3^- \xrightleftharpoons{K_2} 2H^+ + CO_3^{2-}$$

且溶液中溶解的总碳酸浓度 c_T（mmol/L）符合下述关系：

$$c_T=[H_2CO_3^*]+[HCO_3^-]+[CO_3^{2-}] \tag{7-3}$$

25℃时的平衡常数为

$$K_1=\frac{[H^+][HCO_3^-]}{[H_2CO_3^*]}=4.5\times10^{-7} \qquad K_2=\frac{[H^+][CO_3^{2-}]}{[HCO_3^-]}=4.7\times10^{-11}$$

不同形式碳酸的分配系数可通过理论公式计算求得（见第三章第一节），也可通过实测结果计算：

$$\alpha_0=\frac{[H_2CO_3^*]}{c_T}\times100\% \quad \alpha_1=\frac{[HCO_3^-]}{c_T}\times100\% \quad \alpha_2=\frac{[CO_3^{2-}]}{c_T}\times100\% \tag{7-4}$$

三、实验方法、步骤

(1) 实验前的准备工作

用 HCl、Na_2CO_3、$NaHCO_3$ 调节溶液 pH 值，配制出 pH=4、pH=5、pH=6、pH=7、pH=8、pH=9 和 pH=10 等各种溶液。

(2) 实验方法步骤

分别吸取配制的各种 pH 值的溶液，并按下列方法测定 CO_2($H_2CO_3^*$)、HCO_3^-、CO_3^{2-} 的毫摩尔浓度（mmol/L）。

① 游离 CO_2 的测定 用移液管吸取水样 25mL、加两滴 1%酚酞指示剂。用标准浓度的 NaOH 滴定至溶液呈淡红色不消失为终点，记下 NaOH 的用量 V_1（mL）。计算式为

$$[H_2CO_3^*]\approx[CO_2]=\frac{MV_1}{V_{样品}} \tag{7-5}$$

式中，M 表示 NaOH 的毫摩尔浓度，mmol/L；$[H_2CO_3^*]$ 的单位为 mmol/L。在滴定过程中碳酸是由游离 CO_2 转变而来，因此，$[H_2CO_3^*]=[CO_2]$。

② HCO_3^- 的测定 吸取水样 25mL，加 4 滴溴甲酚绿-甲基红指示剂，若溶液呈玫瑰红色，则此溶液无 HCO_3^-；若此溶液呈绿色，则用标准浓度的盐酸滴定至呈现玫瑰红色为终点，记下盐酸的用量 V_2（mL）。计算式为

$$[HCO_3^-]=\frac{MV_2}{V_{样品}} \tag{7-6}$$

式中，M 为盐酸的毫摩尔浓度，mmol/L；$[HCO_3^-]$ 的单位为 mmol/L。

③ HCO_3^- 及 CO_3^{2-} 的测定　吸取水样 25mL，加入两滴酚酞，若加酚酞后溶液无色，则无 CO_3^{2-}，当其溶液呈红色时，用标准浓度的盐酸滴定至红色刚消失为止，记下盐酸的用量 V_1(mL)；然后再加 4 滴溴甲酚绿-甲基红指示剂，用标准浓度的盐酸滴定绿色刚变成玫瑰红色为止，记下盐酸的用量 V_2 (mL)。计算式为

$$[CO_3^{2-}]=\frac{MV_1}{V_{样品}} \tag{7-7}$$

$$[HCO_3^-]=\frac{M(V_2-V_1)}{V_{样品}} \tag{7-8}$$

式中，M 为盐酸的毫摩尔浓度，mmol/L；V_1、V_2 为盐酸的用量；$[CO_3^{2-}]$、$[HCO_3^-]$ 的单位均为 mmol/L。

四、实验结果的资料整理

(1) 分别计算出各 pH 值时的 $H_2CO_3^*$、HCO_3^- 及 CO_3^{2-} 的毫摩尔浓度 (mmol/L)。

(2) 计算出各 pH 值的总毫摩尔浓度 $c_T=[H_2CO_3^*]+[HCO_3^-]+[CO_3^{2-}]$。

(3) 计算出不同 pH 值时的三种碳酸的分配系数 (α_0、α_1、α_2)。

(4) 在方格坐标纸上作出分配系数与 pH 值关系曲线（样图参考第三章图 3-4）。

五、记录表格

碳酸种类与 pH 值关系分析实验原始记录见表 7-2。

表 7-2　碳酸种类与 pH 值关系分析实验原始记录

pH值	分析项目	取样体积/mL	止	起	差	毫摩尔浓度/(mmol/L)	毫摩尔浓度百分数	pH值	分析项目	取样体积/mL	止	起	差	毫摩尔浓度/(mmol/L)	毫摩尔浓度百分数
4	$H_2CO_3^*$							8.5	$H_2CO_3^*$						
	HCO_3^-								HCO_3^-						
	CO_3^{2-}								CO_3^{2-}						
	合计								合计						
5	$H_2CO_3^*$							9	$H_2CO_3^*$						
	HCO_3^-								HCO_3^-						
	CO_3^{2-}								CO_3^{2-}						
	合计								合计						
6	$H_2CO_3^*$							10	$H_2CO_3^*$						
	HCO_3^-								HCO_3^-						
	CO_3^{2-}								CO_3^{2-}						
	合计								合计						
7	$H_2CO_3^*$							11	$H_2CO_3^*$						
	HCO_3^-								HCO_3^-						
	CO_3^{2-}								CO_3^{2-}						
	合计								合计						
8	$H_2CO_3^*$							12	$H_2CO_3^*$						
	HCO_3^-								HCO_3^-						
	CO_3^{2-}								CO_3^{2-}						
	合计								合计						

实验三　河流中水的纵向扩散系数的测定

污染物进入河流水体后，会发生扩散。研究污染物在水体中的扩散，对了解污染物从污染源排出后在水体中的散布过程以及推算污染物的浓度随时、空的变化和分布规律具有重要意义。如何确定扩散系数是一个相当复杂的问题，需要进行示踪实验和模拟计算。实验时，把示踪剂溶解于水中，制成比较浓的溶液，倾倒于河流中。倾倒方式可以是瞬时（不稳定）排放或定常（稳定）排放。本实验仅就较简单的一维河流中河段纵向扩散系数的荧光示踪测定法进行简要介绍。

一、实验目的

（1）掌握荧光仪的工作原理和使用方法。

（2）学会瞬时投放荧光示踪法测定河段纵向扩散系数的方法。

二、实验原理

对于河宽较窄、水深较浅的河段，当污染物进入该水体后，若污染物在河流的横向上和水深的垂向上不存在浓度梯度，污染物只沿着河流的纵向流动方向上存在浓度梯度，则这类河段可近似看成是一维河流。在该河段中，若采用一次性全部投入（瞬时投入）示踪剂方式时，其河流下游水体中示踪剂的浓度随时间（t）、空间（x）的变化规律符合下述关系式：

（1）对于可分解物质

$$c(x,t)=\frac{W}{A\sqrt{4\pi E_x t}}\exp(-Kt)\exp\left[-\frac{(x-\bar{v}t)^2}{4E_x t}\right] \tag{7-9}$$

（2）对于不可分解物质

$$c(x,t)=\frac{W}{A\sqrt{4\pi E_x t}}\exp\left[-\frac{(x-\bar{v}t)^2}{4E_x t}\right] \tag{7-10}$$

式中　$c(x, t)$——在距投药点下游 x 处，t 时刻时示踪剂的浓度，mg/L；

W——瞬间投放示踪剂的量，g；

A——河流断面面积，m^2；

x——采样点距投药点的距离，m；

t——从投药到采样时所经过的时间，s；

E_x——纵向扩散系数，m^2/s；

$\bar{v}$——河流平均流速，m/s；

K——污染物衰减速率系数，s^{-1}。

实验时，采用不可分解的（指在实验期间）罗丹明荧光物质作示踪剂，用荧光仪测定水样的荧光强度（求出其水样中示踪剂的浓度）。

在 W、A、$\bar{v}$、x 已知的条件下，变动 E_x 数值，可算出示踪剂浓度随时间的变化。绘出此曲线，并与实测曲线相比，取接近于实测过程线的曲线，其假定的 E_x 值即为成果值。

河流的扩散作用同许多因素有关。例如，水力和水文因素、地理因素、河流水质因素等。故在进行实验时应对有关因素进行调查和测定。

三、实验药品与仪器

（1）罗丹明（示踪剂）　　（2）100mL 容量瓶

（3）流速仪　　　　　　　　　　　　　　（4）秒表
（5）经纬仪　　　　　　　　　　　　　　（6）测距绳
（7）水样塑料壶　　　　　　　　　　　　（8）荧光仪

四、实验步骤

（1）布点　根据拟定污水排放的位置、考察河段的状况及采样布点的原则布点（示踪剂投放点设置于拟定污水排放口处）。

（2）河段调查

① 用流速仪测定法或浮标测定法测定河流的流速。

② 用测距绳及带刻度竹竿测定投药断面及各采水断面的形状。

③ 用经纬仪或测距绳测定各采样断面距投药断面的距离。

④ 调查水位、水面比降，地表水、地下水的流入或引水情况，调查河床底质情况。

（3）示踪剂投放　根据河段实际情况，取适量的罗丹明试剂，用适量的河水溶解，制成比较浓的溶液。一次性瞬间全部倾倒于投放点，同时各采样点打开秒表开始计时。

（4）采样　罗丹明溶液为鲜红色。在红色水团到达各采样点之前，各点均取一个空白对照样。在红色水团经过采样断面期间，各采样点至少要采得 10 个水样，且所采水样的浓度分布为峰值分布。通常离投放点近的采样点，取样的间隔时间短些，反之，取样间隔时间要长些。每次采样时，均应记下采样时间，并尽可能地不要搅动河水。

（5）实验室工作

① 罗丹明标准母液的配制　准确称取分析纯罗丹明试剂 400mg，用少量水溶解后，定量转入 1L 容量瓶中，并稀释定容至刻度，此母液浓度为 400mg/L。取上述母液 25.00mL 于另一个 1L 容量瓶中，并稀释定容至刻度，此中间母液浓度为 10000μg/L（上述溶液由实验室准备）。

② 罗丹明标准溶液配制　于 7 个 100mL 容量瓶中，分别加入上述中间母液 0，0.5mL，1.0mL，2.0mL，3.0mL，4.0mL，5.0mL，并用蒸馏水稀释定容至刻度。

③ 在荧光仪上，以空白液调仪器零点，再分别测定各标样的相对荧光强度。以示踪剂含量为横坐标，相对荧光强度为纵坐标绘制工作曲线。

④ 样品的测定　在与工作曲线相同的测定条件下，在荧光仪上测定各水样的相对荧光强度，在扣除河水的相对荧光强度本底值后，查工作曲线，求出水样中示踪剂的浓度。并在坐标纸上绘出示踪剂的浓度随时间变化的实际曲线。

⑤ E_x 值的确定　选择某一 E_x 值代入式(7-10) 中，在给定的 W、A、v、x 条件下，求 c（x，t）-t 曲线，并与实测 $c_{实}$（x，t）-t 曲线相比，取接近于实测过程线的曲线，其假定的 E_x 值即为成果值。

五、注意事项

（1）罗丹明所产生的荧光属分子荧光，其荧光激发波长为 555nm，分子响应荧光为 580nm。

（2）当河水中悬浮物（如泥沙）较多时，其悬浮物由于吸附、散射等作用而干扰测定，此时宜对水样进行离心分离（各样品分离的时间应一致），并用注射器抽取中间的清液进行分析，同时应用该河水配制标样，并通过同样的离心分离后，用注射器抽取中间清液分析，以便减少误差。由于滤纸对罗丹明有较大的吸附，故含悬浮物较多水样不宜用滤纸过滤。

(3) 由于内滤效应、荧光猝灭效应等原因，工作曲线的高浓度部分会向浓度轴发生偏离。

(4) 采样断面应设置在废水（示踪剂）与河水充分混合后河段，其距离 L 可按式(7-11)计算：

① 若工厂废水采用河心排放方式，则

$$L \geqslant 1.8 \times \frac{B^2 \bar{v}}{4Hv^*} \tag{7-11}$$

式中 B——河流平均宽度，m；

H——河流平均水深，m；

$\bar{v}$——河水平均流速，m/s；

v^*——摩阻流速，$v^* = \sqrt{gHI}$；

g——重力加速度，$g = 9.8\text{m/s}^2$；

I——河段水力坡降。

② 若工厂废水采用岸边排放，则

$$L \geqslant 1.8 \times \frac{B^2 \bar{v}}{Hv^*} \tag{7-12}$$

六、问题思考

(1) 怎样用浮标法测定水的流速？

(2) 荧光仪操作时应注意哪些问题？

实验四 天然水的净化

一、实验目的

练习利用简易方法净化天然水。

二、实验用品

小烧杯、试管、玻璃棒、铁架台、胶头滴管、研钵、自制简易水过滤器、浑浊的天然水、明矾、新制的漂白粉溶液。

三、实验步骤

(1) 浑浊天然水的澄清 在两个小烧杯中，各加入 100mL 浑浊的河水（或湖水、江水、井水等）。向一份水样中加入少量经研磨的明矾粉末，搅拌，静置。观察现象，与另一份水样进行比较。

(2) 过滤 将烧杯中上层澄清的天然水倒入自制的简易水过滤器中过滤，将滤液收集到小烧杯中。

简易过滤器的制作：取一个塑料质地的空饮料瓶，剪去底部，瓶口用带导管的单孔橡胶塞塞住，将瓶子倒置，瓶内由下向上分层放置洗净的蓬松棉、活性炭、石英沙、小卵石四层，每层间可用双层纱布分隔（见图 7-13）。

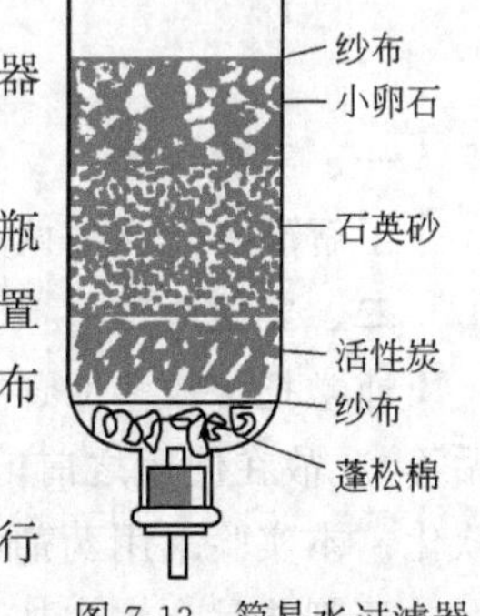

图 7-13 简易水过滤器

(3) 消毒 向过滤后的水中滴加几滴新配制的漂白粉溶液，进行消毒。

四、问题和讨论

(1) 如果没有漂白粉，是否能用新配制的饱和氯水消毒?

(2) 该简易过滤器净化污水的机理是什么?

实验五　污水简易处理趣味实验

一、实验目的

了解和探求防治水污染的方法。

二、实验原理

在电流的作用下，阳极金属放电，发生氧化反应而溶解，铝成为Al^{3+}进入水中，并与OH^-结合。

$$Al-3e^- = Al^{3+} \qquad Al^{3+}+3OH^- = Al(OH)_3\downarrow$$

生成的Al $(OH)_3$与污水中的浮悬微粒发生了胶体的凝聚作用，这些絮凝物密度较小时就上浮分离，密度较大时就向下沉淀分离，从而完成了化学凝聚的过程。

三、仪器和药品

(1) 仪器　烧杯、铝、不锈钢电极、导线、直流电源。

(2) 药品　食盐。

四、实验步骤

在一只烧杯中注入500mL待处理的污水，再加1～2g食盐，平行悬置两个电极，用铝片作阳极，不锈钢片作阴极，接通6V直流电源。数分钟后，在污水表面逐渐形成一层浮渣层，而在烧杯底部也积聚了一层沉渣，中间层则为澄清的水。

这是因为当接通直流电源后，水被电解，在阳极产生Al $(OH)_3$沉淀和在阴极产生的氢气泡上升时，就将悬浮物带到水面，于是水面上就形成了浮渣层，带到水面的污物增多后，浮渣层就变密或变厚，撇掉后，就完成了浮选净化的过程。

说明：

(1) 加入食盐的目的在于增强导电性。另外，电解时产生的氯气还具有消毒污水的作用。

(2) 电极材料也可用铁作阳极，铝或铁作阴极。

(3) 上述处理污水的方法，是目前处理污水较先进的方法，称为电浮选凝聚法，其缺点是电耗较高，电极消耗量较多。

实验六　硬水的软化实验

一、实验目的

了解硬水软化的两种方法。

二、实验原理

通常把含较多Ca^{2+}、Mg^{2+}的天然水叫做硬水。硬水有许多危害（例如，产生腹泻、锅垢等），故在使用之前，应除去或减少所含的Ca^{2+}、Mg^{2+}，降低水的硬度，这就是硬水的软化。本实验采用药剂法及离子交换法。

药剂法是在水中加入某些化学试剂，使水中溶解的钙盐、镁盐成为沉淀物析出。常用的试剂有石灰、纯碱、磷酸钠等。根据对水质的要求，可以用一种或几种试剂。

若水的硬度是由 $Ca(HCO_3)_2$ 或 $Mg(HCO_3)_2$ 所引起的，这种水称为暂时硬水，可用煮沸的方法，将 $Ca(HCO_3)_2$、$Mg(HCO_3)_2$ 分解生成不溶性 $CaCO_3$、$MgCO_3$ 及 $Mg(OH)_2$ 沉淀，使水的硬度降低。

若水的硬度是由 Ca^{2+}、Mg^{2+} 的硫酸盐或盐酸盐所引起的，这种水称为永久硬水，可采用药剂法（如石灰-纯碱法）来降低水的硬度。

$$CaSO_4 + Na_2CO_3 = CaCO_3\downarrow + Na_2SO_4$$

$$MgSO_4 + Na_2CO_3 = MgCO_3\downarrow + Na_2SO_4$$

$$Ca(HCO_3)_2 + Ca(OH)_2 = 2CaCO_3\downarrow + 2H_2O$$

$$Mg(HCO_3)_2 + 2Ca(OH)_2 = 2CaCO_3\downarrow + Mg(OH)_2\downarrow + 2H_2O$$

$$Ca(HCO_3)_2 + Na_2CO_3 = CaCO_3\downarrow + 2NaHCO_3$$

离子交换法是利用离子交换剂或离子交换树脂来软化水的方法。离子交换剂中的阳离子能与水中的 Ca^{2+}、Mg^{2+} 交换，从而使硬水得到软化，如图 7-14 所示。

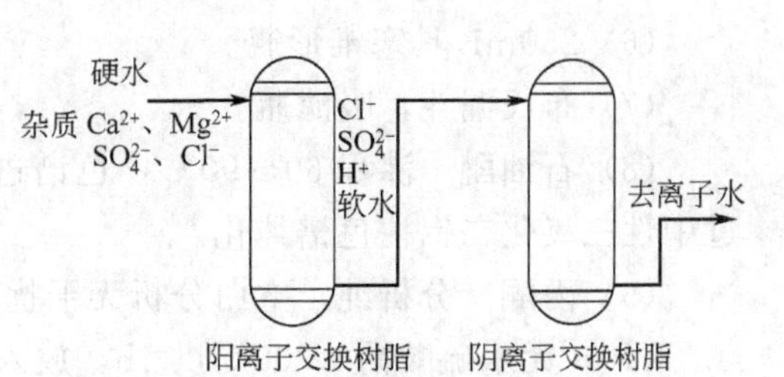

图 7-14　离子交换法软化硬水

三、仪器和药品

(1) 仪器　试管、砂纸、酒精灯、三脚架、试管夹、酸式滴定管（100mL）。

(2) 药品　$CaSO_4$（2mol/L）、石灰水（饱和）、肥皂水、Na_2CO_3（1mol/L）、阳离子交换树脂（已处理好，H^+ 型）、玻璃棉。

四、实验步骤及问题思考

(1) 对硬水的识别　取三支试管，分别加入蒸馏水、暂时硬水［含有 $Ca(HCO_3)_2$ 的水］和永久硬水［含有 $CaSO_4$ 的水］各 3mL，在每一支试管里倒入肥皂水约 2mL。观察在哪支试管里有钙肥皂生成？为什么？

(2) 暂时硬水的软化　取两支试管各装暂时硬水 5mL，把一支试管煮沸约 2～3min；在另一支试管里加入澄清的石灰水 1～2mL，用力振荡。观察两试管中发生的现象，说明了什么问题？写出反应方程式。

(3) 永久硬水的软化　在一支试管里加 $CaSO_4$ 溶液 3mL 作为永久硬水。先用加热的方法，煮沸是否能除去 Ca^{2+}？后滴入 Na_2CO_3 溶液 1mL，有什么现象发生？为什么？写出反应式。

(4) 离子交换法软化硬水　在 100mL 滴定管下端铺一层玻璃棉，将已处理好的 H^+ 型阳离子交换树脂带水装入柱中。将 500mL 自来水注入树脂柱中，保持流经树脂的流速为6～7mL/min，液面高出树脂 1～1.5cm 左右，所得即为软水。

取两只试管，分别取 3mL 的软水和自来水，并分别加入 2mL 肥皂水，振荡，观察哪只试管的泡沫多，是否有沉淀产生。

实验七　土壤中有机氯农药的测定

一、实验目的

(1) 了解土壤中有机物的提取富集方法。

（2）学习和了解气相色谱法的原理和方法。

二、实验原理

有机氯农药六六六和DDT具有物理化学性质稳定，不易分解，水溶性低、脂溶性高及在有机溶剂中分配系数较大的特点。本法采用有机溶剂提取，浓硫酸纯化消除或减少对分析的干扰，然后用电子捕获检测器进行气相色谱测定。

三、仪器和试剂

（1）带有电子捕获检测器的气相色谱仪。

（2）脂肪提取器。

（3）500mL 分液漏斗。

（4）容量瓶。

（5）康氏振荡器。

（6）250mL 具塞锥形瓶。

（7）布氏漏斗，吸滤瓶。

（8）石油醚　沸程60～90℃，色谱进样无干扰峰。如不纯，用全玻璃蒸馏器重蒸或通过中性三氧化二铝柱色谱纯化。

（9）丙酮　分析纯，空白分析无干扰峰，否则需要用全玻璃蒸馏器重蒸。

（10）无水硫酸钠　300℃烘4h，放入干燥器中备用。

（11）2%硫酸钠水溶液。

（12）硅藻土　粒度为0.65～0.20mm（30～80目）。

（13）苯　用全玻璃蒸馏器重蒸。

（14）六六六、DDT标准储备液　将六六六异构体、DDT及其代谢产物用石油醚配制成200mg/L的储备液（β-六六六先用少量重蒸苯溶解），再分别稀释10～1000倍，配成适当浓度的中间溶液和标准溶液。

四、实验步骤

（1）提取　根据实际条件，以下两种提取方法任选一种。

① 称取粒度为0.30mm（60目）土壤或风干土壤20.00g（同时另称量20.00g以测定水分含量）置于小烧杯中，加2mL水，4g硅藻土，充分混合后，全部移入滤纸筒内，上部盖上一片滤纸，或将混合均匀的样品，用滤纸包好，移入脂肪提取器中，加入80mL（1+1）石油醚-丙酮混合溶液浸泡12h后，提取4h，待冷却后将提取液移入500mL分液漏斗中，用20mL石油醚分3次冲洗抽提器烧瓶，将洗涤液并入分液漏斗中。向分液漏斗中加入300mL2%硫酸钠水溶液，静置分层后，弃去下层丙酮水溶液，上层石油醚提取液供纯化用。

② 称取20.00g粒度为0.30mm（60目）的土壤或风干土壤（同时另称量20.00g以测定水分含量）置于250mL磨口锥形瓶中，加2mL水，加入2g硅藻土，再加入80mL（1+1）石油醚-丙酮混合溶液浸泡12h后，在康氏振荡器上振荡2h，然后用布氏漏斗抽滤，滤渣用20mL石油醚分4次洗涤。全部滤液和洗液移入500mL分液漏斗中，向分液漏斗中加入300mL2%硫酸钠水溶液，上层石油醚提取液供纯化用。

（2）纯化　在盛有石油醚提取液的分液漏斗中，加6mL浓硫酸，开始轻轻振摇，并不断将分液漏斗中因受热挥发的气体放出，以防发热引起爆裂，然后剧烈振摇1min。静止分层后弃去下部硫酸层，用浓硫酸纯化1～3次（依提取液中杂质多少而定）。然后加入100mL2%硫酸钠水溶液，振摇洗去石油醚中残存的硫酸，静置分层后，弃去下部水相。上层石油醚提取液通过铺有3～5mm厚度无水硫酸钠层的漏斗，漏斗下部用脱脂棉或玻璃棉支托无水硫酸钠。脱水后的石油醚收集于100mL容量瓶中，无水硫酸钠层用少量石油醚洗涤2～3次，洗涤液收集于上述100mL容量瓶中，加石油醚稀释至标线，供色谱测定。

(3) 色谱测定

① 色谱条件

色谱柱　2m长玻璃柱，内径2～3mm。

载体　Chromosorb-w酸洗硅烷化(AWDMCS)，粒度为0.20～0.15mm(80～100目)。

固体液　1.5%OV-17+2%QF-1。

载气流速　60～70mL/min，高纯氮。

温度　检测器240℃，汽化室240℃，色谱室180～195℃。

纸速　5mm/min。

进样量　5μL。

② 定量　将各种浓度标准溶液注入色谱仪，确定电子捕获测器线性范围，之后注入样品溶液。根据样品溶液的色谱峰高，选择与该浓度接近的标准溶液注入色谱仪。

五、计算

$$c_{样}=\frac{h_{样}\ c_{标}\ Q_{标}}{h_{标}\ Q_{样}\ K} \tag{7-13}$$

式中　$c_{样}$——样品浓度，mg/kg；

$h_{样}$——扣除全试剂操作空白峰高后样品的峰高；

$Q_{样}$——样品的进样量，5μL；

$c_{标}$——标准溶液浓度，mg/L；

$Q_{标}$——标准溶液进样量，5μL；

$h_{标}$——标准溶液色谱图峰高；

K——样品提取液体积，相当于样品的质量，本法为0.2kg/L。

六、注意事项

(1) 新装填的色谱柱在通氮气条件下，加温连续老化至少48h。老化时可注射六六六异体和DDT及其代谢产物的标准液，待色谱柱对农药的分离及定性响应恒定后方能进行定量分析。

(2) 在上述色谱条件下α-六六六与六氯苯保留时间相同，采用本方法六氯苯干扰α-六六六的分析。

实验八　生物样品中氟的测定

一、实验目的

(1) 学会测定生物样品中氟的生物样品前处理方法。

(2) 熟悉离子选择电极法。

二、实验原理

含氟生物样品中氟在有大量氯化钠存在的条件下，于强碱性溶液中，通过加温、加压的方式，分解游离出来(以F^-的形式)。样品中分解游离出来的F^-借助氟离子选择电极对氟的选择性响应而得以定量。

三、仪器

（1）医用压力灭菌锅　（2）电磁搅拌器
（3）离子计或精密酸度计　（4）饱和甘汞电极
（5）氟离子选择电极　（6）50mL 比色管
（7）50mL 容量瓶　（8）50mL 塑料烧杯
（9）100mL 容量瓶

四、试剂

（一）实验室准备部分

（1）氢氧化钠（固体）　（2）氯化钠（固体）
（3）冰醋酸　（4）盐酸
（5）二水柠檬酸钠　（6）1％酚酞指示剂

（7）氟标准储备液　称取在 120℃烘箱中干燥 3h 的氟化钠 1.1050g 于 100mL 烧杯中，用去离子水溶解，转入 1000mL 容量瓶中，用去离子水洗涤烧杯数次，并入容量瓶中，定容至刻度。此溶液为 500.0μg/mL 氟。

（二）学生准备部分（用量自己设计）

（1）25.00μg/mL 氟标准使用液
（2）10mmol/L 氢氧化钠溶液
（3）20％氯化钠溶液
（4）1∶1 盐酸
（5）总离子强度缓冲液　取 14mL 冰醋酸和 3g 含 2 个结晶水的柠檬酸钠，加入 60mL 去离子水。搅拌溶解后，用 10mol/L 氢氧化钠溶液调节 pH＝5.2，冷却后稀释至 100mL。

五、实验步骤

（1）工作曲线绘制　将氟化钠标准储备液稀释成含氟 25.00μg/mL 的标准溶液，于 6 支 50mL 比色管中分别加入氟标准使用液 0、0.20mL、0.50mL、1.00mL、2.00mL、5.00mL，加入 10mol/L 氢氧化钠 2mL、20％氯化钠 2mL，松松盖上塞子，外用纱布块和棉线包扎塞子（防止加热后塞子冲出）。置于压力灭菌锅内于 120℃、15kg/cm^2 压力下，消解 40min，放置 0.5h，放气后取出比色管，冷却，加入 1％酚酞指示剂 3 滴，比色管置于冷水浴内，滴加 1∶1 盐酸溶液并不断搅拌至溶液红色褪去，并过量 3 滴（此时用广泛 pH 试纸测得 pH 值为 5～5.5）。用经 30mL 去离子水洗涤干净的慢速定性滤纸过滤溶液至 50mL 容量瓶中，用少量水分数次洗涤比色管和滤纸，并入容量瓶中，使总体积不超过 40mL，加入 10mL 总离子强度缓冲液，并用水稀释至刻度。转入 50mL 烧杯中，将电极插入溶液中，开动电磁搅拌器，搅拌 2～3min，电位稳定后读数，在半对数坐标纸上绘制工作曲线。

（2）样品测定　取生物样品 2～3g，于 50mL 比色管内，加入 10mol/L 氢氧化钠溶液 2mL 和 20％氯化钠溶液 2mL，使样品位于比色管底部，松松盖上塞子，外用纱布和棉线包扎塞子，置于压力灭菌锅内进行消解，余下操作同工作曲线的绘制（加 1∶1 盐酸前，先加入去离子水至总体积约为 15mL，滴入盐酸时会产生大量白色有机物沉淀）。测定电位值后，由工作曲线查得氟含量。

（3）结果计算

$$\text{生物样中含氟量(mg/kg)}=\frac{\text{测得值}(\mu g)}{\text{取样量(g)}}$$

六、注意事项

(1) 消解液应为棕色，不应有絮状碎肉物。

(2) 消解液中加入盐酸时析出大量白色有机物沉淀，最终 pH 值要达到 5～5.5，pH 值不宜过高，否则，在加入总离子强度缓冲液时，会出现沉淀物。

(3) 消解时要松松盖上塞子，以免结束时，不易取下塞子。

七、问题思考

(1) 总离子强度缓冲液在分析中起什么作用?

(2) 使用氟电极时应注意哪些问题?

实验九 吸附实验

吸附实验的目的是为了查清溶质吸附及解吸机理，建立相应的等温吸附线及等温吸附方程，求得分配系数（K_d）及最大吸附容量（S_m）。

该实验一般分为吸附平衡实验及土柱实验两种。

一、吸附平衡实验

实验方法步骤如下。

(1) 从现场采集研究的岩土样，风干过筛（一般是 2mm 的筛）备用。

(2) 测定岩土样的有关参数，诸如颗粒级配、有机质、黏土矿物，Fe、Al 等，测定什么参数视具体研究情况而定，有时还必须测定岩土的 pH 值。

(3) 称少量（一般是几克）备用岩土样放入离心管（一般是 250mL 离心管）。

(4) 配置含有不同溶质浓度的溶液，取约 50mL（视情况有所增减），放入装有土样的离心管。

(5) 将装有土样及其溶质溶液的离心管放置于水浴中，保持恒温并振荡。定时取出溶液，离心澄清，取少量（一般为 1mL 或数毫升，以不影响离心管溶液浓度明显变化为原则）进行分析，直至前后几次的浓度不变为止。以时间为横坐标，浓度为纵坐标，绘出浓度-时间曲线（c-t 曲线），确定达吸附平衡所需时间。

(6) 将一组（一般是 5 个以上）装有不同溶质浓度和岩土样的离心管置于水中，保持恒温并振荡。待达到上述所确定的吸附平衡所需时间后，取出试管，离心澄清，取清液分析溶质浓度。

(7) 溶液原始浓度减去平衡浓度，乘以试验溶液体积，所得的溶质减量即为岩土的吸附总量，并换算成岩土的吸附浓度。

(8) 把实验数据作数学处理，绘出吸附等温线，建立等温吸附方程，求得分配系数（K_d）及最大吸附容量（S_m）。

二、土柱实验

土柱实验和吸附平衡实验的不同点在于：前者是动态实验，后者是静态实验；前者的结果较接近实际，不仅可确定分配系数（K_d），而且可探讨吸附的一般机理。其实验装置及步骤简述如下。

1. 装置

土柱实验的装置，一般分为两部分（见图7-15），另外，还有取样测流辅助装置。

(1) 土柱。包括实验工作段及滤层。

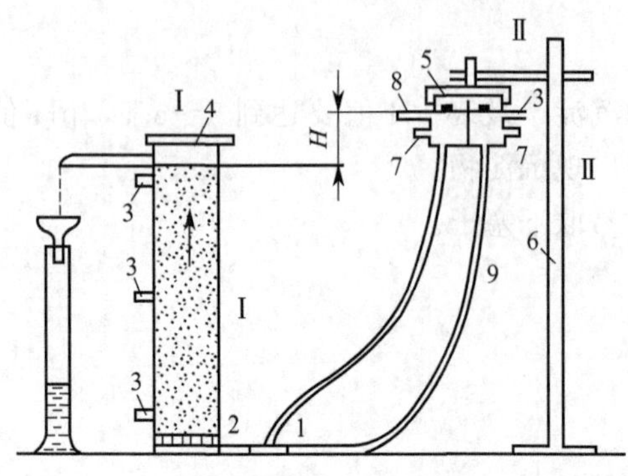

图 7-15　研究岩石渗透时弥散、吸附和溶解的实验装置

Ⅰ为装土的圆筒；Ⅱ为供给指示剂液（P）或水（B）的装置；
1—混合供给水或溶液的开关；2—过滤器；
3—取样管；4—盖子；5—保持定水头的装置；
6—支架；7—供水或溶液的管；
8—排除多余液体的管；9—皮管

（2）供水。常采用马利奥特瓶原理稳定水头，供水容器最好能容纳实验全过程所消耗的溶液（水）。

（3）取样及测流。包括控流阀（目的是控制实验流速接近实际），流量计和取样器。

2. 方法步骤

（1）把岩土样风干、捣碎及过筛（一般为2mm孔径）。

（2）测定实验岩土样的有关参数，除平衡实验所述参数外，增加含水量，容重及密度的测定。

（3）岩土样装填。最下段一般为石英砂滤层，其上下应有滤网，上段为岩土实验段，应根据长度及土容重算出装填岩土质量，分段装填，每段一般为2～5cm，稍稍捣实，以保持土柱岩土接近天然容重。

（4）吸附实验。将具有某溶质一定浓度的溶液注入土柱，定期测流量，取分析样。直至渗出水与渗入水某溶质相近为止，吸附实验结束。

（5）解吸试验。吸附实验结束，供水容器改换不含实验溶质的溶液（水）进行实验。取分析水样，并记录流量，直至渗出水某溶质浓度为零。或渗出水某溶质浓度趋于稳定为止，试验结束。

3. 试验数据整理

以相对浓度 c_i/c_0 为纵坐标（c_i 为渗出水浓度，c_0 为渗入水浓度），渗过土柱水的孔隙体积为横坐标，绘制穿透曲线。值得注意的是，一般不应以时间 t 为横坐标，因为不同实验岩土的孔隙体积及流速不同，如以时间 t 为横坐标，则使不同岩土实验的穿透曲线可比性差。土柱孔隙体积（V_n）等于孔隙度（n）与装填岩土体积（v）的乘积。孔隙度（n）的计算公式为：

$$n = 1 - \frac{\rho_b}{\rho} \tag{7-14}$$

式中，n 为孔隙度，无量纲；ρ_b 为岩土重，g/cm³；ρ 为岩土密度，g/cm³。

样图见图 7-16。该图说明，头 7 个孔隙体积水里，Cr^{6+} 浓度为零，说明 Cr^{6+} 完全被吸附；此后渗出水 Cr^{6+} 逐步增加，至第 22 孔隙体积水渗过土柱时，$c_i/c_0=1$，砂土吸附量耗尽。据计算 Cr^{6+} 为 960mmol/L，据此算得 $K_d=2.34$L/kg。

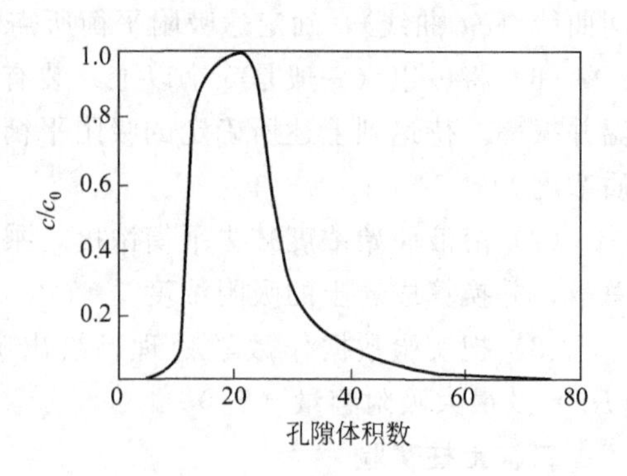

图 7-16　Cr^{6+} 的穿透曲线（吸附-解吸试验）

（淋滤水：c（Cr^{6+}）＝960μmol/L，流速＝7.1×10^{-4}cm/s，pH＝6.8，n＝40%，1孔隙体积＝606ml，ρ_b＝1.6g/cm³，c_0＝淋滤水中铬浓度，c＝渗出水中铬浓度）

本章主要讲述了环境化学研究方法与实验，主要内容包括以下两个方面。

1. 环境化学的研究方法

(1) 环境化学的实验室研究方法　主要内容有环境化学实验室模拟方法。其中主要是模拟实验的设计及条件控制，酸雨形成及危害模拟实验。

(2) 同位素示踪技术在实验模拟中的应用。

(3) 分析化学和仪器分析研究方法　根据化学分析的项目和精度，划分为简分析、全分析、专项分析、细菌分析等。仪器分析方法主要有光化学分析、电化学分析、色谱法和其他方法。

2. 环境化学实验

主要介绍了硫酸盐化速率的测定，碳酸种类与 pH 值关系的测定，河流中水的纵向扩散系数的测定，天然水的净化实验，污水简易处理趣味实验，硬水的软化实验，土壤中有机氯农药的测定、生物样品中氟的测定、吸附实验等九个实验。

思考与练习

1. 环境化学实验室研究的意义是什么？
2. 环境化学模拟实验有哪些类别？
3. 如何进行模拟实验的设计？
4. 模拟实验成败的关键是什么？
5. 同位素示踪实验有什么作用和优越性？
6. 化学分析研究包括哪些内容？
7. 仪器分析研究有哪些类型？分别在什么条件下使用？
8. 环境化学图示法有什么作用，主要有哪些图示方法？
9. 环境化学实验的意义和作用有哪些？
10. 自己设计一个环境化学方面的简易实验。

附　录

附录1　环境空气质量标准
(GB 3095—1996)(摘录)

(1996年10月1日起实施)

1　主题内容与适用范围

本标准规定了环境空气质量功能区划分、标准分级、污染物项目、取得时间及浓度限值，采样与分析方法及数据统计的有效性规定。

本标准适用于全国范围的环境空气质量评价。

2　引用标准(略)

3　定义

3.1　总悬浮颗粒物(TSP)：指能悬浮在空气中，空气动力学当量直径≤100μm的颗粒物。

3.2　可吸入颗粒物(PM_{10})：指悬浮在空气中，空气动力学当量直径≤10μm的颗粒物。

3.3　氮氧化物(以NO_2计)：指空气中主要以一氧化氮和二氧化氮形式存在的氮的氧化物。

3.4　铅(Pb)：指存在于总悬浮颗粒物中的铅及其化合物。

3.5　苯并[*a*]芘(B[*a*]P)：指存在于可吸入颗粒物中的苯并[*a*]芘。

3.6　氟化物(以F计)：以气态及颗粒态形式存在的无机氟化物。

3.7　年平均：指任何一年的日平均浓度的算术均值。

3.8　季平均：指任何一季的日平均浓度的算术均值。

3.9　月平均：指任何一月的日平均浓度的算术均值。

3.10　日平均：指任何一日的平均浓度。

3.11　一小时平均：指任何一小时的平均浓度。

3.12　植物生长季平均：指任何一个植物生长季月平均浓度的算术均值。

3.13　环境空气：指人群、植物、动物和建筑物所暴露的室外空气。

3.14　标准状况：指温度为273K，压力为101.325kPa时的状况。

4 环境空气质量功能区的分类和标准分级

4.1 环境空气质量功能区分类

一类区为自然保护区、风景名胜区和其他需要特殊保护的地区。

二类区为城镇规划中确定的居住区、商业交通居民混合区、文化区、一般工业区和农村地区。

三类区为特定工业区。

4.2 环境空气质量标准分级

环境空气质量标准分为三级。

一类区执行一级标准

二类区执行二级标准

三类区执行三级标准

5 浓度限值

本标准规定了各项污染物不允许超过的浓度限值，见表1。

表1 各项污染物的浓度限值

<table>
<tr><th rowspan="2">污染物名称</th><th rowspan="2">取值时间</th><th colspan="3">浓度限值</th><th rowspan="2">浓度单位</th></tr>
<tr><th>一级标准</th><th>二级标准</th><th>三级标准</th></tr>
<tr><td rowspan="3">二氧化硫
SO_2</td><td>年平均</td><td>0.02</td><td>0.06</td><td>0.10</td><td rowspan="14">mg/m^3
(标准状况)</td></tr>
<tr><td>日平均</td><td>0.05</td><td>0.15</td><td>0.25</td></tr>
<tr><td>1小时平均</td><td>0.15</td><td>0.50</td><td>0.70</td></tr>
<tr><td rowspan="2">总悬浮颗粒物
TSP</td><td>年平均</td><td>0.08</td><td>0.20</td><td>0.30</td></tr>
<tr><td>日平均</td><td>0.12</td><td>0.30</td><td>0.50</td></tr>
<tr><td rowspan="2">可吸入颗粒物
PM_{10}</td><td>年平均</td><td>0.04</td><td>0.10</td><td>0.15</td></tr>
<tr><td>日平均</td><td>0.05</td><td>0.15</td><td>0.25</td></tr>
<tr><td rowspan="3">二氧化氮
NO_2</td><td>年平均</td><td>0.04</td><td>0.08</td><td>0.08</td></tr>
<tr><td>日平均</td><td>0.08</td><td>0.12</td><td>0.12</td></tr>
<tr><td>1小时平均</td><td>0.12</td><td>0.24</td><td>0.24</td></tr>
<tr><td rowspan="2">一氧化碳
CO</td><td>日平均</td><td>4.00</td><td>4.00</td><td>6.00</td></tr>
<tr><td>1小时平均</td><td>10.00</td><td>10.00</td><td>20.00</td></tr>
<tr><td>臭氧
O_3</td><td>1小时平均</td><td>0.16</td><td>0.20</td><td>0.20</td></tr>
<tr><td rowspan="2">铅
Pb</td><td>季平均</td><td colspan="3">1.50</td></tr>
<tr><td>年平均</td><td colspan="3">1.00</td><td rowspan="4">(标准状况)
$\mu g/m^3$</td></tr>
<tr><td>苯并[a]芘
B[a]P</td><td>日平均</td><td colspan="3">0.01</td></tr>
<tr><td rowspan="4">氟化物
F</td><td>日平均</td><td colspan="3">7①</td></tr>
<tr><td>1小时平均</td><td colspan="3">20①</td></tr>
<tr><td>月平均</td><td colspan="2">1.8②</td><td>3.0③</td><td rowspan="2">$\mu g/(dm^2 \cdot d)$</td></tr>
<tr><td>植物生长季平均</td><td colspan="2">1.2②</td><td>2.0③</td></tr>
</table>

① 适用于城市地区；

② 适用于牧业区和以牧业为主的半农半牧区，蚕桑区；

③ 适用于农业和林农区。

6 监测

6.1 采样

环境空气监测中心的采样点、采样环境、采样高度及采样频率的要求，按《环境监测技术规范》(大气部分) 执行。

6.2 分析方法

各项污染物分析方法，见表2。

表2 各项污染物分析方法

污染物名称	分 析 方 法	来 源
二氧化硫	(1)甲醛吸收副玫瑰苯胺分光光度法 (2)四氯汞盐副玫瑰苯胺分光光度法 (3)紫外荧光法①	GB/T 15262—94 GB 8970—88
总悬浮颗粒物	重量法	GB/T 15432—95
可吸入颗粒物	重量法	GB 6921—86
氮氧化物 (以 NO_2 计)	(1)Saltzman 法 (2)化学发光法②	GB/T 15436—95
二氧化氮	(1)Saltzman 法 (2)化学发光法②	GB/T 15435—95
臭 氧	(1)靛蓝二磺酸钠分光光度法 (2)紫外光度法 (3)化学发光法②	GB/T 15437—95 GB/T 15438—95
一氧化碳	非分散红外法	GB 9801—88
苯并[*a*]芘	(1)乙酰化滤纸色谱——荧光分光光度法 (2)高效液相色谱法	GB 8971—88 GB/T 15439—95
铅	火焰原子吸收分光光度法	GB/T 15264—94
氟化物 (以F计)	(1)滤膜氟离子选择电极法③ (2)石灰滤纸氟离子选择电极法④	GB/T 15434—95 GB/T 15433—95

①② 分别暂用国际标准 ISO/CD 10498、ISO 7996，ISO 10313，待国家标准发布后，执行国家标准；
③ 用于日平均和1小时平均标准；
④ 用于月平均和植物生长季平均标准。

7 数据统计的有效性规定

各项污染物数据统计的有效性规定，见表3。

表3 各项污染物数据统计的有效性规定

污 染 物	取 值 时 间	数据有效性规定
SO_2,NO_x,NO_2	年平均	每年至少有分布均匀的144个日均值，每月至少有分布均匀的12个日均值
TSP,PM_{10},Pb	年平均	每年至少有分布均匀的60个日均值，每月至少有分布均匀的5个日均值
SO_2,NO_x,NO_2,CO	日平均	每日至少有18h的采样时间
TSP,PM_{10},B[*a*]P,Pb	日平均	每日至少有12h的采样时间
SO_2,NO_x,NO_2,CO,O_3	1小时平均	每小时至少有45min的采样时间
Pb	季平均	每季至少有分布均匀的15个日均值，每月至少有分布均匀的5个日均值
F	月平均	每月至少采样15d以上
	植物生长季平均	每一个生长季至少有70%个月平均值
	日平均	每日至少有12h的采样时间
	1小时平均	每小时至少有45min的采样时间

8 标准的实施

8.1 本标准由各级环境保护行政主管部门负责监督实施。

8.2 本标准规定了小时、日、月、季和年平均浓度限值，在标准实施中各级环境保护行政主管部门应根据不同目的监督其实施。

8.3 环境空气质量功能区由地级市以上（含地级市）环境保护行政主管部门划分，报同级人民政府批准实施。

附录2 地表水环境质量标准（GB 3838—2002）（摘录）

（自2002年6月1日起实施）

1 范围

1.1 本标准按照地表水环境功能分类和保护目标，规定了水环境质量应控制的项目及限值，以及水质评价、水质项目的分析方法和标准的实施监督。

1.2 本标准适用于中华人民共和国领域内江河、湖泊、运河、渠道、水库等具有使用功能的地表水水域。具有特定功能的水域，执行相应的专业用水水质标准。

2 引用标准（略）

3 水域功能和标准分类

依据地表水水域环境功能和保护目标，按功能高低依次划分为五类：

Ⅰ类 主要适用于源头水、国家自然保护区；

Ⅱ类 主要适用于集中式生活饮用水地表水源地一级保护区、珍稀水生生物栖息地、鱼虾类产卵场、仔稚幼鱼的索饵场等；

Ⅲ类 主要适用于集中式生活饮用水地表水源地二级保护区、鱼虾类越冬场、洄游通道、水产养殖区等渔业水域及游泳区；

Ⅳ类 主要适用于一般工业用水区及人体非直接接触的娱乐用水区；

Ⅴ类 主要适用于农业用水区及一般景观要求水域。

对应地表水上述五类水域功能，将地表水环境质量标准基本项目标准值分为五类，不同功能类别分别执行相应类别的标准值。水域功能类别高的标准值严于水域功能类别低的标准值。同一水域兼有多类使用功能的，执行最高功能类别对应的标准值。实现水域功能与达功能类别标准为同一含义。

4 标准值

4.1 地表水环境质量标准基本项目标准限值见表1。

4.2 集中式生活饮用水地表水源地补充项目标准限值见表2（略）。

4.3 集中式生活饮用水地表水源地特定项目标准限值见表3（略）。

5 水质评价

5.1 地表水环境质量评价应根据应实现的水域功能类别，选取相应类别标准，进行单因子评价，评价结果应说明水质达标情况，超标的应说明超标项目和超标倍数。

5.2 丰、平、枯水期特征明显的水域，应分水期进行水质评价。

5.3 集中式生活饮用水地表水源地水质评价的项目应包括表1中的基本项目、表2中的补充项目以及由县级以上人民政府环境保护行政主管部门从表3中选择确定的特定项目。

表 1　地表水环境质量标准基本项目标准限值　　单位：mg/L

序号	标准值 项目 分类		Ⅰ类	Ⅱ类	Ⅲ类	Ⅳ类	Ⅴ类
1	水温/℃		人为造成的环境水温变化应限制在： 周平均最大温升≤1 周平均最大温降≤2				
2	pH 值(无量纲)		6～9				
3	溶解氧	≥	饱和率 90% (或 7.5)	6	5	3	2
4	高锰酸盐指数	≤	2	4	6	10	15
5	化学需氧量(COD)	≤	15	15	20	30	40
6	五日生化需氧量(BOD_5)	≤	3	3	4	6	10
7	氨氮(NH_3-N)	≤	0.15	0.5	1.0	1.5	2.0
8	总磷(以 P 计)	≤	(湖、库 0.01)	(湖、库 0.025)	(湖、库 0.05)	(湖、库 0.1)	(湖、库 0.2)
9	总氮(湖、库，以 N 计)	≤	0.2	0.5	1.0	1.5	2.0
10	铜	≤	0.01	1.0	1.0	1.0	1.0
11	锌	≤	0.05	1.0	1.0	2.0	2.0
12	氟化物(F^-计)	≤	1.0	1.0	1.0	1.5	1.5
13	硒	≤	0.01	0.01	0.01	0.02	0.02
14	砷	≤	0.05	0.05	0.05	0.1	0.1
15	汞	≤	0.00005	0.00005	0.0001	0.001	0.001
16	镉	≤	0.001	0.005	0.005	0.005	0.01
17	铬(六价)	≤	0.01	0.05	0.05	0.05	0.1
18	铅	≤	0.01	0.01	0.05	0.05	0.1
19	氰化物	≤	0.005	0.05	0.2	0.2	0.2
20	挥发酚	≤	0.002	0.002	0.005	0.01	0.1
21	石油类	≤	0.05	0.05	0.05	0.5	1.0
22	阴离子表面活性剂	≤	0.2	0.2	0.2	0.3	0.3
23	硫化物	≤	0.05	0.1	0.2	0.5	1.0
24	粪大肠菌群/(个/L)	≤	200	2000	10000	20000	40000

6　水质监测

6.1　本标准规定的项目标准值，要求水样采集后自然沉降 30min，取上层非沉降部分按规定方法进行分析。

6.2　地表水水质监测的采样布点、监测频率应符合国家地表水环境监测技术规范的要求。

6.3　本标准水质项目的分析方法应优先选用表 4～表 6（略）规定的方法，也可采用 ISO 方法体系等其他等效分析方法，但须进行适用性检验。

7　标准的实施与监督

7.1　本标准由县级以上人民政府环境保护行政主管部门及相关部门按职责分工监督实施。

7.2　集中式生活饮用水地表水源地水质超标项目经自来水厂净化处理后，必须达到《生活饮用水卫生规范》的要求。

7.3　省、自治区、直辖市人民政府可以对本标准中未作规定的项目，制定地方补充标准，并报国务院环境保护行政主管部门备案。

附录3　土壤环境质量标准（GB 15618—1995）（摘录）

1. 土壤环境质量分类

根据土壤应用功能和保护目标，划分为三类。

Ⅰ类主要适用于国家规定的自然保护区，集中式生活饮用水源地、茶园、牧场和其他保护地区的土壤，土壤质量基本上保持自然背景水平。

Ⅱ类主要适用于一般农田……土壤质量基本上对植物和环境不造成危害和污染。

Ⅲ类主要适用于林地土壤及污染物容量较大的高背景值土壤和矿产附近等地的农田土壤（蔬菜地除外）。土壤质量基本上对植物和环境不造成危害和污染。

2. 标准分级

一级标准　为保护区域自然生态，维持自然背景的土壤环境质量的限制值。

二级标准　为保障农业生产，维护人类健康的土壤限制值。

三级标准　为保障农林业生产和植物正常生长的土壤临界值。

3. 各类土壤质量执行标准级别规定

Ⅰ类土壤环境质量执行一级标准；Ⅱ类土壤环境质量执行二级标准；Ⅲ类土壤环境质量执行三级标准。

本标准规定的三级标准值，见表1。

表1　土壤环境质量标准值/(mg/kg)

项目 \ 土壤pH值 \ 级别			一级	二级			三级
			自然背景	<6.5	6.5～7.5	>7.5	>6.5
镉		≤	0.20	0.30	0.30	0.60	1.0
汞		≤	0.15	0.30	0.50	1.0	1.5
砷	水田	≤	15	30	25	20	30
	旱地	≤	15	40	30	25	40
铜	农田等	≤	35	50	100	100	400
	果园	≤	—	150	200	200	400
铅		≤	35	250	300	350	500
铬	水田	≤	90	250	300	350	400
	旱地	≤	90	150	200	250	300
锌		≤	100	200	250	300	500
镍		≤	40	40	50	60	200
六六六		≤	0.05		0.50		1.0
滴滴涕		≤	0.05		0.50		1.0

注：1. 重金属（铬主要是三价）和砷均按元素量计，适用于阳离子交换量>5cmol（+）/kg的土壤，若交换量≤5cmol（+）/kg，其标准值应为表内数值的半数。

2. 六六六为四种异构体总量，滴滴涕为四种衍生物总量。

3. 水旱轮作地的土壤环境质量标准，砷采用水田值，铬采用旱地值。

参 考 文 献

[1] 戴树桂主编. 环境化学. 北京：高等教育出版社，1997.
[2] 郭子义，韦薇主编. 环境化学导论. 北京：北京师范大学出版社，2001.
[3] 何燧源，金云云，何方编著. 环境化学. 上海：华东师范大学出版社，2001.
[4] 王晓蓉编著. 环境化学. 南京：南京大学出版社，1993.
[5] 陶秀成等编. 环境化学. 合肥：安徽大学出版社，1999.
[6] 邵敏，赵美萍编著. 环境化学. 北京：中国环境科学出版社，2001.
[7] 龚书椿，陈应新，韩玉莲，张静贞编著. 环境化学. 上海：华东师范大学出版，1991.
[8] 关伯仁主编. 环境科学基础教程. 北京：中国环境科学出版社，1995.
[9] 蒋展鹏主编. 环境工程学. 北京：高等教育出版社，1992.
[10] 何强，井文涌，王翊亭编著. 环境学导论. 北京：清华大学出版社，1994.
[11] 李居参主编. 实用化学基础. 北京：化学工业出版社，2002.
[12] 王凯雄编著. 水化学. 北京：化学工业出版社，2001.
[13] 任仁主编. 化学与环境. 北京：化学工业出版社，2002.
[14] 马沛勤，丁秀娟. 环境对基因的作用. 生物学通报，2003，(4).
[15] 何遂源编. 环境毒物. 北京：化学工业出版社，2002.
[16] 周群英编. 环境工程微生物. 北京：高等教育出版社，2000.
[17] 韩宝华主编. 环境化学. 北京：中央广播电视大学出版社，1993.
[18] 余文涛，袁清林，毛文永主编. 中国的环境保护. 北京：科学出版社，1987.
[19] 李政道，周光召主编. 绿色战略. 青岛：青岛出版社，1997.
[20] 曲格平主编. 环境保护知识读本. 北京：红旗出版社，1999.
[21] [日] 岩佐茂. 环境的思想. 北京：中央编译出版社，1997.
[22] 孟浪编著. 环境保护事典. 长沙：湖南大学出版社，1999.
[23] 姚炎祥主编. 环境保护辩证法概论. 北京：中国环境科学出版社，1993.
[24] 林肇信等著. 环境保护概论. 北京：高等教育出版社，1999.
[25] 黄儒钦主编. 环境科学基础. 西安：西安交通大学出版社，1997.
[26] 顾国维主编. 绿色技术及其应用. 上海：同济大学出版社，1999.
[27] 黄润华，贾振邦编著. 环境学基础教程. 北京：高等教育出版社，1999.
[28] 曲格平，李金昌著. 中国人口与环境. 北京：中国环境科学出版社，1992.
[29] 林肇信主编. 大气污染控制工程. 北京：高等教育出版社，1994.
[30] 张坤民. 可持续发展论. 北京：中国环境科学出版社，1997.
[31] 郝吉明，马广大等编著. 大气污染控制工程. 北京：高等教育出版社，1998.
[32] 王建龙译. 环境工程导论. 第3版. 北京：清华大学出版社，2002.
[33] 王建昕等编著. 汽车排气污染治理及催化转化器. 北京：化学工业出版社，2000.
[34] 林肇信等主编. 环境保护概论. 北京：高等教育出版社，1996.
[35] 康春莉等编. 环境化学实验. 长春：吉林大学出版社，2000.
[36] 孙铁珩等编. 污染生态学. 北京：科学出版社，2002.
[37] 刘兆荣等编. 环境化学教程. 北京：化学工业出版社，2003.
[38] 刘培桐主编. 环境学概论. 北京：高等教育出版社，1995.
[39] 杨景辉编著. 土壤污染与防治. 北京：科学出版社，1995.
[40] 廖自基编著. 微量元素的环境化学及生物效应. 北京：中国环境科学出版社，1992.
[41] 夏立江等编. 土壤污染及其防治. 上海：华东理工大学出版社，2001.
[42] 王麟生等编著. 环境化学导论. 上海：华东师范大学出版社，2001.
[43] 柯以侃主编. 大学化学实验. 北京：化学工业出版社，2001.

[44] 奚旦立等编．环境监测．北京：高等教育出版社，1995.
[45] 陈佳荣主编．水化学实验指导书．北京：中国农业出版社，1996.
[46] 蒋辉编著．环境水文地质学．北京：中国环境科学出版社，1993.
[47] 窦贻俭等编．环境科学原理．南京：南京大学出版社，1998.
[48] 王云等编著．土壤环境元素化学．北京：中国环境科学出版社，1995.
[49] 王焕校主编．污染生态学．北京：高等教育出版社，2000.
[50] 王连生主编．环境科学与工程辞典．北京：化学工业出版社，2002.
[51] 刘绮主编．环境化学．北京：化学工业出版社，2004.
[52] 蒋辉主编．环境水化学．北京：化学工业出版社，2003.
[53] 蒋辉主编．环境地质学．北京：化学工业出版社，2008.